美国经典时装画技法

[美] Bina Abling 著

谢飞 译

（第6版·修订版）

人民邮电出版社

北京

图书在版编目（CIP）数据

美国经典时装画技法：第6版 /（美）比娜·艾布林格（Bina Abling）著；谢飞译. -- 修订本. -- 北京：人民邮电出版社，2016.12
　ISBN 978-7-115-43773-0

　Ⅰ. ①美… Ⅱ. ①比… ②谢… Ⅲ. ①时装—绘画技法 Ⅳ. ①TS941.28

中国版本图书馆CIP数据核字(2016)第242350号

版权声明

内 容 提 要

　《美国经典时装画技法（第6版·修订版）》全新升级，从解读人体比例开始，通过大量手绘图稿，详细讲解了时装人体的造型、动态、着装效果和色彩渲染等技法与技巧。在阐述技法的过程中，结合了时装画的时尚需求，讲解了如何通过人体比例的调整、时装造型渲染等来体现时尚特点。书中还加入了与手绘图稿配套的实物照片，增强了视觉效果，增加了技术分析，使读者更深层次地领会时装画的真谛。

　本书适合服装设计院校专业学生和从业人员学习和参考。

◆ 著　　　　[美]比娜·艾布林格（Bina Abling）
　译　　　　谢　飞
　责任编辑　董雪南
　责任印制　陈　犇

◆ 人民邮电出版社出版发行　　北京市丰台区成寿寺路 11 号
　邮编　100164　电子邮件　315@ptpress.com.cn
　网址　http://www.ptpress.com.cn
　北京市雅迪彩色印刷有限公司印刷

◆ 开本：880×1230　1/16
　印张：30.5　　　　　　　　2016 年 12 月第 2 版
　字数：940 千字　　　　　　2016 年 12 月北京第 1 次印刷
　著作权合同登记号　图字：01-2013-3674 号

定价：128.00 元（附光盘）
读者服务热线：(010)81055296　印装质量热线：(010)81055316
反盗版热线：(010)81055315
广告经营许可证：京东工商广字第 8052 号

前言

Preface

　　《美国经典时装画技法（第6版·修订版）》是全新升级，在第5版的全黑白图片的基础上更新了大量彩色效果图。经过全面修订，本版书中每章都有更新的绘图指导及大量的新图片。书中大部分照片来自《女装日报》的时装T台及展示间照片，从而明确且最大化课程的目标。这些照片与时装设计工作室或课堂体验有更强的联系，会对您的时装绘图产生激励和推动作用。本书的目标是加速您的理解力，使您的绘图技巧变得多样化。

　　本书大部分的章节都使用《女装日报》中的设计素描、布料示例或更有参考价值的棉布图形等照片。彩色渲染贯穿本书，包括以目前设计师的照片示例为参照，探索更具有深度的混合绘画技法。第1章和第2章探讨基本的人像绘图，以更多的篇幅介绍了更具潮流的、拉长的人像形式。第3章"绘制真实模特"以全新的版面反映了您目前的课堂体验，以及更多的人像分析与新的T台造型。关于时装人物头部的第4章提供了更简明的绘图方法和新时装面部绘画技法。服装和服装细节、绘制平面展示图和规格图这两章（第5章、第6章）结合之前所有版本成功的绘画技巧做了更新，包括以《女装日报》的形象为参照，是对您设计图形研究的补充。第7章涵盖了《女装日报》图像的所有要素，将焦点放在了特定的布料类型上，辅之以彩色铅笔及马克笔的渲染方案。在男装和童装的章节（第11章、第12章）中，内容不但更新了，而且本版的修订提供了更具风格化的选择。平面图和规格图（第6章）一章改变为更详细的绘图指导的宽泛基础。本书独特的时装附录包括了超过400种的服装和配饰的参考术语，（绘制）热点问题已重新编写，总结了新的绘画问题。本书有超过12位新特约艺术家的作品，这也为您所有的绘图技巧提供指导与目标。本书还包括一张DVD，内含6段视频，这些视频包括混合绘图工具的渲染技巧。另外，还提供了更宽广的平台可以帮助您完整地发展时装设计作品。

　　还有什么比以作画为生更有趣的事情呢？我对时装了解得越多，就越想绘画。我在这个时时改变的专业领域中从事绘图和教学工作，在课堂中保持和第一天上课一样的热情。第一天上课我就非常兴奋，今天依然如此。我热爱我所选择的职业。我不曾想过会厌倦我的工作。对于我来说，绘画就像关乎我生命的呼吸一样重要。我真心希望并且鼓励您对于您的职业有同样的想法。享受每一页和每一刻学习的时光，挖掘您全部的潜能，以及像我创作出本书一样相信您自己的才能。

致谢

　　我的第6版修正内容非常的广泛。本书融入了太多的辛苦、时间和才智，为此我要感谢Fairchild Book的整个创意和销售团队。感激、掌声及赞美要献给Jackie、Sarah、Liz、Amy和Carly，他们的时间、才能和坚韧使本版书中的所有内容都变得如此美妙。真心感谢Beth、Avital和Katie的天赋及团队合作。还要谢谢所有优秀的设计师、摄影师及高雅的模特们激发了如此多的未来时装才能。特别感谢Felicia DaCosta关于精美的针织示例及协调特约艺术家的洞察力。我还很感谢Joseph Pescatore精美的棉布示例和古老的设计服装的拍照。感谢所有在本书中提供设计绘图动力的多才多艺的时装设计师们，鼓励了下一代并且帮助他们发展自己的风格和潜力。还要感谢再次阅读本书的读者对于我的慷慨支持。对于我的同事和学生，我要表达特别的感谢，与你们在一起工作永远都是我的荣幸。

绘图工具及装备介绍
Tools & Equipment Hints

纸张

多种多样的纸张让人眼花缭乱，也让您不知如何选择，您一定要仔细阅读纸簿的封面说明，才能了解它是什么类型的纸。大多数素描纸根据表面的不同分为两种：一种是"牛皮纸"，它比较粗糙；另一种是"凹版印花纸"，它比较光滑。这两种纸的性能是不一样的，所以每种纸都要尝试，看哪种适合您。使用光滑的纸画图速度会比较快，而且很适合与钢笔搭配一起使用。使用比较粗糙的纸画起来就慢一点，它的表面更适合用铅笔来画。马克纸根据其透明度、白晰度和实用性也分很多种。您至少需要尝试两种不同品牌的纸，在上面测试您的马克笔。一定要记住使用纸张的正面，因为它的反面可能具有不同的性能。水彩纸有一叠一叠的，也有单独一张一张的。如果是用在时装设计中，那种表面带一点鹅卵石花纹的水彩纸则较好（不要非常粗糙的）。粗糙的纸太"渴"了（吸水性强），需要很长时间才能画上。

描图纸

与其他纸一样，每个纸业公司都会生产自己独一无二的描图纸。有些描图纸要比其他描图纸更透明，而且它们的厚度也可能各不相同。有些描图纸非常光滑，适用于大多数工具；有些则质量不够高，不能广泛使用。大部分描图纸都用于作品的封面，或是用于总体规划的初步测试。除了其透明的特性外，所有的描图纸的用途都很有局限性。描图纸便于修改，利于覆盖在草图上进行描摹。

石墨铅笔/Ebony铅笔

石墨铅笔看起来就像木头裹着的普通书写铅笔。Ebony铅笔可以是一根铅芯，外加一个塑料套。这些绘图铅笔的区别在于笔芯各不相同：从较硬的H到较软的B。您需要测试这些铅笔芯，看看H铅笔的颜色有多浅，B铅笔的颜色有多深。但是所有这些铅笔芯都很脆弱。如果铅笔被摔，木头套里面的铅芯可能会被震坏，铅笔就很难削，因为铅笔芯可能一直断到头了。市面上还有自动铅笔，您可以在里面装上铅芯，这些铅芯需要单独购买。同样地，这些铅芯也分为H（硬）和B（软）型号。

彩色铅笔

您需要3种类型的彩色铅笔：硬芯、软芯和水溶性彩色铅笔。一般而言，铅笔中的铅芯越粗，这支铅笔就越软，画出的颜色也就越深。较硬的铅芯可用来画比较清晰的线条。水溶性彩色铅笔介于两者之间。您需要学习如何控制各种类型的铅笔，因为它们在渲染过程中的作用不同。

钢笔

钢笔和马克笔一样，有各种各样的笔尖，有细笔尖、凿刻过的笔尖、宽笔尖和中等笔尖。有些钢笔是毡制笔尖，有些是金属或塑料笔尖。有人把它们叫做防水笔或耐用笔，这就是说，在您使用它们绘图时，它们不会扩散也不会渗透。仔细挑选，记住一定要测试您的钢笔有哪些限制。

百丽笔（软笔）

有些笔的笔尖非常像刷子，用于绘图的刷子叫作百丽笔或者软笔。一些百丽笔有不同宽度的笔尖，相当于2号或者7号刷子。除了黑色的百丽笔，还有彩色的百丽笔。测试一下黑色的百丽笔，其中有一些略带红色，有一些则比纯黑色更灰一点。

马克笔

制造马克笔的厂家有很多，这些厂家使用不同的化学品作为颜料。要在购买前测试马克笔，确保它没有变干，并看看它是否能与其他品牌的马克笔混合使用。大多数马克笔都可以混合使用。您可以选择能填充各种填充液的马克笔，还可以选择不同笔尖、不同颜色的马克笔。一定要记得在用完马克笔后盖紧盖子，同时将它们放在小孩够不着的地方。

水性颜料

树胶水彩和水彩都要与水混合后才能使用，树胶水彩是不透明的，水彩是透明的。这些颜料用于画水彩画。这两种颜料都要体验一下，看看哪一种更适合您。从密集着色到精细的单一着色，使用这些颜料可创造出无穷多种可能性。慢慢练习混合水和颜料的比例，注意不要弄出泡沫。尽管树胶水彩和水彩颜料非常不同，但是它们可以在渲染时同时使用。还可以使用墨水，墨水是更明亮的颜色，可以与水彩很好地搭配使用。

毛笔

毛笔有各种型号，大约从0号一直到12号。除了笔尖（可以是尖的，也可以是扁的）大小不同，您还会发现，它们的笔毛也多种多样。一些画笔是使用自然的动物毛发做成的，这样的毛笔一般是最好的，它们就算用很久也不会褪色或掉毛。您应挑选一支笔杆弹性正好能满足您需要的毛笔。如果您买了一支上等毛笔，记得一定要小心翼翼地对待它。每次使用完后清洁它，以免弄污笔头。

目录

Contents

$\mathcal{E}$xtended $\mathcal{C}$ontents 扩展目录

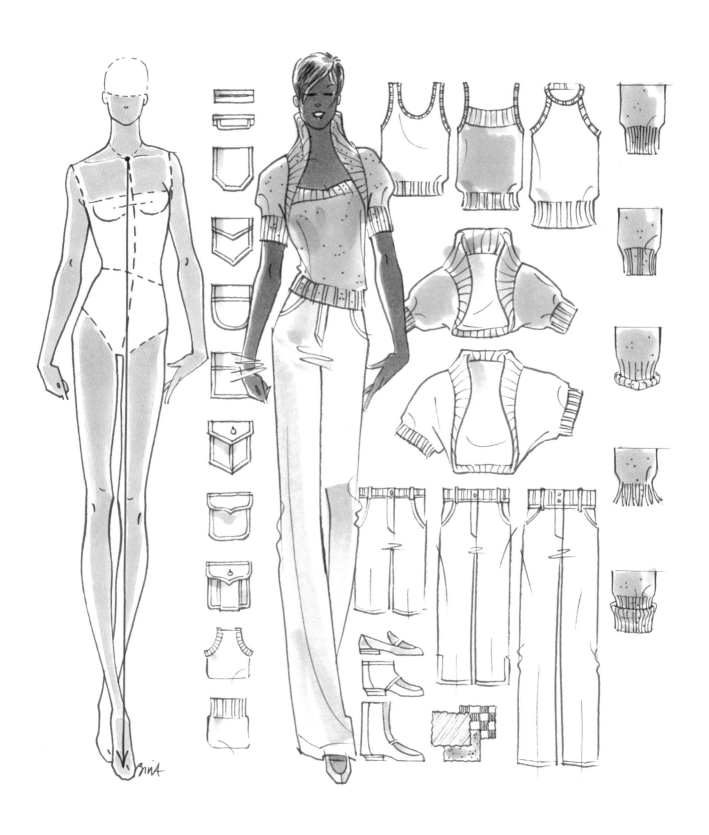

美国经典
时装画技法
（第6版·修订版）

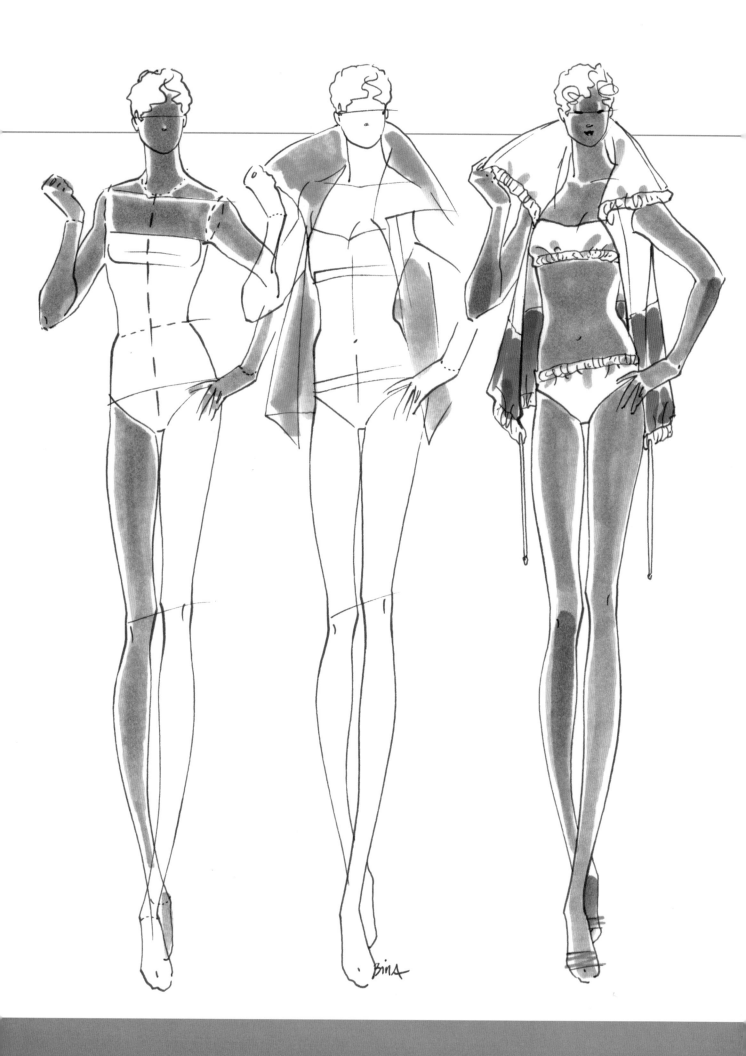

第 1 章

时装人物模型的比例

Fashion Figure Proportion

在美术课上，经典的人物绘图方法是参照人体解剖结构进行绘制的，包括骨骼、肌肉和自然体型。而在时装设计课上，虽然使用的方法相似，但通常不包括自然体型，因为我们可以通过想象来简化现实。例如，为了表现现实中的人物，艺术家可以勾勒一个大小合适、躯干丰满和臀部较宽的人物来表现女性。相反，如果通过想象绘画，就可以用不自然的腿、单薄的躯干和窄得不真实的臀部来表示女性人物。正是这种夸张将时装素描与美术绘图区分开来。莫迪里阿尼（Modiglian）是少数不在此列的画家之一。他所绘制的人物体形修长，其苗条程度几乎超过了目前所有采用时装夸张手法绘制的人物模型。

本章将介绍绘制时装画的所有基本步骤：从基本概念到实际应用。为了让您理解此类人物草图的画法，我们将人物模型分为多个部分，研究其结构（以及缝合线标记），然后再将其组装起来。这样做的目的是简化时装人物模型比例的学习过程，让您按照自己的方式和方向学习如何绘制、设计并解读此类时装画。

人物模型的拉长与风格化

绘制女性人物模型的前提是7~8个头高，下面是一些时装行业描绘人物模型设计的例子。

娇小型：这种人物模型是按照平均尺寸绘制，并且包括可加大尺寸的人物模型。
模型：这个例子是略高并且被略微拉伸的人物模型版本。
拉长型：这种类型的人物模型被夸张并拉长到理想的高度。

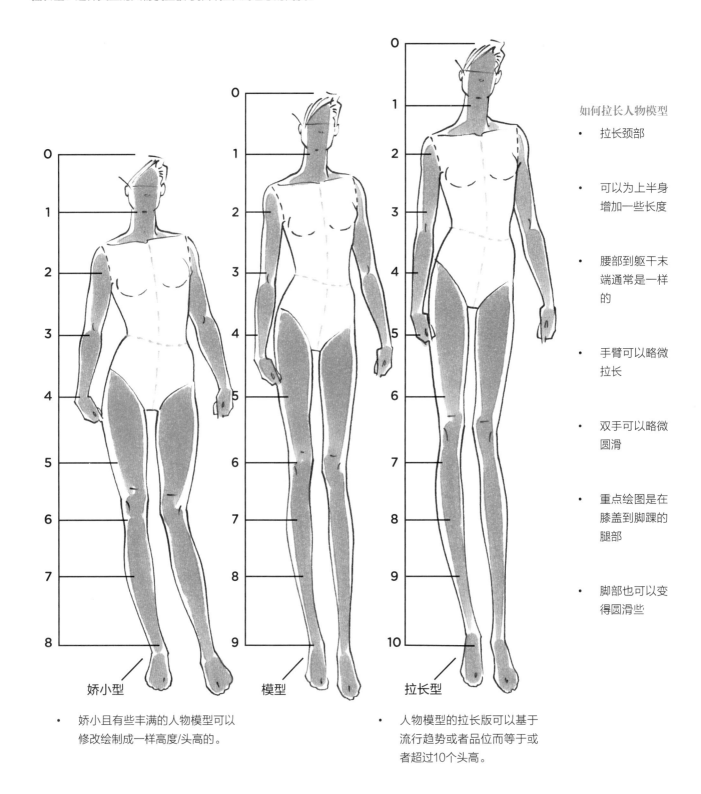

如何拉长人物模型
- 拉长颈部

- 可以为上半身增加一些长度

- 腰部到躯干末端通常是一样的

- 手臂可以略微拉长

- 双手可以略微圆滑

- 重点绘图是在膝盖到脚踝的腿部

- 脚部也可以变得圆滑些

娇小型

模型

拉长型

- 娇小且有些丰满的人物模型可以修改绘制成一样高度/头高的。

- 人物模型的拉长版可以基于流行趋势或者品位而等于或者超过10个头高。

风格化的：这种人物模型是以正常的人物模型为基础，将时尚理想最大化。
半风格化的：这种人物模型是一种混合体，总的来说，就是在真实与理想之间。
现实的：这种人物模型算是一种经典，即保守地将时尚理想绘制出来。

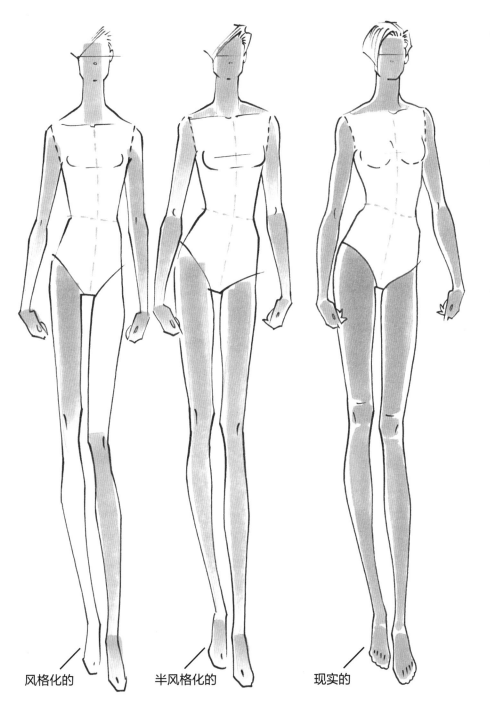

风格化的   半风格化的   现实的

- 风格化意味着在人物模型中多一些印象派，少一些真实感。

- 风格化人物模型将造型最小化，同时将人物模型最大化拉长。

- 风格化人物模型通常与设计师的个性化设计重点和造型密切相关，但是真实的人物造型则侧重于展示出设计师想表达的合身度及构造。

- 风格化人物模型同样也在绘图中增添了更强烈的个人风格及顾客的特征。

- 风格化人物模型可以节省绘图时间。

辅助线

　　如图所示，时装图上有明确的辅助线将人物形体分成几部分。这些辅助线有两个用途：第一，这些线定义并标记了时装人物的各个部分，您可以使用该图作为绘制特定造型的指南；第二，这些线是大致模拟女装人体模型上的几条缝合线设计的。在本例中，这些辅助线可以帮助您设计人物，从而在人物模型上正确地绘制服装设计细节。

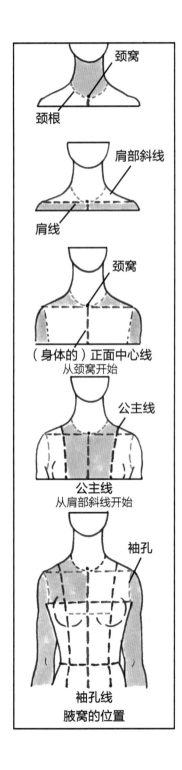

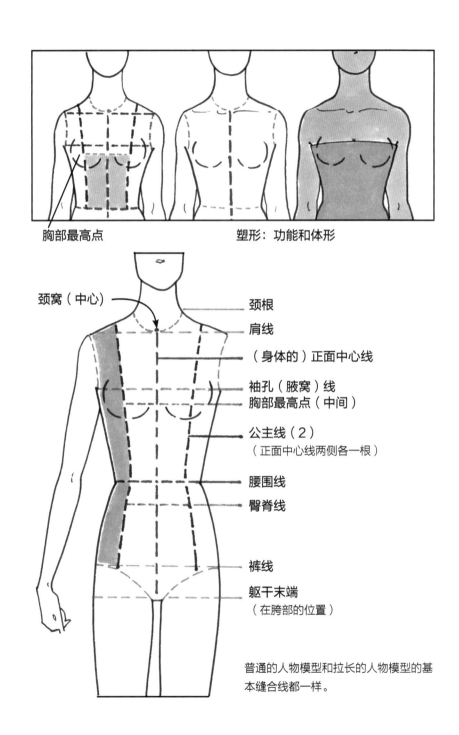

胸部最高点　　　　　　　　　　　塑形：功能和体形

颈窝（中心）

颈根
肩线
（身体的）正面中心线
袖孔（腋窝）线
胸部最高点（中间）
公主线（2）
（正面中心线两侧各一根）
腰围线
臀脊线
裤线
躯干末端
（在胯部的位置）

普通的人物模型和拉长的人物模型的基本缝合线都一样。

缝合线在对开纸中呈现于人物模型的各个角度。本页中绘出的是正面、背面和侧面呈现出来的样子，这样可以帮助创建身体的内在曲线。

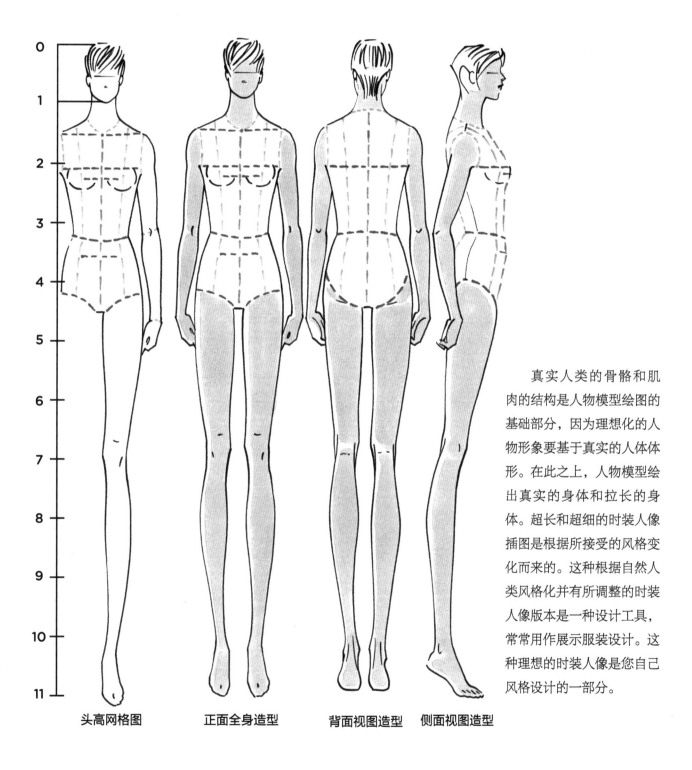

头高网格图　　　　正面全身造型　　　　背面视图造型　侧面视图造型

真实人类的骨骼和肌肉的结构是人物模型绘图的基础部分，因为理想化的人物形象要基于真实的人体体形。在此之上，人物模型绘出真实的身体和拉长的身体。超长和超细的时装人像插图是根据所接受的风格变化而来的。这种根据自然人类风格化并有所调整的时装人像版本是一种设计工具，常常用作展示服装设计。这种理想的时装人像是您自己风格设计的一部分。

人体图和网格系统

　　一般真实的人物模型的体重和测量单位是7到8个头高。时装人物模型通常从一个10个头高的模特开始。这也是您要学习开始绘制人像和定位身体，以及学习如何绘制一个静态的正面全身时尚造型的地方。静态的意思是直立站着，不要摆任何造型。这是静态人物模型的规划图，它通过一个网格并将人像定为10个头高，以此创造出拉长的时装人物模型的比例。

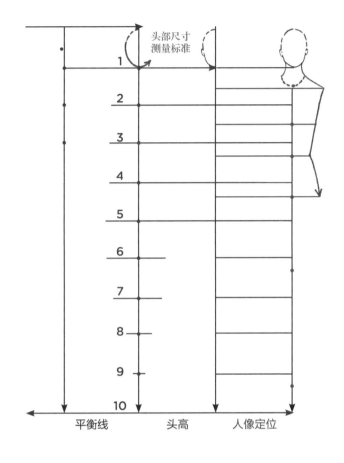

头部尺寸测量标准

1
2
3
4
5
6
7
8
9
10

平衡线　　　头高　　　人像定位

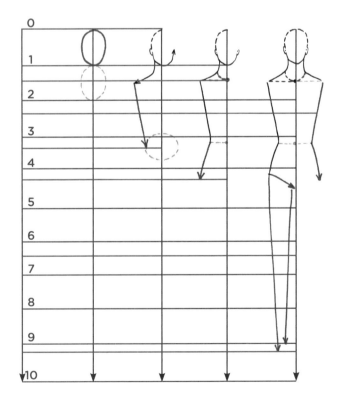

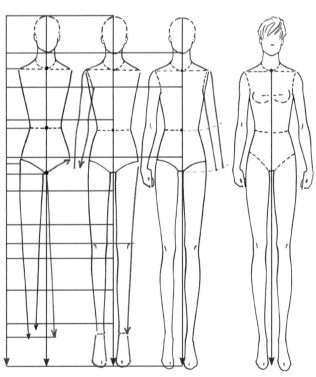

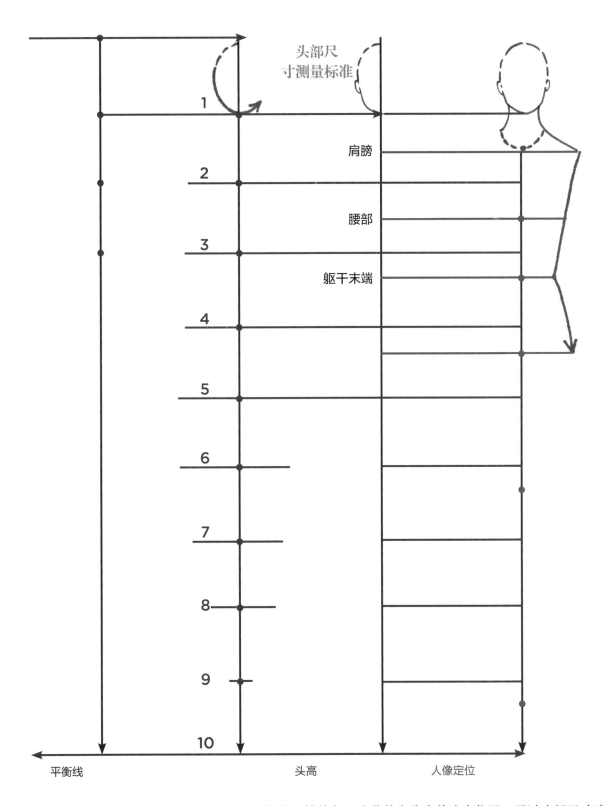

头部尺
寸测量标准

1

肩膀

2

腰部

3

躯干末端

4

5

6

7

8

9

10

平衡线　　　　　　　　头高　　　　　　　人像定位

　　在本页的插图中，您将会看到网格的每一部分搭配着数字。这些数字代表着头高位置，通过头部尺寸确定人物模型比例或者身体的人像定位。例如：肩膀、腰部和躯干的末端都在身体相应定位好的比例的两条线间。

人像定位，头高

1. 绘制垂直线的目的是为了确定人物模型的高度。接下来在这条线的顶部和底部或者线条开始和结尾的地方各画一条短的水平线。

2. 将线条平均分成10份，并且按照从0到10把每条线标上数字。它们是您标记头高比例的单位。

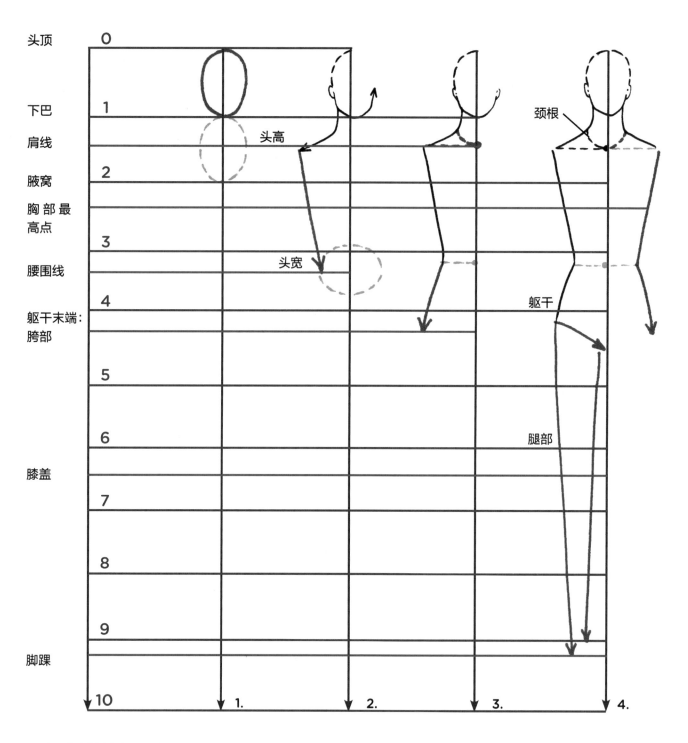

3. 在网格上做定位标记是为了标出把身体分成各个单位的测量标准。这些将是头宽比例的标准。

4. 现在画出身体的主要部分。从头部开始，接下来从颈部到肩膀，然后开始画躯干和腿部。

5. 在画每条腿的时候，要小心计划它的长度和站立的造型。如果您想练习让两条腿呈现出相配的尺寸，那就添加上脚部。

6. 现在人物模型建立完成了，您可以绘制手臂了。在这里，您同样需要练习让手臂的长度和宽度相配。

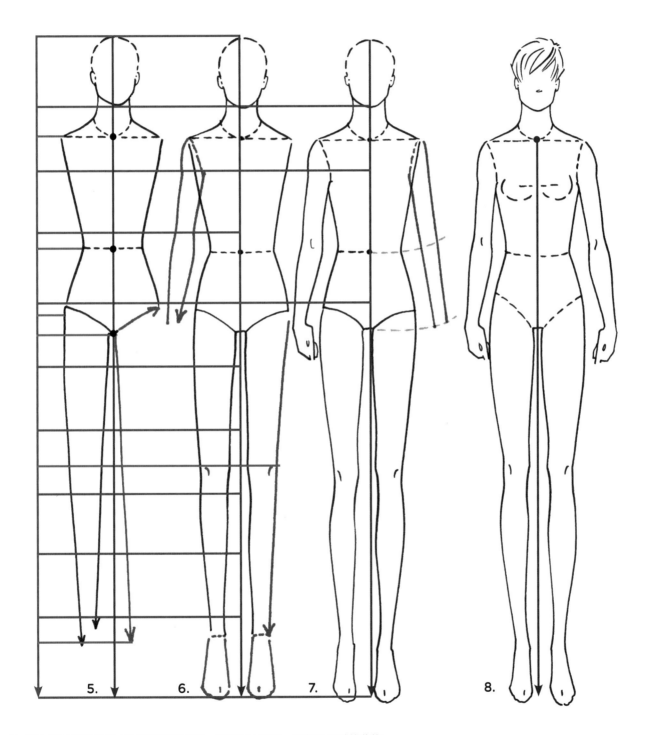

5.　　　　6.　　　　7.　　　　8.

7. 现在是时候绘制出人物模型的轮廓了，需要界定躯干、腿部及手臂的曲线。

8. 最后一步是绘制躯干的内部。在画完胸围线和腰围线后，您或许想添加一些缝合线代表更多的界定。

一致的比例

躯干

人物模型的上半身（有胸部的部分）可以画得比下半身（有臀部的部分）长一点，腰围是将胸部与臀部自然分开的分界线。

腿部

大腿（也就是腿部的上半部分）可以和小腿（腿部的下半部分）一样长。膝盖是腿部的中间，即在大腿与小腿的中间。

手臂

上臂与下臂一样长，肘部是手臂的中间，位于肩膀与手腕之间。

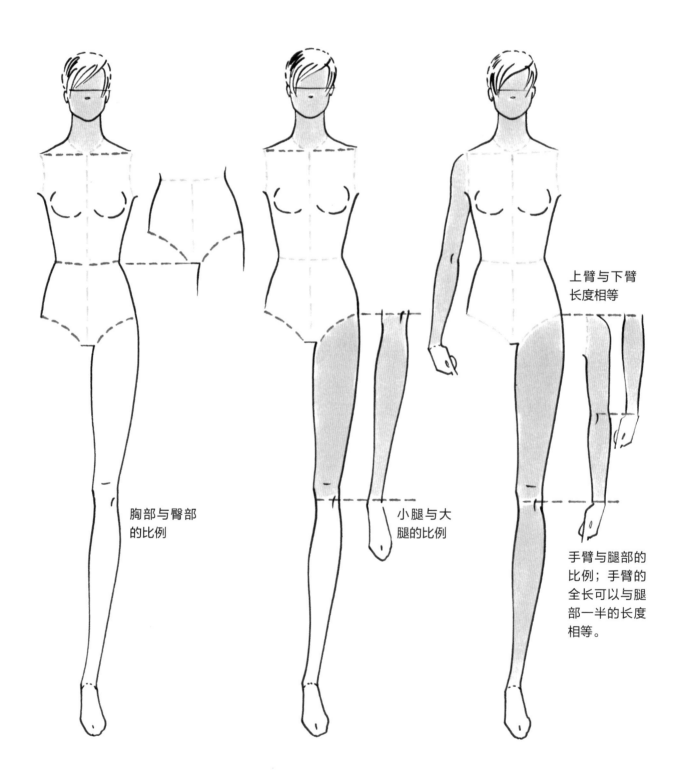

上臂与下臂长度相等

胸部与臀部的比例

小腿与大腿的比例

手臂与腿部的比例；手臂的全长可以与腿部一半的长度相等。

身体单位

人物模型可以被拆分成各个身体单位,以便进一步分析人物绘图以及研究时装比例。这个人物模型的分解描绘了如何建立一个造型。

比较

人物模型的上臂比腿部的一半部分短。头部可以与手长或者脚长相等。这是您的学习指导。

侧面研究

人物模型的比例有时候在这种造型中更明显。这更容易看出手臂和腿部的比例。

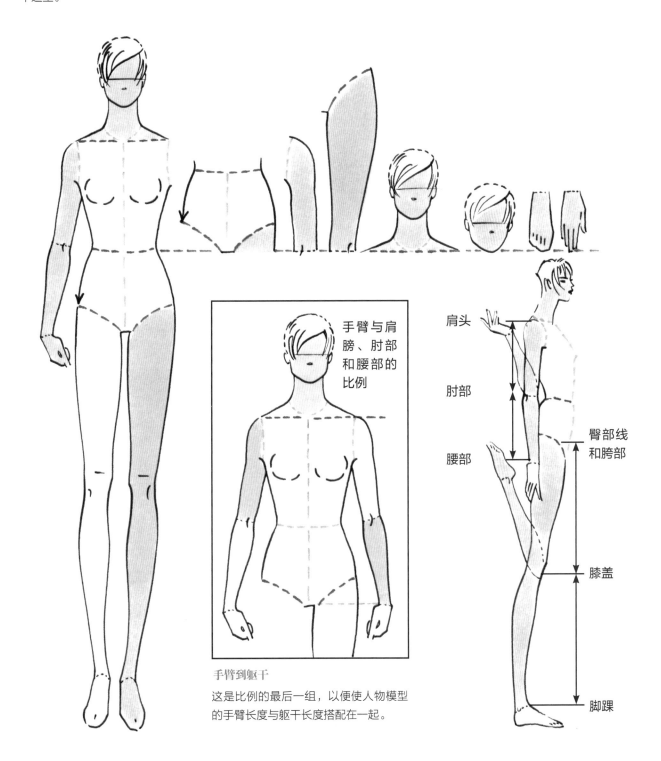

手臂与肩膀、肘部和腰部的比例

肩头

肘部

腰部

臀部线和胯部

膝盖

脚踝

手臂到躯干

这是比例的最后一组,以便使人物模型的手臂长度与躯干长度搭配在一起。

绘制时装人物模型的目的

　　一旦您可以熟练地绘制基础的人物模型，您就可以开始探索调整静态造型了。您下一步要做的就是重造人物模型的造型，使之成为像是T台造型般的设计比例造型。以下的这些例子就是将静态的造型再造成一个少些呆板、多些流畅的动态造型。

改变静态造型并且扩展人物造型的拉伸

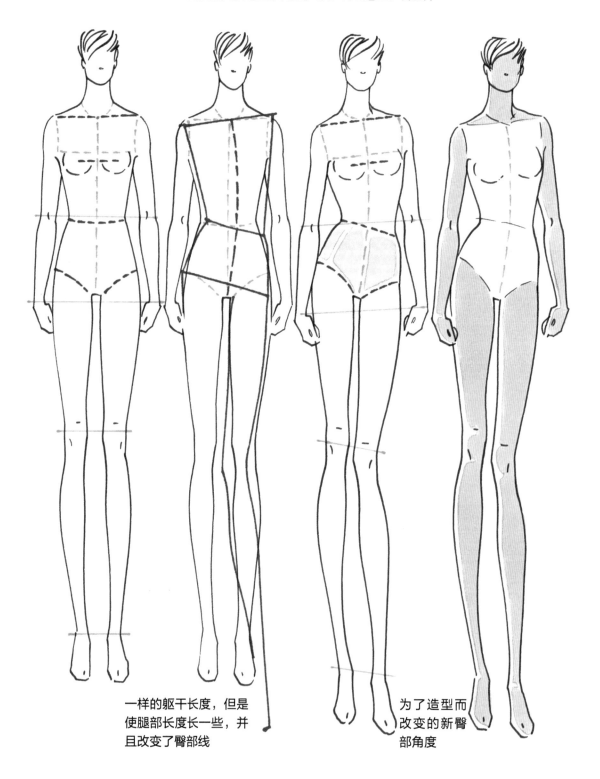

一样的躯干长度，但是使腿部长度长一些，并且改变了臀部线

为了造型而改变的新臀部角度

您还可以通过让造型打开一些来调整时装T台造型，以适应更宽一些的时装设计轮廓（为了裤子和袖子的设计细节）。重点是在手臂、躯干和腿部三者之间留出更多的空间。

打开已有的造型并且调整造型以适应全身的外观形状

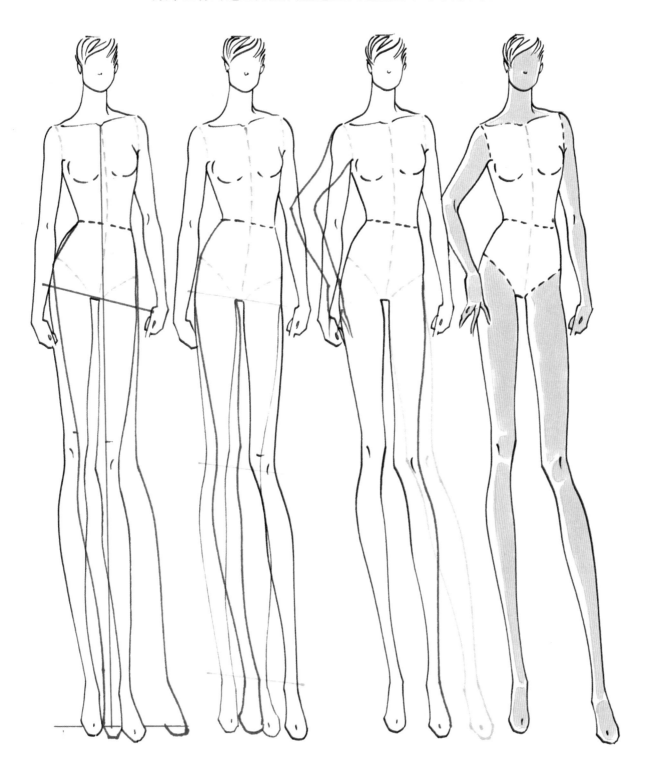

素描模板

通常为了赶上截止期限，最快速的绘图方法是使用一个简单的造型，一个快速且易于重复的造型。当一个尺寸可以适用于所有的造型时可以大量绘制，且可以让计划持续展开下去。准时地完成一个计划可以防止浪费宝贵的时间去创造更多种类的造型，而将重点放在设计的多样性上。

Lublu

素描模板
您可以使用任何一种简单的造型，像是这里展示的照片或绘图一样，调整造型以适应设计选择，并且描下来用以创造每个计划中大量的人物模型组。

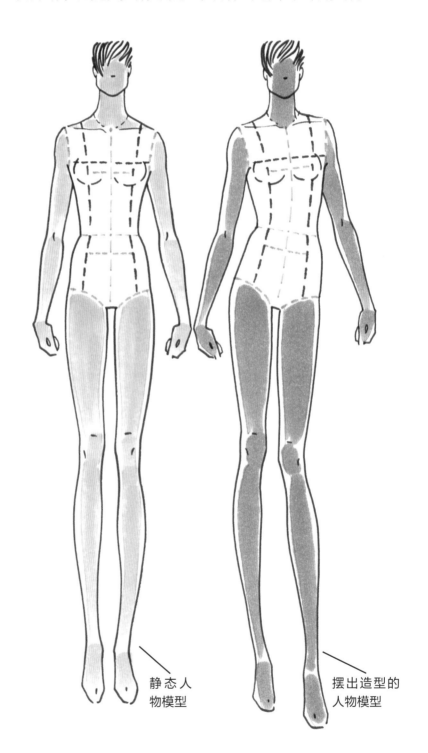

静态人物模型

摆出造型的人物模型

静态造型通常是最容易调整的，通过移动手臂或者腿部以打开造型，形成更宽一些的时装轮廓。以下3个人物静态造型是最容易建立的人物模型组之一，它可以很容易地被创建、描绘和复制。

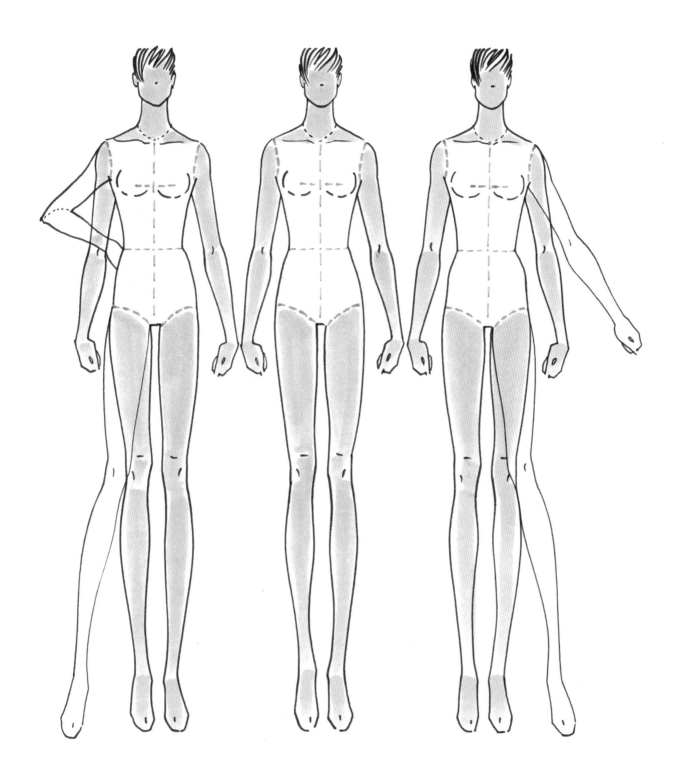

手绘人体

1. 首先勾勒躯干上的动作角度，然后描出躯干在制定造型下的长度和宽度。
2. 下拉一条平衡线，一直到"地面"，确定人体的高度，找到正面中心线的方向和弯曲度。
3. 正面中心线将胯部的臀围划分为左右两个大腿区域，然后绘制支撑腿。
4. 开始绘制伸展腿。从胯部切入到大腿内的地方开始。

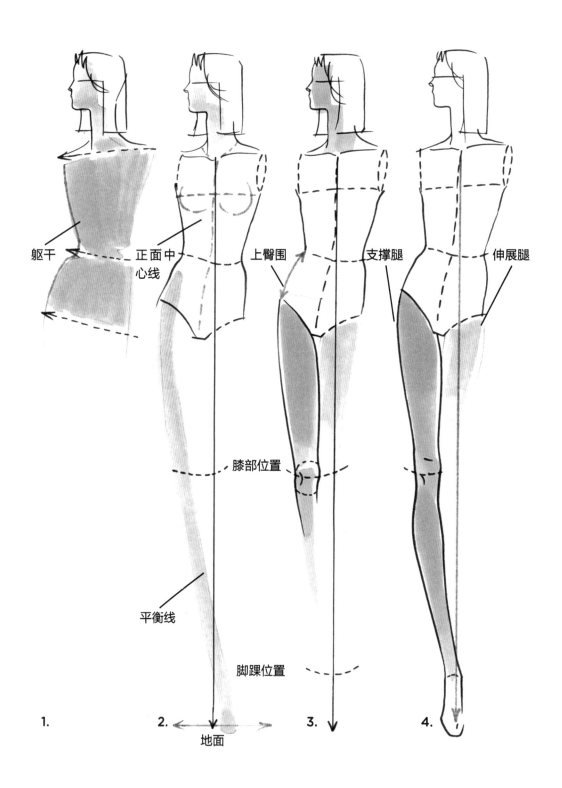

躯干

正面中
心线

上臀围

支撑腿

伸展腿

膝部位置

平衡线

脚踝位置

1.

2.

地面

3.

4.

5. 绘制完伸展腿后，在支撑腿的脚后面一点画另一只脚。

6. 在离您较近的躯干一侧绘制靠在胸旁或放在胸前的手臂。这是比较突出的一边，因此肩是可见的。

7. 在较远的一侧绘制另一条放在胸后的手臂。

8. 定义形状和轮廓，用内部缝合线完成人物模型。

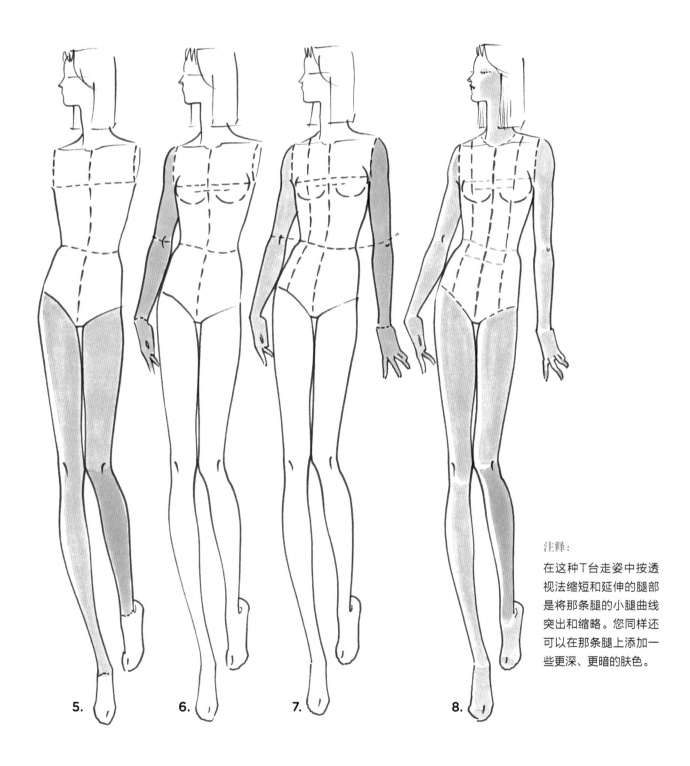

注释：

在这种T台走姿中按透视法缩短和延伸的腿部是将那条腿的小腿曲线突出和缩略。您同样还可以在那条腿上添加一些更深、更暗的肤色。

主观高度

时装人物模型可以被有序地拉长，并且在你需要绘制的任何尺寸下都保持一样的头高。所有基本的比例守则都还是一样的。

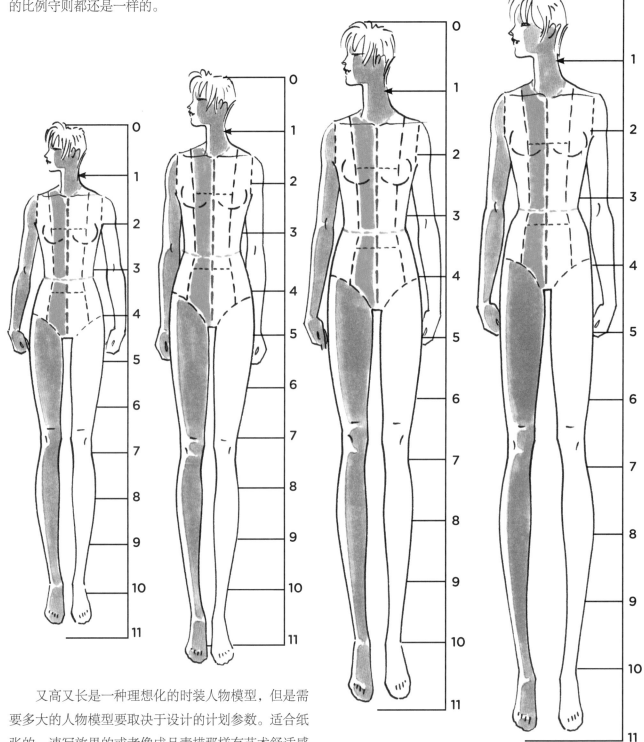

又高又长是一种理想化的时装人物模型，但是需要多大的人物模型要取决于设计的计划参数。适合纸张的、速写效果的或者像成品素描那样有艺术舒适感地设计人物模型，都是您的选择。网格系统是按照头高的方法建立一个造型，对任何尺寸都适用。

快速分析这些人物模型间的区别。寻找一下本页中每个人物模型比例间既微妙又有明显变化的关系。只有头部尺寸是保持不变的。

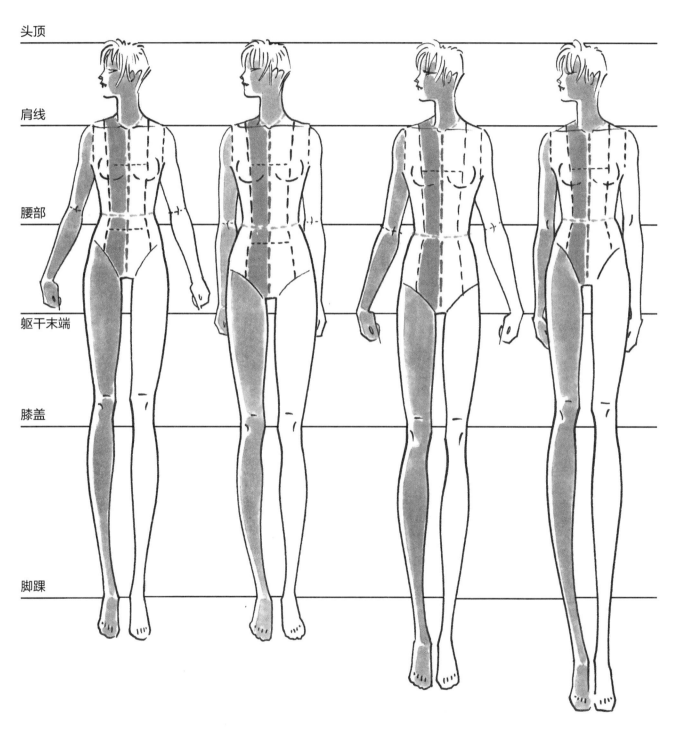

本页中的人物模型绘出了存在于躯干和腿部的时装比例中的范围和多样性。除了头部以外，每个人物造型的时装拉伸都被以不同的方式表达出来。如果不加入设计结构和服装细节，那么这些风格化人物造型的细微差别都是很好的。

动态造型

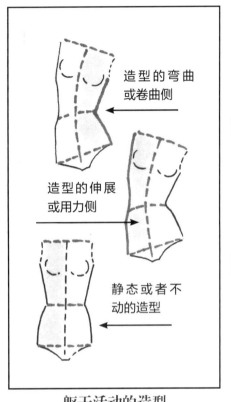

躯干活动的造型

造型的弯曲
或卷曲侧

造型的伸展
或用力侧

静态或者不
动的造型

这三个人物模型都有一样的低肩侧和高臀侧。手臂和腿部的
改变并不是中心躯干造型。下图呈现出一页中设计组的连续性。

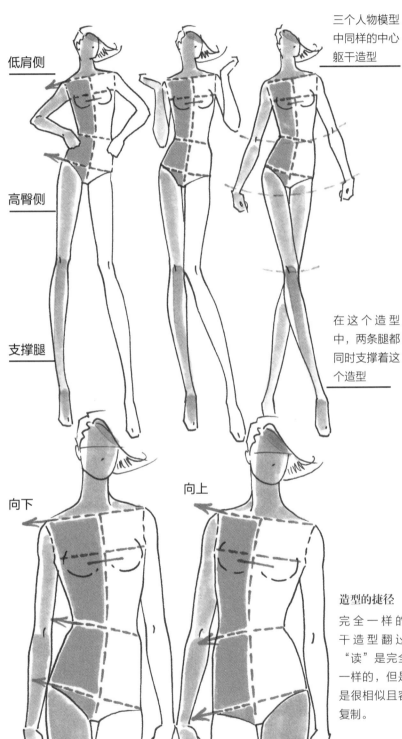

三个人物模型
中同样的中心
躯干造型

低肩侧

高臀侧

支撑腿

在这个造型
中, 两条腿都
同时支撑着这
个造型

向下

向上

造型的捷径
完全一样的躯
干造型翻过来
"读"是完全不
一样的, 但是还
是很相似且容易
复制。

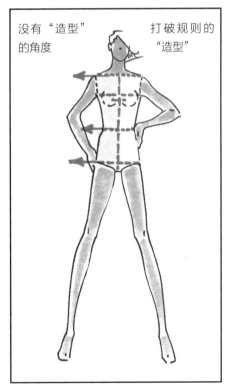

摆出造型的静态角度

没有"造型"
的角度

打破规则的
"造型"

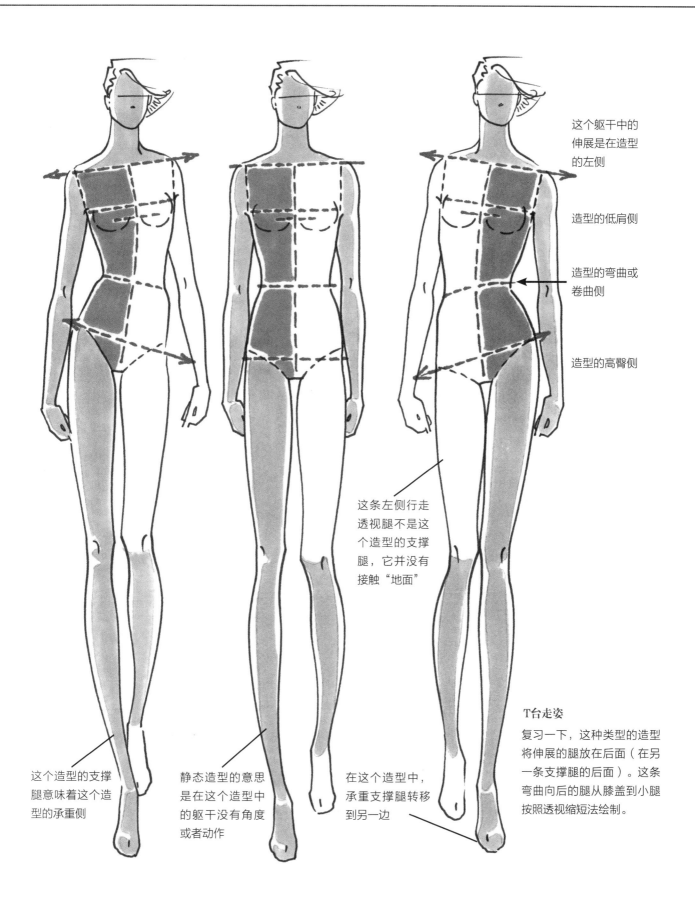

这个躯干中的
伸展是在造型
的左侧

造型的低肩侧

造型的弯曲或
卷曲侧

造型的高臀侧

这条左侧行走
透视腿不是这
个造型的支撑
腿,它并没有
接触"地面"

T台走姿
复习一下,这种类型的造型
将伸展的腿放在后面(在另
一条支撑腿的后面)。这条
弯曲向后的腿从膝盖到小腿
按照透视缩短法绘制。

这个造型的支撑
腿意味着这个造
型的承重侧

静态造型的意思
是在这个造型中
的躯干没有角度
或者动作

在这个造型中,
承重支撑腿转移
到另一边

平衡线

平衡线是一条与地面垂直的线。根据人物模型进行绘制时，这条线可防止身体倾倒。例如，如果两只脚都在平衡线的右边或者左边，人体就不可能直立。在本节显示的造型中，每只脚都在平衡线的两边，或者一只脚位于平衡线上。当然，任何规则都有例外。事实上，在绘制时装画人体时，所有规则都可以被打破。它毕竟是身体的理想化表现形式。

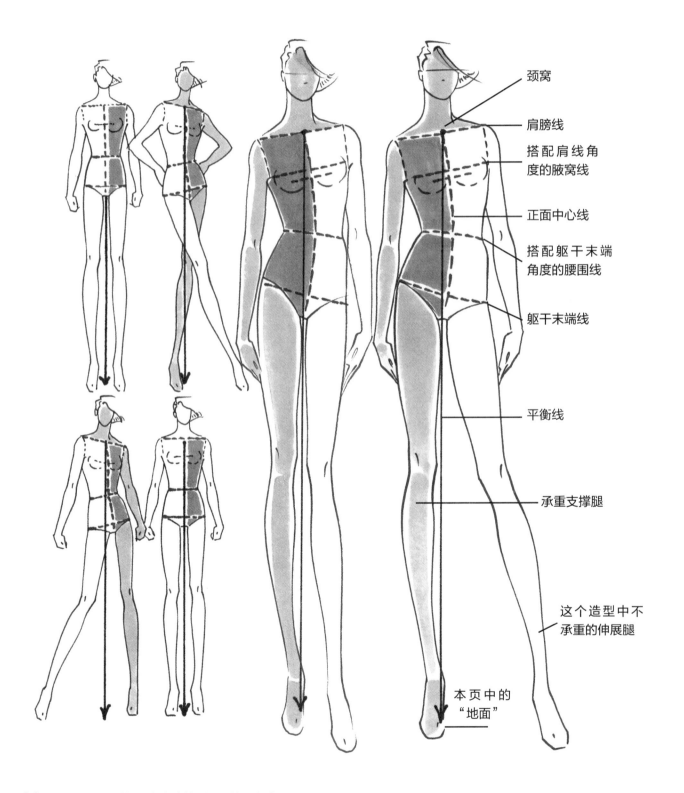

颈窝

肩膀线

搭配肩线角度的腋窝线

正面中心线

搭配躯干末端角度的腰围线

躯干末端线

平衡线

承重支撑腿

这个造型中不承重的伸展腿

本页中的"地面"

- 这三个造型有一样的躯干角度。这种造型的高臀和高肩都在同一侧。

- 这种造型的所有角度都是很容易按照臂摆和腿部摆动排列的。

- 像是这种支撑腿保持固定的造型，只有非支撑腿或者放松的腿可以改变或者移动。

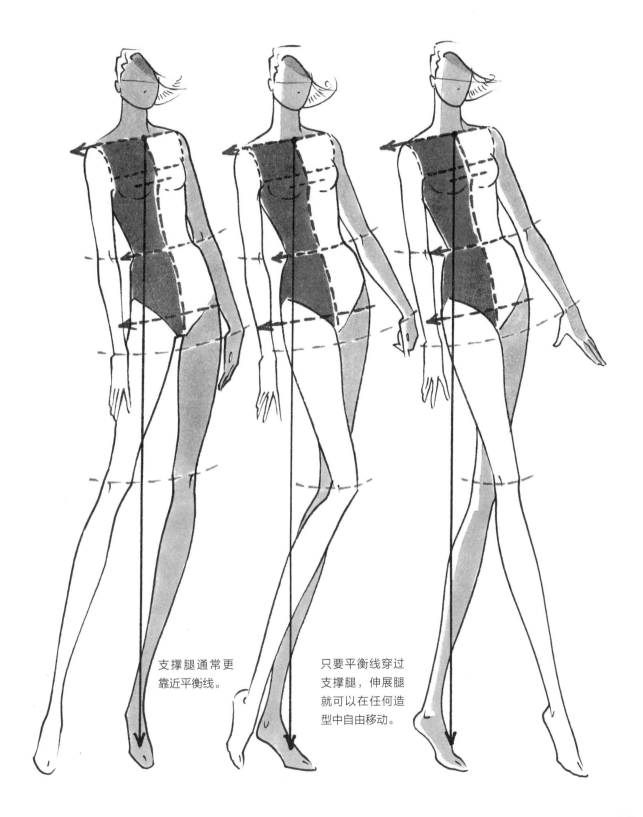

支撑腿通常更靠近平衡线。

只要平衡线穿过支撑腿，伸展腿就可以在任何造型中自由移动。

正面中心线

正面中心线位于躯干的中央。此外，脊椎是背面中心线，不管人物摆出什么样的造型都是如此。正面中心线的移动与平衡线无关。正面中心线不依赖于支撑腿的位置。设计中正面中心线的主要作用是帮助您根据造型移动胸腔和骨盆。

在本节中，当人物模型转过身时，各个造型中的运动是一样的。正面中心线位于两条公主线之间，公主线也会一同移动，方向就是正面中心线运动的方向。如图所示，4种造型都强调了背面中心线和正面中心线，并突出了各种可能的支撑腿位置。这些造型会将您的注意力吸引到人物模型的造型变化上。

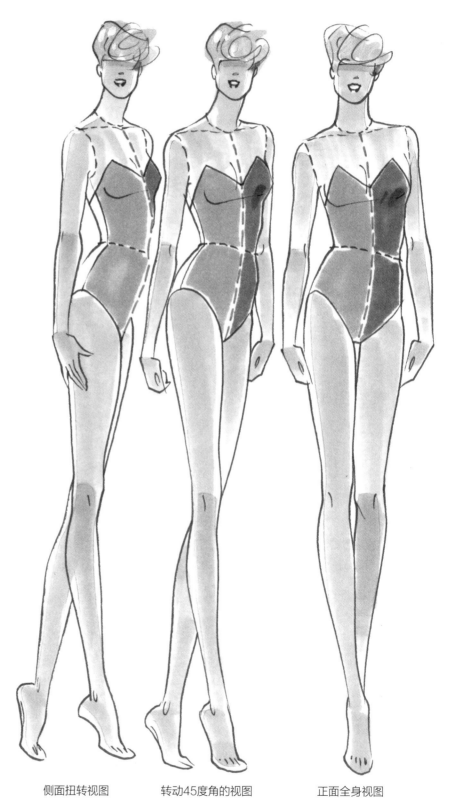

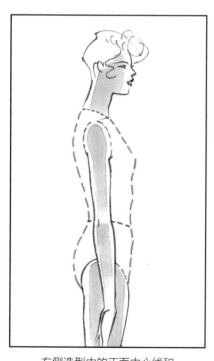

右侧造型中的正面中心线和
背面中心线（脊椎）

侧面扭转视图　　转动45度角的视图　　正面全身视图

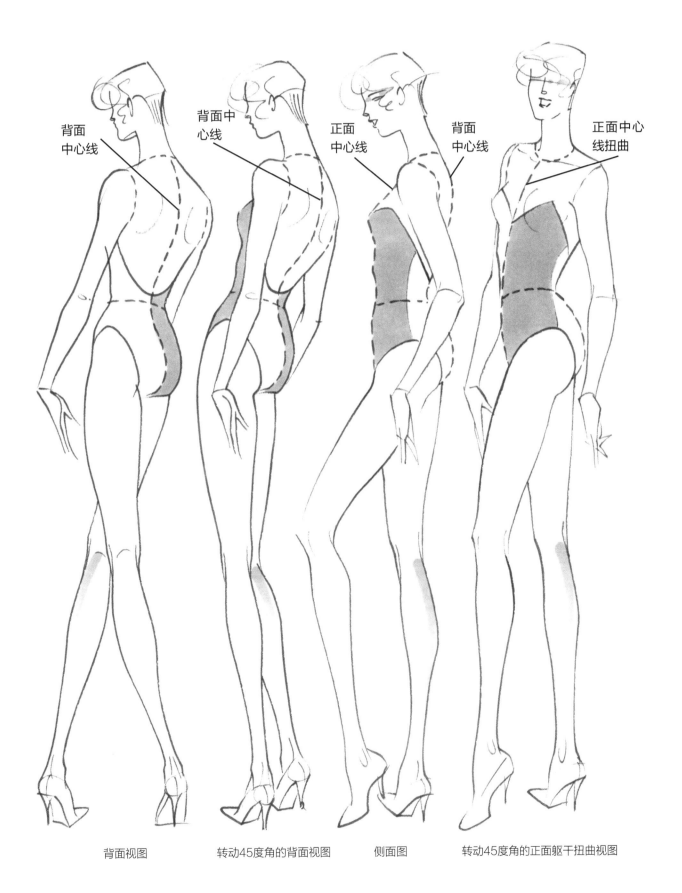

背面中心线

背面中心线

正面中心线

背面中心线

正面中心线扭曲

背面视图

转动45度角的背面视图

侧面图

转动45度角的正面躯干扭曲视图

背面视图

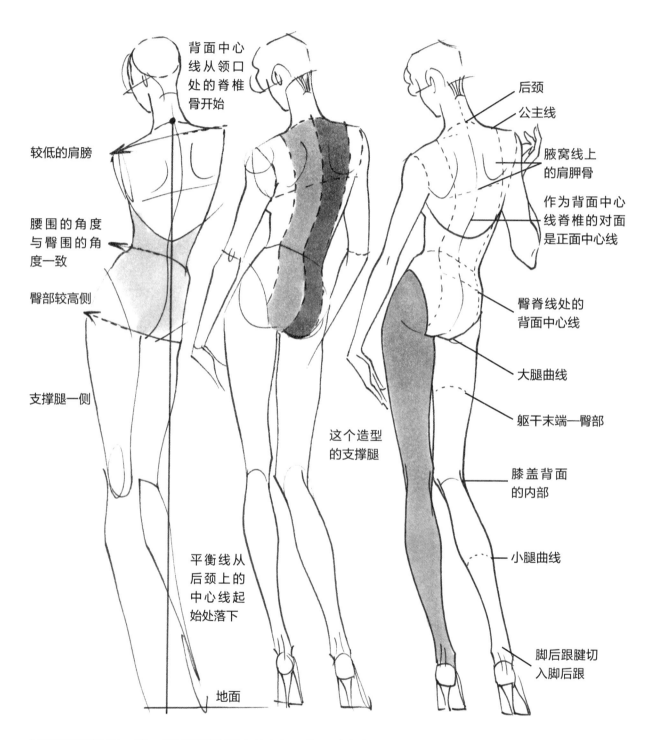

背面中心线从领口处的脊椎骨开始

较低的肩膀

腰围的角度与臀围的角度一致

臀部较高侧

支撑腿一侧

平衡线从后颈上的中心线起始处落下

地面

这个造型的支撑腿

后颈

公主线

腋窝线上的肩胛骨

作为背面中心线脊椎的对面是正面中心线

臀脊线处的背面中心线

大腿曲线

躯干末端—臀部

膝盖背面的内部

小腿曲线

脚后跟腱切入脚后跟

与正面视图造型一样，背面视图造型也具有相同的运动角度——高臀部、低肩膀和平衡线。在背面视图造型中，脊椎是背面中心线，同时公主线这些平衡线也顺着后背向下画。腋窝上方肩胛骨的微妙曲线不是每次都要画出，但是臀部上的曲线一定要画出来。还要提示确定膝盖的背面，以及脚踝之间的脚后跟腱。

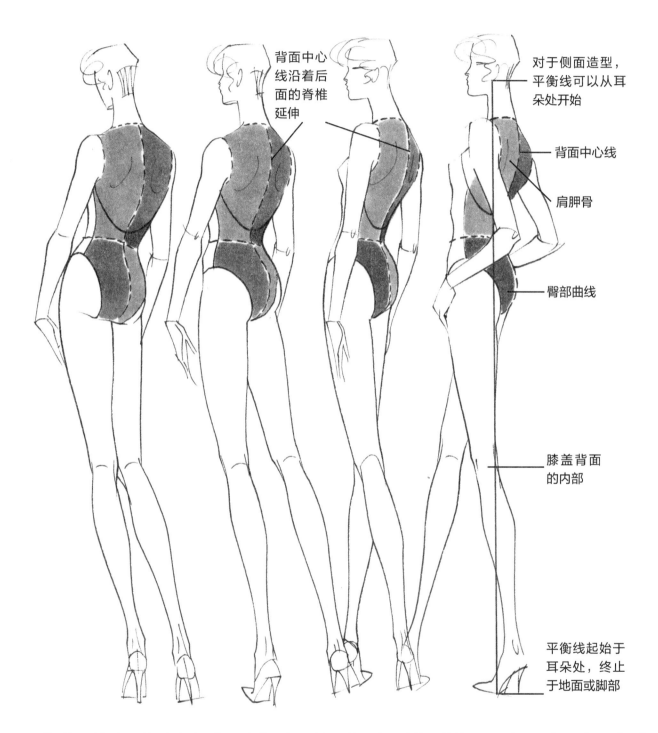

背面中心线沿着后面的脊椎延伸

对于侧面造型，平衡线可以从耳朵处开始

背面中心线

肩胛骨

臀部曲线

膝盖背面的内部

平衡线起始于耳朵处，终止于地面或脚部

　　背面视图造型可以相当生动。如果造型是为了炫耀配饰、衣服或礼服的美丽，那么只需让背面视图造型集中于服装的细节即可。如图所示，上面这些造型都非常简单，最后一个造型几乎转到侧面，展示了身体更多的侧面细节而不是背面细节。这些造型由于侧面缝合线的原因很难展示服装，除非这些侧面缝合线是展示服装焦点的地方。

侧面造型

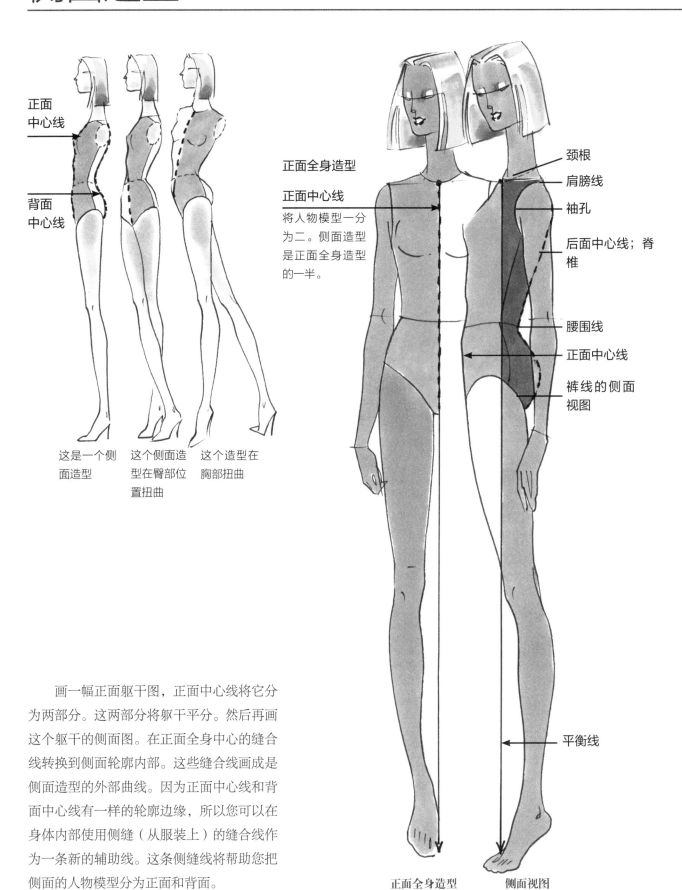

正面
中心线

背面
中心线

这是一个侧
面造型

这个侧面造
型在臀部位
置扭曲

这个造型在
胸部扭曲

正面全身造型

正面中心线

将人物模型一分
为二。侧面造型
是正面全身造型
的一半。

颈根

肩膀线

袖孔

后面中心线；脊
椎

腰围线

正面中心线

裤线的侧面
视图

平衡线

正面全身造型

侧面视图

画一幅正面躯干图，正面中心线将它分
为两部分。这两部分将躯干平分。然后再画
这个躯干的侧面图。在正面全身中心的缝合
线转换到侧面轮廓内部。这些缝合线画成是
侧面造型的外部曲线。因为正面中心线和背
面中心线有一样的轮廓边缘，所以您可以在
身体内部使用侧缝（从服装上）的缝合线作
为一条新的辅助线。这条侧缝线将帮助您把
侧面的人物模型分为正面和背面。

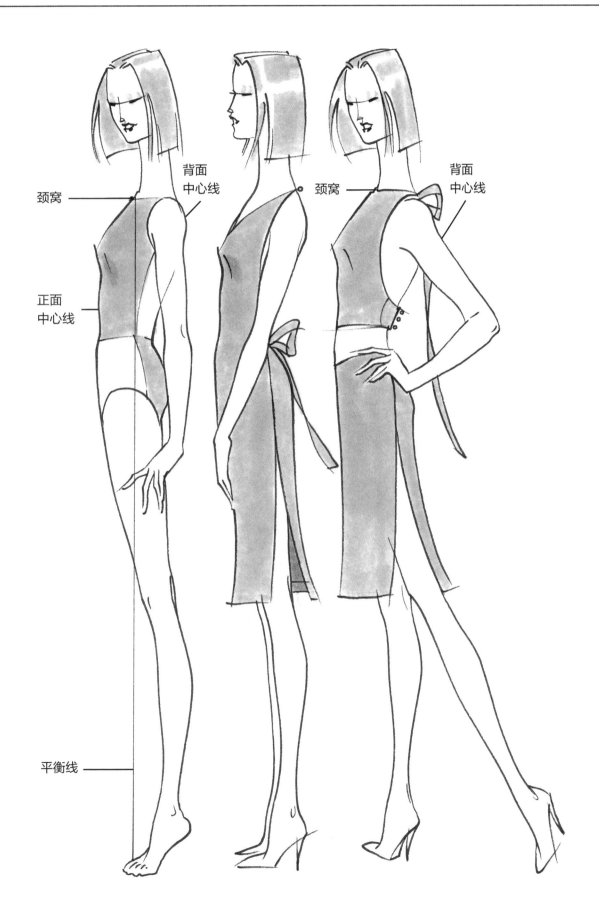

颈窝

背面
中心线

正面
中心线

颈窝

背面
中心线

平衡线

较丰满的人体

时装界新出现的不可或缺的一部分是体态匀称、稍微丰满一点的女性。所谓的"新"不是指实际的尺寸，而是时装界对此类群体的关注。设计公司也开始细分市场，认识到这个市场有巨大的潜力，许多百货公司甚至专门开辟一层为此类体形的群体提供服务。

业内的这种发展方向需要有专门的人体模型图，因为考虑到身材娇小的市场需求尺寸的延展，所以不能按照常规的拉长手法绘制它。这种时装画所具备的功能、传达的态度和引领的风尚应该与任何其他时装画一样多，同时人物应该用更真实的方式绘制为8个头高或更矮，而且身体稍微偏胖。

孕妇人体时装画

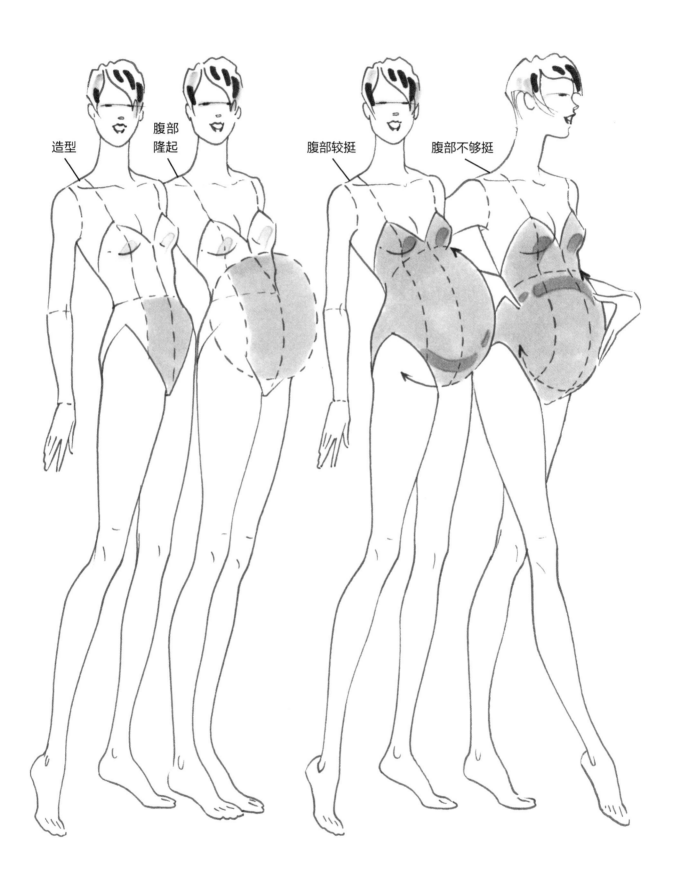

造型

腹部
隆起

腹部较挺

腹部不够挺

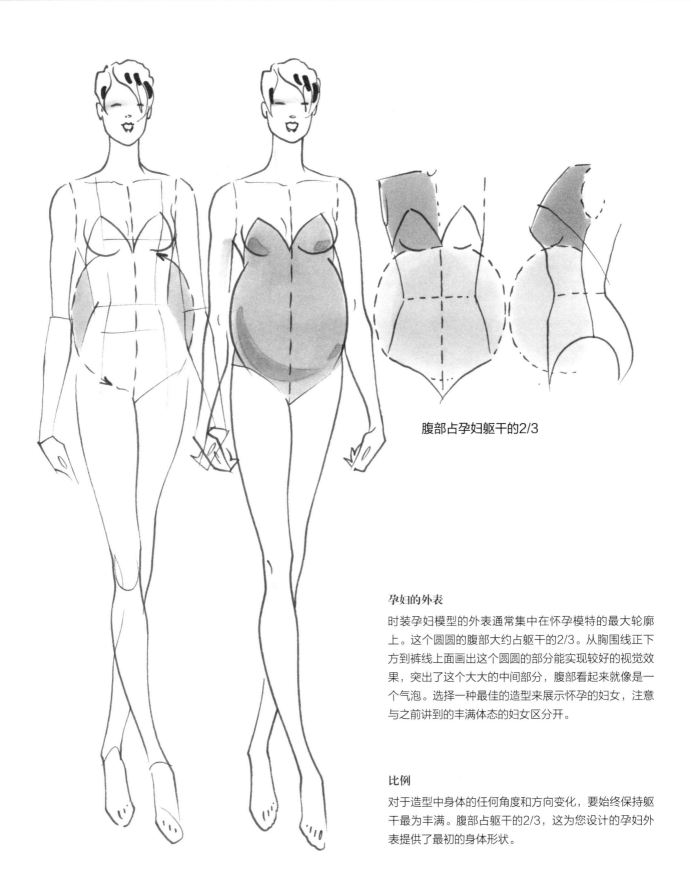

腹部占孕妇躯干的2/3

孕妇的外表

时装孕妇模型的外表通常集中在怀孕模特的最大轮廓
上。这个圆圆的腹部大约占躯干的2/3。从胸围线正下
方到裤线上面画出这个圆圆的部分能实现较好的视觉效
果，突出了这个大大的中间部分，腹部看起来就像是一
个气泡。选择一种最佳的造型来展示怀孕的妇女，注意
与之前讲到的丰满体态的妇女区分开。

比例

对于造型中身体的任何角度和方向变化，要始终保持躯
干最为丰满。腹部占躯干的2/3，这为您设计的孕妇外
表提供了最初的身体形状。

L'Escarpolette

乔治·巴比尔

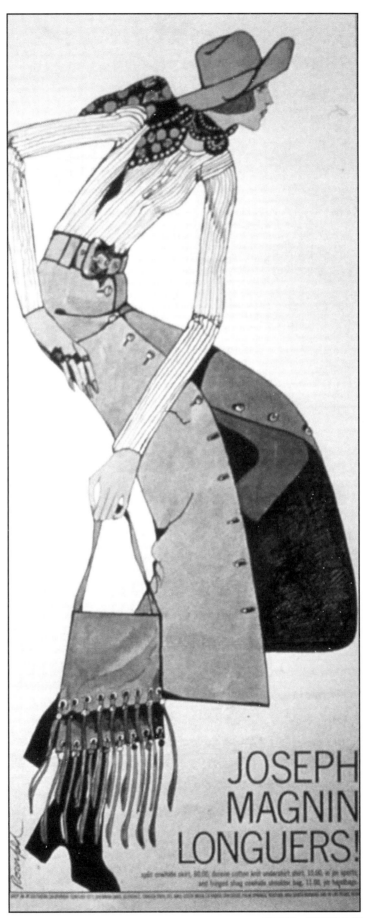

理查德 · 罗森菲尔德

第 2 章

基本人体形态

Basical Figure Forms

　般来说，时装画就是对人体的解读，包括其外部边缘、身体曲线的外部轮廓和造型角度等。为了方便练习，我们暂且撇开造型不谈，先将注意力放在手臂和腿的简化形式上，然后再关注手和脚。虽然这些部位在一定程度上被夸大了，但是其形状和宽度都简化了。这种绘图方式与其说是一种规则，不如说是一种获得所需效果的方法。

通过学习透视缩短的概念，可以掌握如何绘制身体各个部位的方法，并进一步了解各种造型的更复杂（但实用）的时装画概念。透视缩短这一术语是指在查看和绘制身体时，身体弯曲所带来的视觉转移。这种弯曲或缩短将部分身体移到远离或靠近您在草图中的视平线位置。

例如，在某个造型中，腿的下半部分（即小腿）朝远离大腿的方向向后移动。现在腿部弯曲，从膝盖到脚踝这一部分就会缩短。再比如，腿的上半部分（即大腿）向前移动使膝盖弯曲。如果您想绘出优美的T台走姿，这种类型的人像模型绘图是非常重要的。

在本章中，您将学会人像模型绘图中区别于您在第1章学过的关于强调时装造型绘图的所有的细微差别。

躯干解析

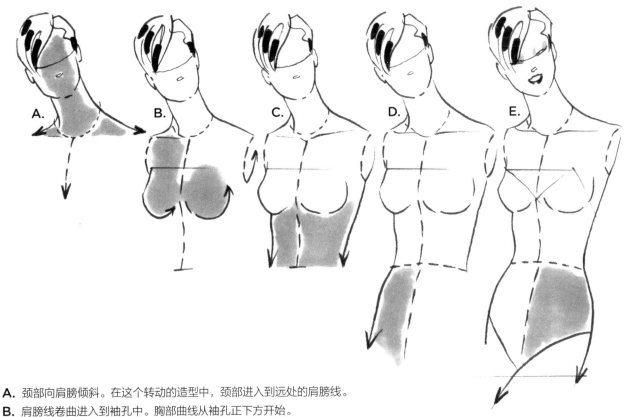

A. 颈部向肩膀倾斜。在这个转动的造型中，颈部进入到远处的肩膀线。

B. 肩膀线卷曲进入到袖孔中。胸部曲线从袖孔正下方开始。

C. 完成胸部的其他部分，也就是胸腔，从胸部曲线下方一直向下到腰部。

D. 凹处（腰部水平线）连接到凸处（垂直的臀线轮廓）。

E. 完成臀围线后，在躯干末端的位置开始画时装裤线的斜边。

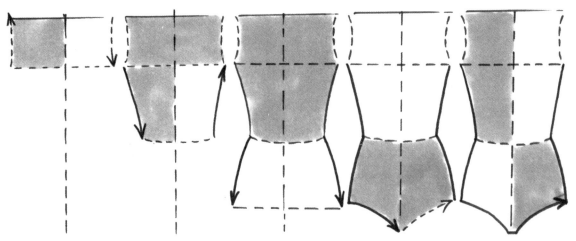

1. 在正面全身造型中，正面中心的袖孔是等距的。

2. 胸线在袖孔底部排列。胸部曲线对着腰围线。

3. 臀围线或者骨盆区域从腰部向躯干末端弯曲。

4. 裤线在躯干末端向胯部弯曲或上升代表裤子。

5. 躯干的上半部分和胸部区域比躯干的下半部分（臀部）稍长一些。

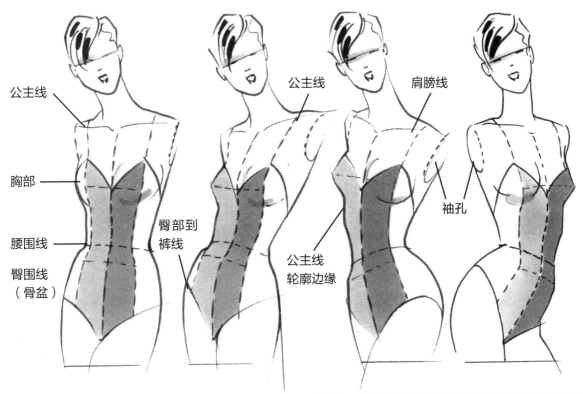

公主线

胸部

腰围线

臀围线
（骨盆）

公主线

臀部到
裤线

公主线
轮廓边缘

肩膀线

袖孔

　　要时刻提醒自己，时装人像中的躯干是理想化的。胸部和骨盆被拉长了，顺应潮流的人像模型的美可能会根据季节而变化。从风格上来说，拉长躯干是为了宣扬视觉理念或者影响时装主张的"呈现"。不管您的风格目标是什么，您都需要具备坚实的绘画基础，绘制可信的时装人像躯干的轮廓和比例。这个时装重点的部分是将躯干中的缝合线作为动态姿势的辅助线来使用。

对躯干的造型角度产生影响的内部缝合线

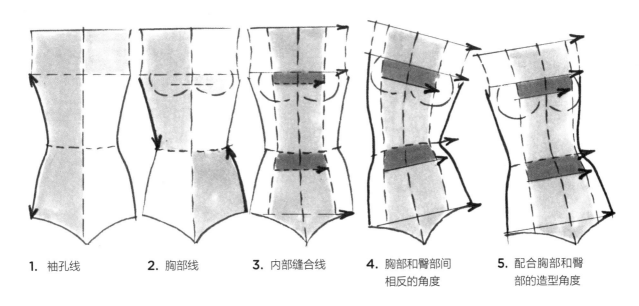

1. 袖孔线

2. 胸部线

3. 内部缝合线

4. 胸部和臀部间
   相反的角度

5. 配合胸部和臀
   部的造型角度

绘制腿部：形态和形状

就骨骼和肌肉而言，时装画人体的腿部是真实人体的简化形式。

1. 腿部形状是一直锥形向下至脚踝的，膝盖在腿部的中间。
2. 腿部两条最宽的曲线是大腿和小腿，然后是膝盖。
3. 大腿（膝盖以上的部分）画得比小腿更宽一些。
4. 小腿（膝盖以下的部分）画得比大腿更窄一些。
5. 膝盖有自己微妙的曲度，画成是腿部轮廓的一个弯曲。
6. 腿部可以按比例划分，大腿长度可以和小腿长度相等。
7. 时装设计人像的腿部曲线甚至可以画得更长一些。

头高网格

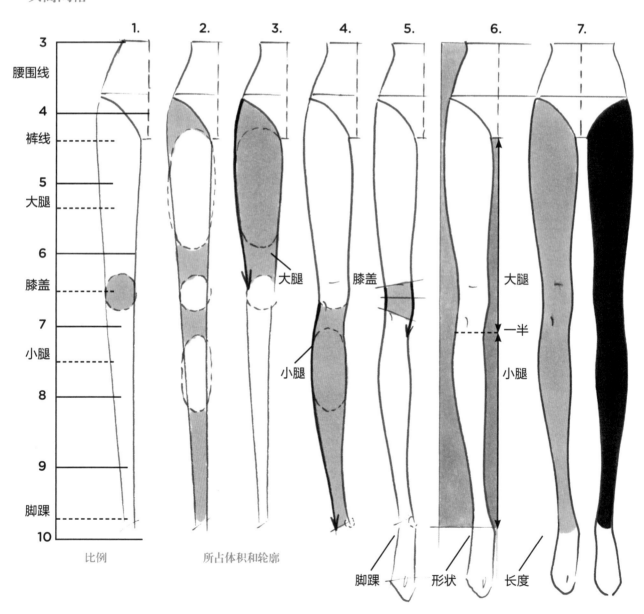

拉长腿部的方法

A. 腿部可以有自己的正面中心线，从裤线一直到脚趾。

B. 腿部时尚的曲线大致与解剖学上的肌肉群相一致。

C. 这些腿部曲线每一条都有自己模仿真实腿部的轮廓角度。

D. 腿部正面中心线可以按照腿部轮廓弯曲，摆出造型。

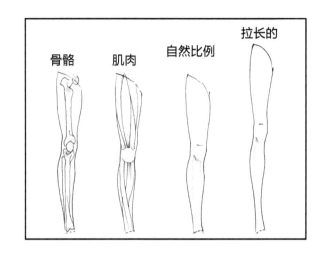

骨骼　　肌肉　　自然比例　　拉长的

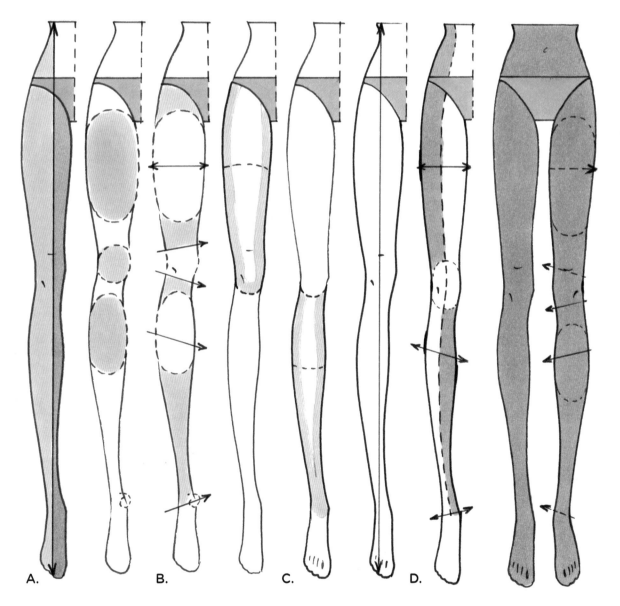

A.　　B.　　C.　　D.

腿部造型

　　膝盖画在腿部中间或者中间偏上。腿部沿着膝盖转动可形成不同的姿势，可以帮助您更简单地定位腿部的长度和轮廓。

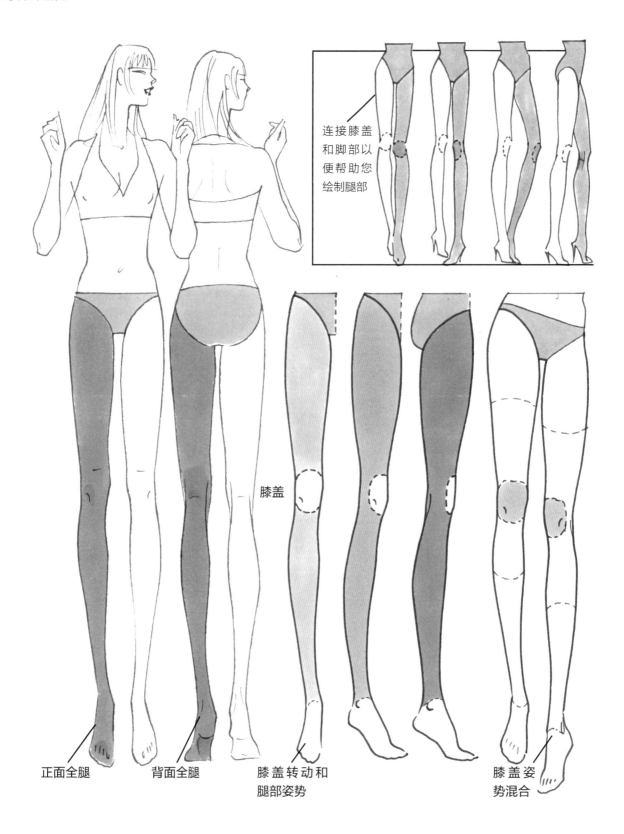

连接膝盖和脚部以便帮助您绘制腿部

膝盖

正面全腿　　　　背面全腿　　　　膝盖转动和　　　　　　　　膝盖姿
　　　　　　　　　　　　　　　　腿部姿势　　　　　　　　　势混合

固定姿势的承重腿叫作支撑腿。相反，可以自由活动的非承重腿叫作伸展腿。

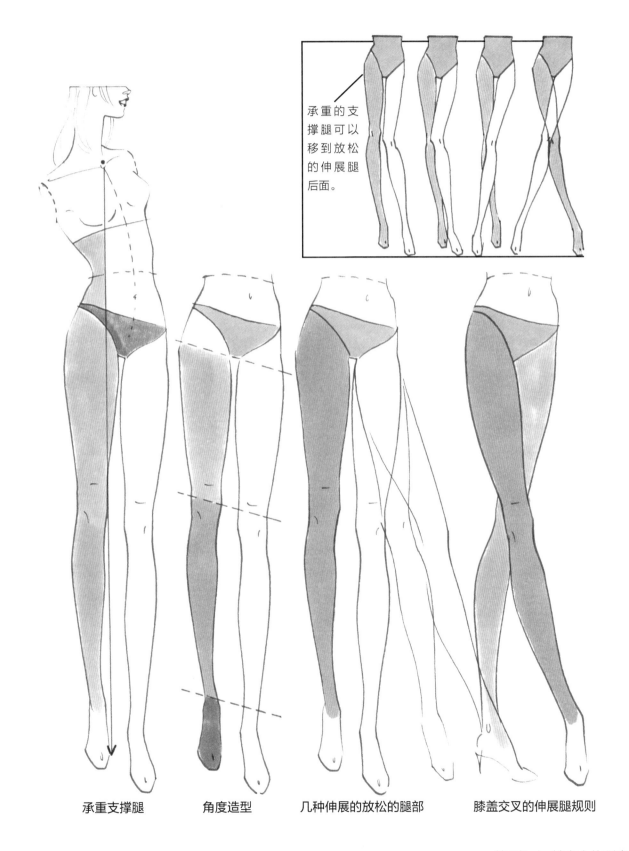

承重的支撑腿可以移到放松的伸展腿后面。

承重支撑腿　　　角度造型　　　几种伸展的放松的腿部　　　膝盖交叉的伸展腿规则

透视缩短：腿

透视缩短是一种错觉。真实人体存在某种角度或弯曲时，绘图中就会出现这种形式的视觉挑战。您可能注意到了，手臂或腿的某一部分看起来要比对应的另一部分短。这通常意味着身体的这部分离观看者的视平线更近或更远。要在造型中绘制透视缩短区域，最好是利用真实的模特或照片作为参照物进行练习。开始时很难凭记忆画出这种效果。

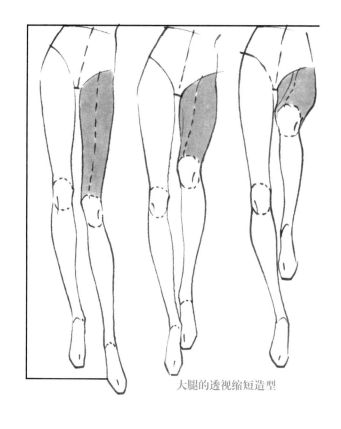

大腿的透视缩短造型

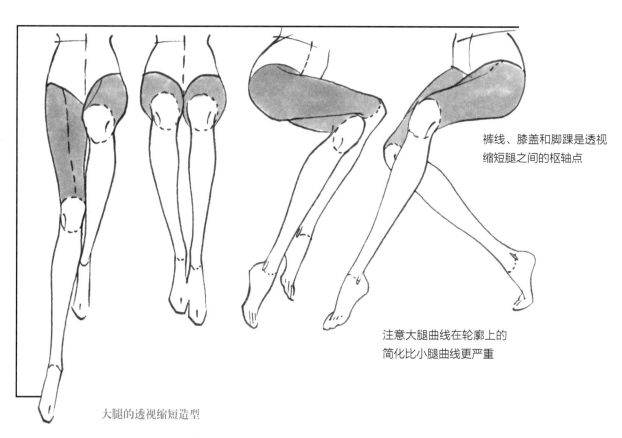

裤线、膝盖和脚踝是透视缩短腿之间的枢轴点

注意大腿曲线在轮廓上的简化比小腿曲线更严重

大腿的透视缩短造型

向后撤的透视缩短的大腿

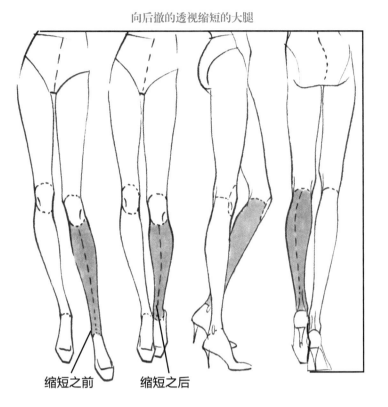

缩短之前

缩短之后

小腿拉长
后的造型

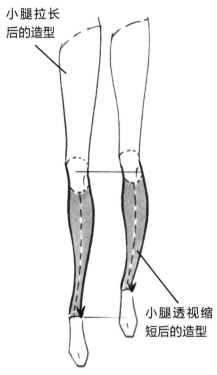

小腿透视缩
短后的造型

小腿拉长后的造型

向前伸的透视缩短的大腿

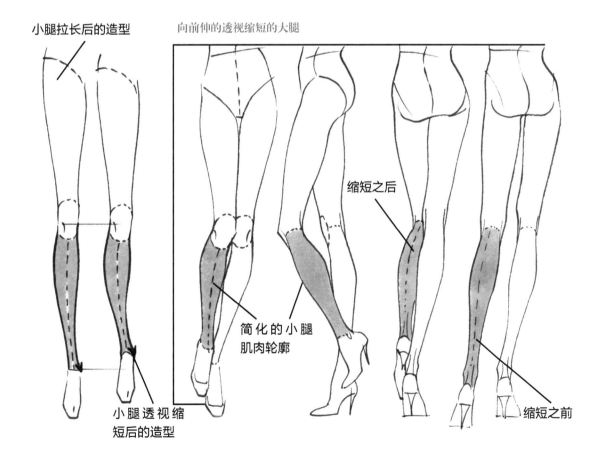

缩短之后

简化的小腿
肌肉轮廓

小腿透视缩
短后的造型

缩短之前

绘制脚

脚的侧面造型是从脚趾尖端朝一边转到脚后跟的曲线上。脚趾几乎不可见，脚后跟完全可见，脚踝也是。时装画的拉长手法在足弓和脚背之间表现得最明显。

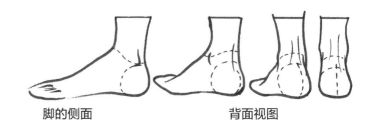

脚的侧面　　　　　背面视图

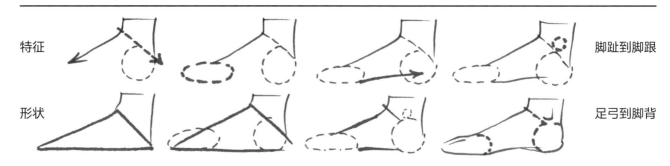

特征　　　　　　　　　　　　　　　　　脚趾到脚跟

形状　　　　　　　　　　　　　　　　　足弓到脚背

绘画准则可以为定义提供框架，帮助您学习时装脚部的形状和形态。

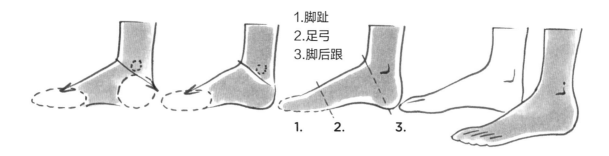

1.脚趾
2.足弓
3.脚后跟

1.　　2.　　3.

比例是绘制脚部简单化的一部分。脚趾可以和脚后跟的比例一样，还可以和足弓的比例一样。

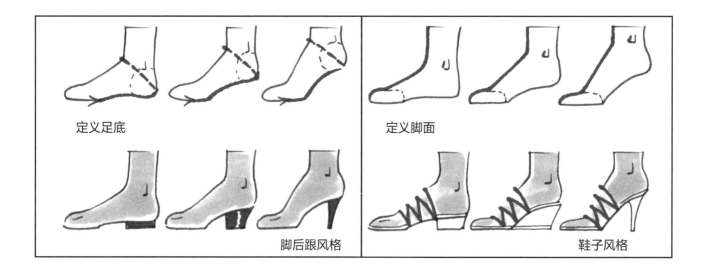

定义足底　　　　　　　　　　　　定义脚面

脚后跟风格　　　　　　　　　　　鞋子风格

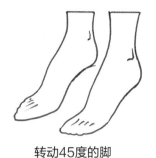

转动45度的脚

转动45度角的脚部是介于正面视图和侧面视图中间的造型。在这个视图中，显露的脚部要比侧面图中的多，但比正面图中的少。相反，这种视图中显示的脚后跟部分比侧面图中的少，但比正面图中的多。仔细研究一下地面角度将有助于了解脚后跟高度。

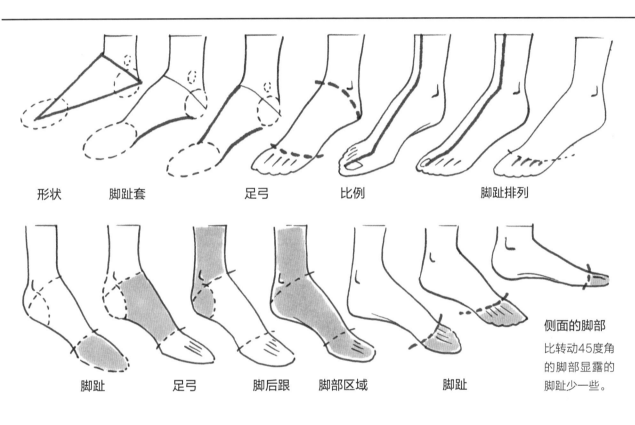

| 形状 | 脚趾套 | 足弓 | 比例 | 脚趾排列 |

| 脚趾 | 足弓 | 脚后跟 | 脚部区域 | 脚趾 |

侧面的脚部

比转动45度角的脚部显露的脚趾少一些。

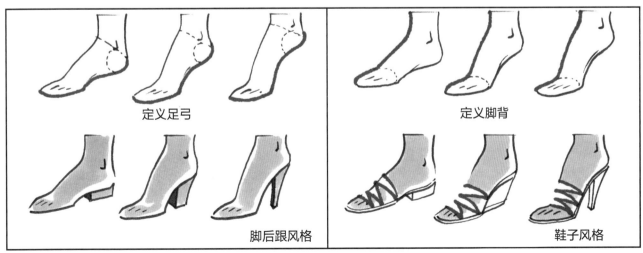

定义足弓　　　　定义脚背

脚后跟风格　　　　鞋子风格

绘制脚（继续）

正面脚部造型会将脚部全部显示出来。脚踝一点也不明显，只在脚后端与腿交界的地方画一点点角度即可。脚后跟在此造型中完全不存在了。逼真的脚部正面视图会让脚后跟落在地面上，使脚看起来缩短了。时装画中的脚部在形状和细节方面都简化了，脚部被拉长，人似乎靠脚趾站立。

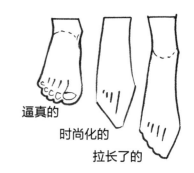

逼真的

时尚化的

拉长了的

脚正面视图

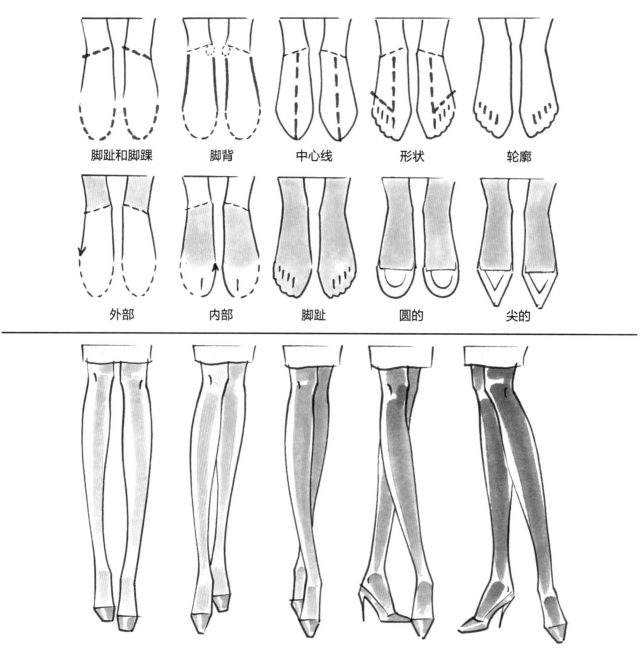

脚趾和脚踝　　脚背　　中心线　　形状　　轮廓

外部　　内部　　脚趾　　圆的　　尖的

关注脚上穿的鞋子

在这些造型中练习所有的鞋子类型

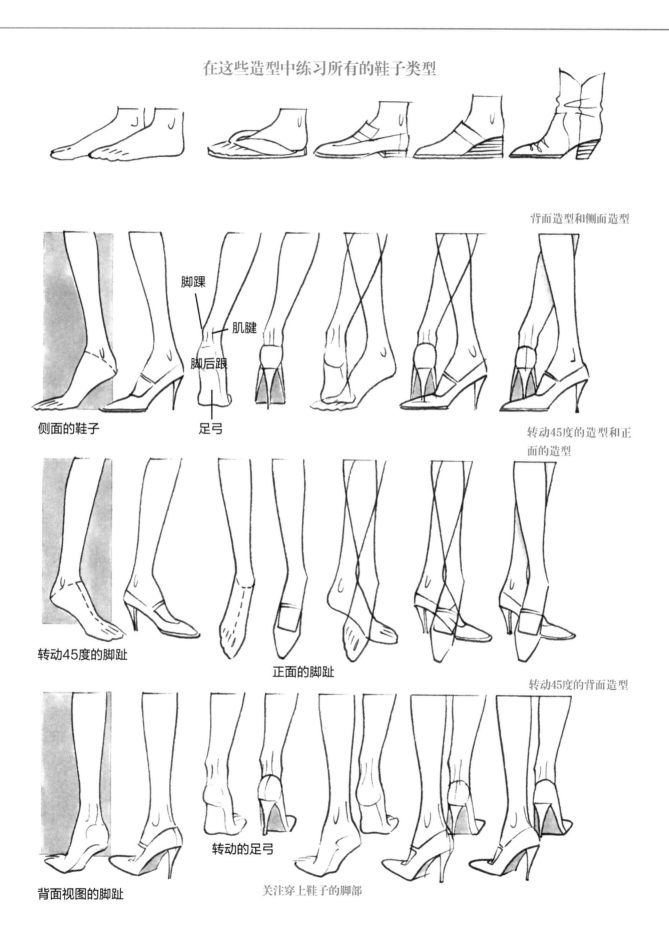

背面造型和侧面造型

脚踝

肌腱

脚后跟

足弓

侧面的鞋子

转动45度的造型和正面的造型

转动45度的脚趾

正面的脚趾

转动45度的背面造型

转动的足弓

背面视图的脚趾

关注穿上鞋子的脚部

绘制手臂：形态和形状

与时装身体和腿部一样，手臂也是另一种理想化的形态。同样地，也是在骨骼和肌肉上被拉长和简化了的。

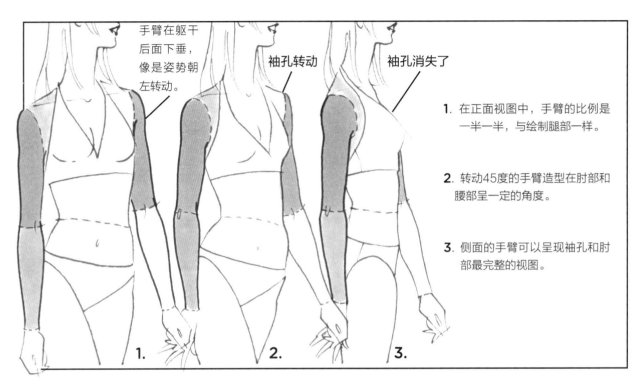

手臂在躯干后面下垂，像是姿势朝左转动。

袖孔转动

袖孔消失了

1. 在正面视图中，手臂的比例是一半一半，与绘制腿部一样。

2. 转动45度的手臂造型在肘部和腰部呈一定的角度。

3. 侧面的手臂可以呈现袖孔和肘部最完整的视图。

1.　　　2.　　　3.

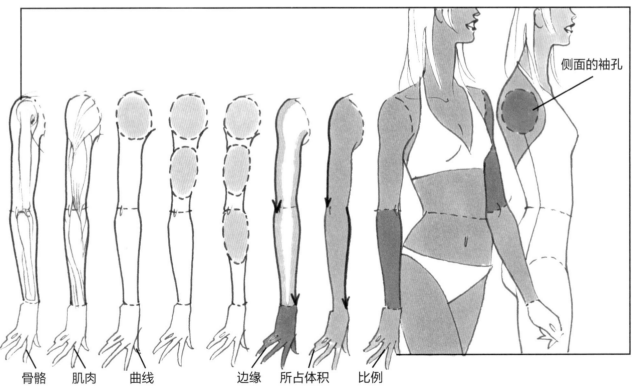

侧面的袖孔

骨骼　　肌肉　　曲线　　边缘　　所占体积　　比例

4. 通过在自然的肌肉曲线处添加简单的轮廓来练习手臂微妙的曲线。将肘部作为手臂的中间线指导您的绘画练习。

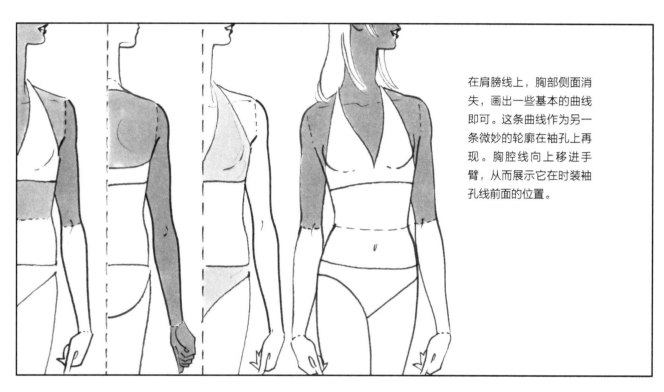

在肩膀线上，胸部侧面消失，画出一些基本的曲线即可。这条曲线作为另一条微妙的轮廓在袖孔上再现。胸腔线向上移进手臂，从而展示它在时装袖孔线前面的位置。

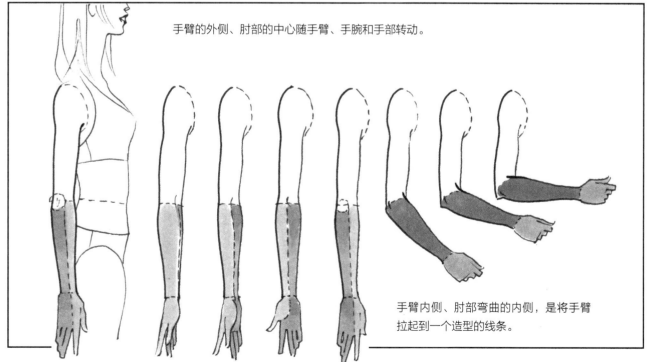

手臂的外侧、肘部的中心随手臂、手腕和手部转动。

手臂内侧、肘部弯曲的内侧，是将手臂拉起到一个造型的线条。

透视缩短：手臂

如前所述，透视是一种错觉，即身体的某一部分相对其他部分而言被推近或拉远。这种错觉会改变外形，但这是理解和绘制时装画的重要部分。因为应用透视缩短会使人物外形上出现不自然的角度，所以它是时装设计中一个比较令人烦恼的细节。

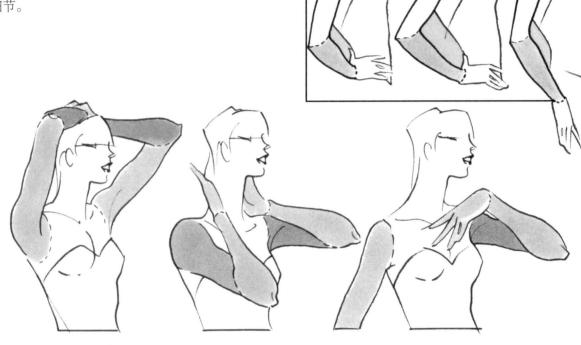

在一个造型中，要注意肩膀与手臂是一同提升的。

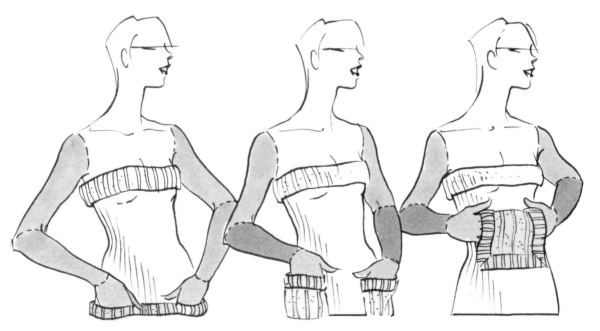

在一个造型中，为了强调服装细节，手臂的绘制可以被透视缩短。

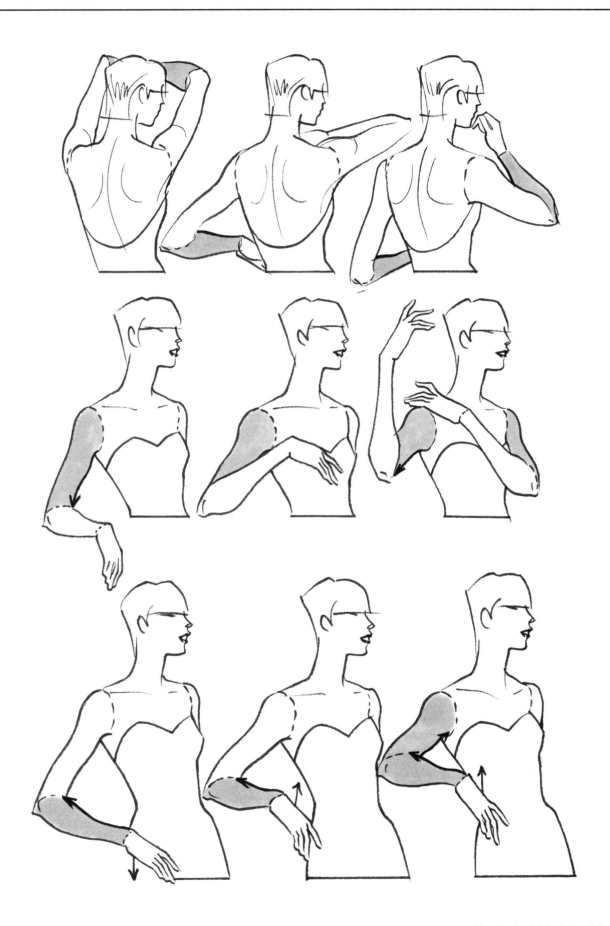

绘制手

时装艺术中的手部可以为了简单绘制而做一些修改，使它们保持修长且成锥形。用各个姿势同时练习绘制左右手。利用关节区域和手部的正面中心线帮助您绘制透视缩短的造型。

从握拳到完全张开的手

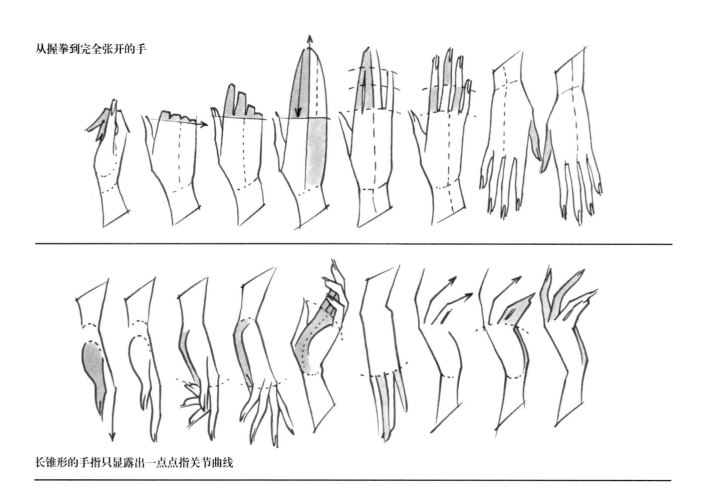

长锥形的手指只显露出一点点指关节曲线

现实化——有指关节曲线　　　　　　　　　风格化——无指关节曲线

在下列例子中绘制出一些手部造型，您或许可以发现在时装人像绘图中的一些挑战。

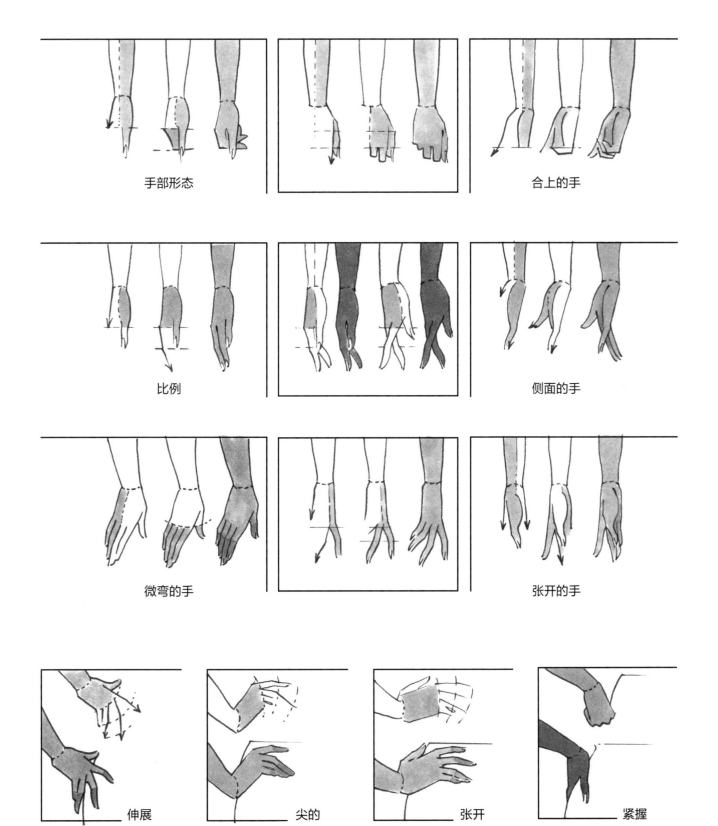

手部形态

合上的手

比例

侧面的手

微弯的手

张开的手

伸展

尖的

张开

紧握

绘图提示

　　绘制时装画人体的某些区域时，有一些微妙的地方。在您为模型设计衣服时，这些微妙的地方可能让设计细节更出色，也可能毁掉这些细节。之所以说它们很微妙，是因为这些区域要么是一览无余，要么是受您希望被看到的东西所影响。最容易影响这些区域的是时装画中的指示线（缝合线），以及身体某部分与其他部分相交区域内的细微之处。本节中的示例介绍了绘制此类区域的一些提示。

A. 在正面视图中，腋窝移到了胸部。在背面视图中，躯干上部移到了手臂后面。

B. 在正面视图中，肘部弯进上臂中。在背面视图中，上臂弯到肘部上方。

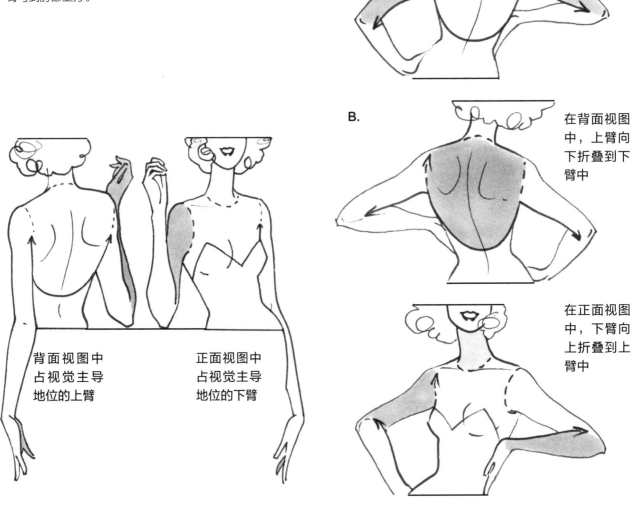

A.

左臂位于胸上或胸前

右臂位于胸后

在背面视图中，袖孔随着胸线轮廓一起移动

B.

在背面视图中，上臂向下折叠到下臂中

在正面视图中，下臂向上折叠到上臂中

背面视图中占视觉主导地位的上臂

正面视图中占视觉主导地位的下臂

C. 记住，定位颈部最简单的方法是，在绘制时让颈部与正面中心线朝同一方向移动。了解中心线朝哪个方向延伸，不管头部的位置如何，将颈部的方向与中心线的方向画成一致的即可。

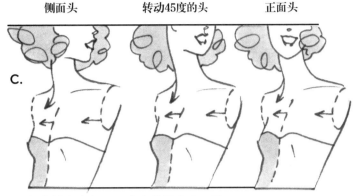

颈部曲线方向与正面中心线的方向一致

D. 在大部分造型中，正面中心线（从腰围线到胯部)的弯曲方向与臀部转动的方向一致。转动后的臀部在造型中看见的部分最少。

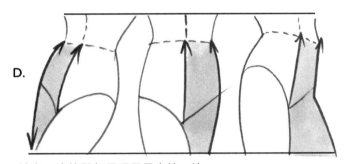

转向一边的臀部是看见最少的一边

E. 当模特转身时，面对着您的袖孔会显示出更多，而转向另一侧的那个袖孔显示出的会很少。在转身的一侧，最好绘制胸腔的侧平面，将胸腔与袖孔分开。

袖孔和胸围曲线将胸腔区分开

F. 袖孔曲线开始于肩膀顶部，止于腋窝底部。这条曲线呈椭圆形。身体两侧都要画上袖孔。它们是相配的曲线，它们不仅彼此匹配，而且还要在人物转身时匹配正面中心线的弯曲方向。右面手绘图上的箭头显示了袖孔线与胸围线是相互平行的。

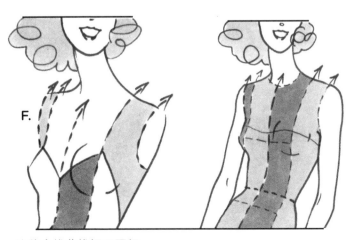

让缝合线曲线相互平行

绘图提示（继续）

赤裸的膝盖、小腿和脚踝

画一个微弯的凹痕代表膝盖内侧的曲线。展开小腿曲线，这样它们可以变得非常的精致。再在下面画另一个凹痕代表脚踝。

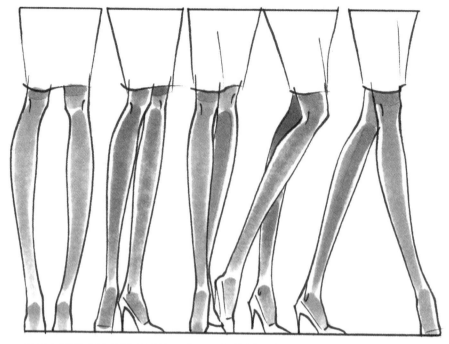

腿部内侧代表膝盖的平缓的凹痕；腿部外侧代表小腿的微妙的曲线

打扮膝盖、小腿和脚踝

当您在腿上设计并绘出服装的形状细节时，画出的服装就像是卷曲并成锥形环绕腿部轮廓。

膝盖正面或者背面布料的弯曲；布料成锥形包围在大腿、小腿或脚踝上

肩膀

一条从颈部平缓地切入到肩部的曲线，这条线在造型的转动侧。

锁骨/肩膀线的细微差别

袖孔

这是在线条上一个小小的弯钩，在手臂下面与胸部平面上相遇。

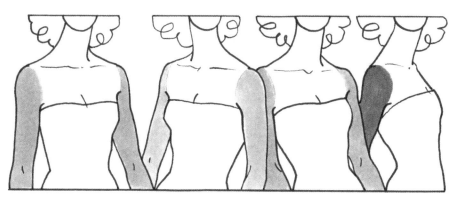

半条曲线代表袖孔和乳沟

胸围线

试着在胸部曲线下面渲染一些柔和的阴影。

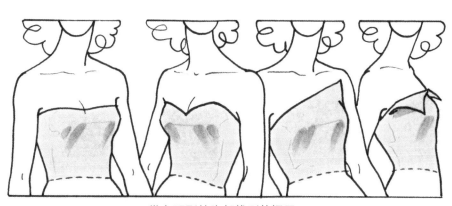

带有阴影的胸部线形状提示

手部

将大部分的手指合拢在一起，向上卷曲或者攥成拳头，即可简单地绘制一些手部造型。

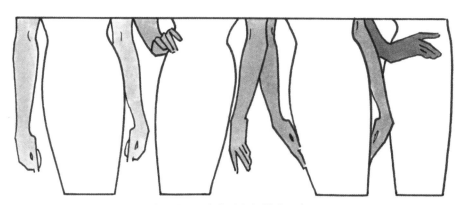

在任何一种造型中都简化手部

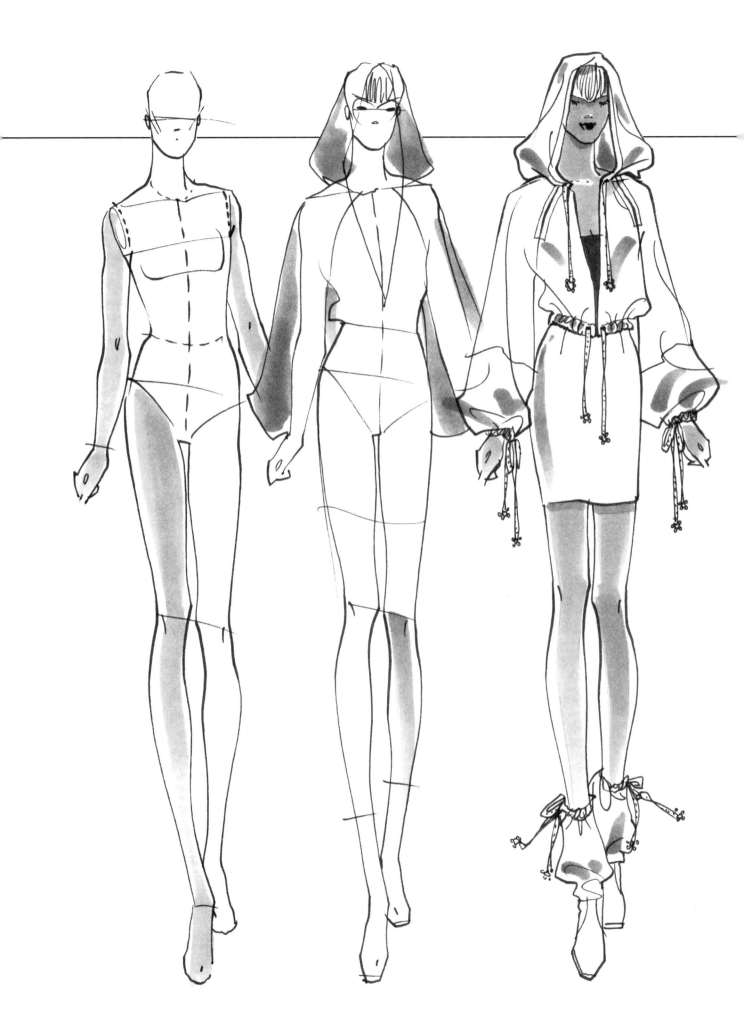

第 3 章

绘制真实模特
Model Drawing

绘制模特是改善您时装人像绘制技巧的下一步。在前两章中，您学习了身体比例和拉长。本章将介绍对照真实模特的时装设计造型，将您在前两章中学习到的有关躯干、手臂、腿、手和脚的绘图知识与本章有关如何绘制各种角度造型的内容结合起来。这比您凭借想象绘制造型，或者根据思路创造人像模型并且将人像分成多个部分进行练习简单多了。现在，您要绘制整幅图像——都参照真实的模特进行绘画。

绘制模特不是要您描摹照片，它要求您根据照片画出自己的图像。在本章中，你要使用模特照片来重新设计模特造型图，并将真实性变成图中的时装构思。绘制模特图可以提高您的绘图能力，并且鼓励您形成自己的绘画风格，为人像造型创造更有个性、更独特的视觉效果。

《Model Drawing》是Fairchild出版一套专门学习模特绘制的完整课程书籍。它基于本章学习绘制真实造型的范围。《Model Drawing》包括一张光盘并且将女人、男人及孩子造型的真实参照与插图课结合在一起。

绘制模特造型

　　这些都是正面造型，由于是模特的站姿，因此她们都被绘成了高臀/低肩造型。四个造型中的每一个都展现人像分解的另一个形态，以便帮助您将这些绘画技巧运用到您的绘画过程中。

平衡线

角度

躯干

姿势的组成要素

平衡线

这个与第一章中介绍的平衡线/人像造型支撑是同一类型。平衡线从颈窝向下贯穿造型，在脚部（纸张的地面）停止。它可以使人像保持直立，而不是向一边倾斜（失衡）。

平衡线

造型中的角度

在姿势草图中，要画3条穿过躯干的线，从而创建肩线、腰围线和臀围线（也称为躯干末端或裤线）。这3条线称为动作线，在您绘制造型时，动作先可为其赋予动感。

动作线在造型中起着营造动感的作用，并帮助身体实现平衡。例如，较低肩膀与较高臀部以及支撑腿一起才能保持人体平稳站立。

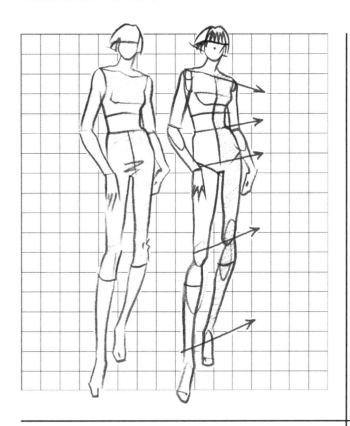

造型中的角度

这是一个模特造型偏向中心线右侧的姿势草图，注意肩线、腰围线和臀线的角度是如何被夸张的。

在真实参照（右上角）中的模特左肩向下与左臀形成一个特定的角度。这些就是您在绘图中想要强调的腰围线。

注意胸腔和骨盆是如何在造型中创造较低的肩膀和较高臀部间的角度的。

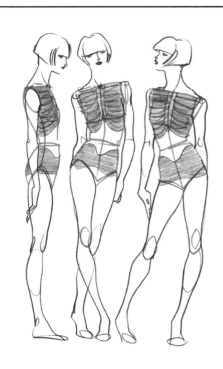

这个姿势中的人物角度可以用辅助线，指导您在建立人像时盯住人像绘图，或展示可见的参照点。

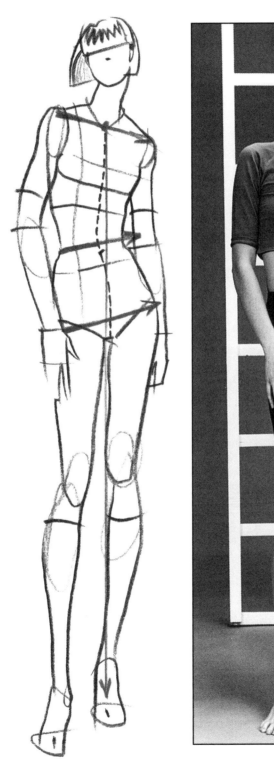

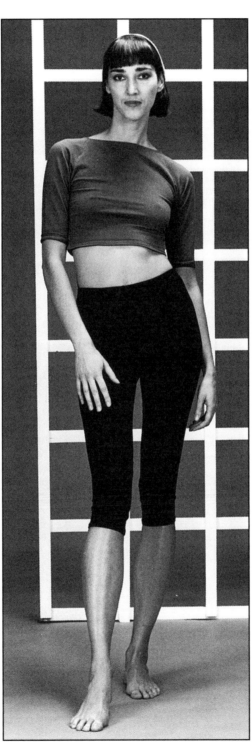

时装拉长姿势草图 　　　　　　　　　　正面造型 　　　　　　　　　　时装比例完成草图

造型中的躯干

　　开始绘制人体的最佳方法是勾画人体的主要部分，即躯干，它由两个部分组成——胸腔和臀部。从解剖学角度上讲，这两个部分可以成为胸廓和骨盆。躯干姿势草图的连接中线就是正面中心线：从肩膀线开始，向下延伸到胯部线。这条正面中心线与背面中间的线（即脊椎）类似。

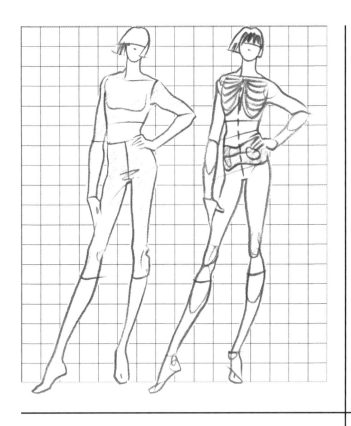

躯干定义

　　左上图是一个有关如何使用本章所述网格的示例。使用照片（右上图）作为绘制姿势草图中造型的视觉参照物，这是本练习的模特照片参考文件。其中的造型也是您要练习绘制的，可以使用网格辅助绘图。

　　右图中的两个人物模型有助于将您的注意力集中到躯干上。躯干的胸廓和骨盆被突出显示了，以展示它们在人体设计造型中的作用。

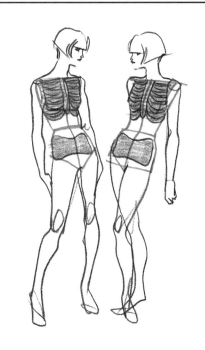

这个造型在模特身体的右侧有较低的肩膀和较高的臀部。躯干的这一侧腰部更弯一些，而左侧就更有力一些了。如果您想在绘图中绘出可见的正面中心线，这条线将帮助您定义各部分体积，以及模特躯干的弯曲和力度。

姿势的组成要素

把身体分成各个部分分析造型和绘画技巧

用头部定义
人像模型的
高度

1. 平衡线固定人
像模型直立的
站姿

2. 设定躯干的角
度比例

3. 定义从身体的
左侧到右侧的
躯干

4. 完整的躯干外
部曲线

5. 添加躯干的内
部曲线

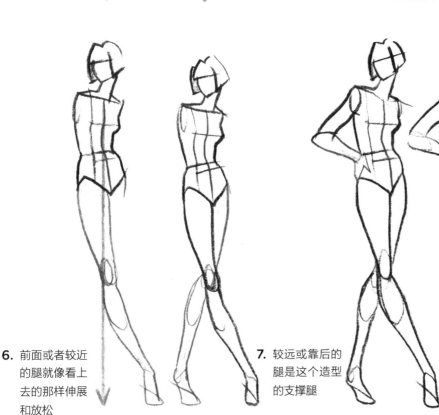

6. 前面或者较近
的腿就像看上
去的那样伸展
和放松

7. 较远或靠后的
腿是这个造型
的支撑腿

8. 手臂在姿势中
创造出自己的
角度

在绘制姿势草图时，您可以先绘制头部。因为身体的大小是根据头部大小而定。通过先绘制头部，可以自由将身体分为多个自然的片段。片段是在摆姿势时，外形上有自然弯曲的那些身体部位。例如，头部会在下颚线处弯进颈部。进而颈部会弯曲到胸前的肩膀处，胸腔又相对于腰部弯曲。利用本页中的网格绘出以下这个姿势的时装画版本。

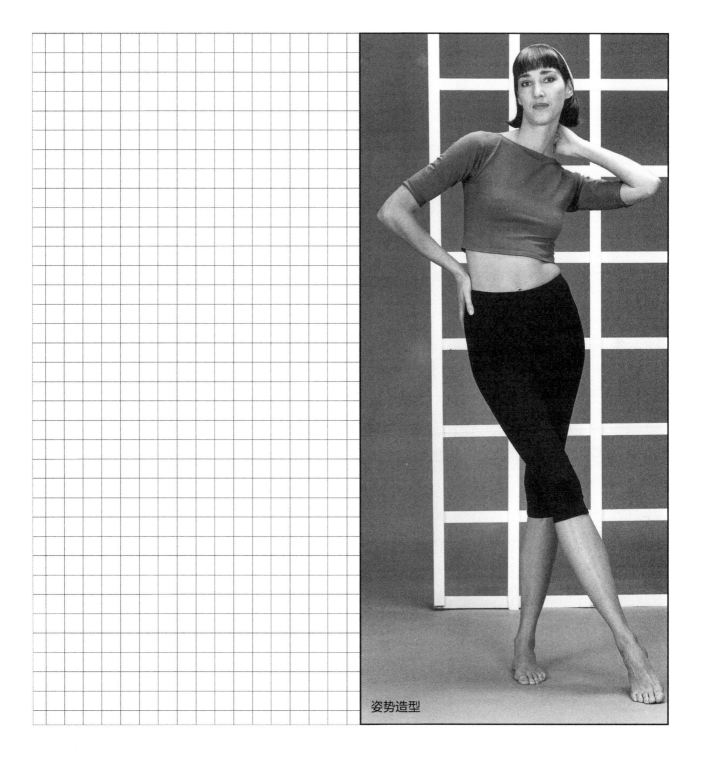

姿势造型

说明人体解剖构造

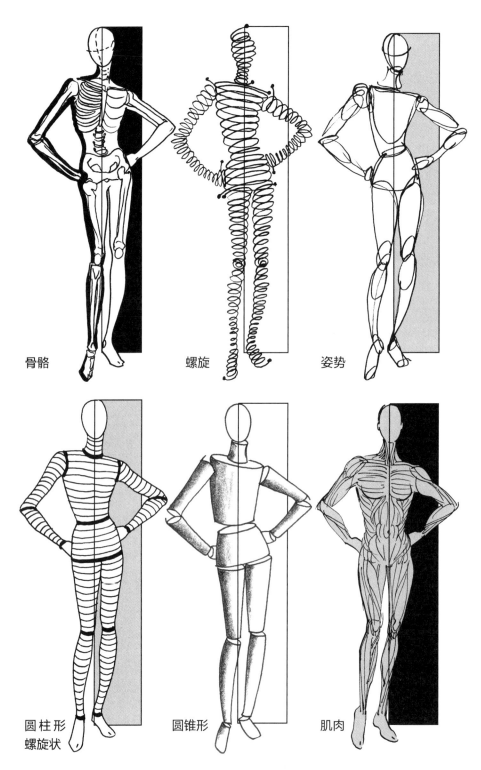

骨骼   螺旋   姿势

圆柱形   圆锥形   肌肉
螺旋状

　　时装人体解剖结合了素描方法、人像研究和轮廓扩展。素描方法会帮助您将身体分成各个绘图片段。人像
研究可以让您探索人体形态内部结构中的骨骼和肌肉。轮廓扩展给您一些人像外部边缘至关重要的洞察力。本
页带给您6种绘画技巧用以传达各种姿势。

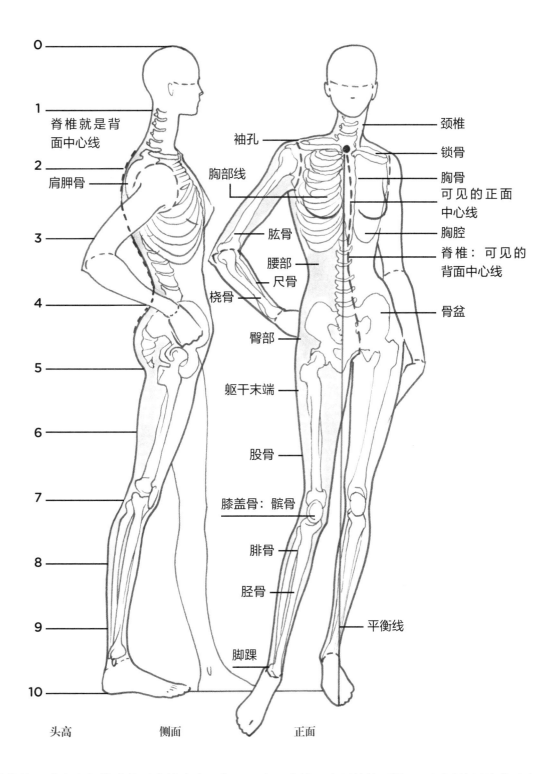

0		
1	脊椎就是背 面中心线	颈椎
2	肩胛骨	袖孔 锁骨
3	胸部线	胸骨 可见的正面 中心线
	肱骨	胸腔
4	腰部 尺骨 桡骨	脊椎：可见的 背面中心线
		骨盆
5	臀部	
6	躯干末端	
7	股骨	
	膝盖骨：髌骨	
8	腓骨	
	胫骨	
9		平衡线
10	脚踝	

头高　　　　　侧面　　　　　正面

　　将简化的骨骼和人物基础的形态结合在一起是一个既有效又有用的绘画练习。通过使用这些元素——结构和轮廓——您将可以由内至外地摆出一个造型，也将给您的人像模型赋予体积和重量。为了确定人像的高度，您一定要创建它的"头高"（见第22页和第23页的人像定位帮助您完成这项）。至于正常的人体构造解剖，一般是7到8个头高。时装拉长经常延伸至9到10个头高。

时装T台和展示间造型

　　照片中的这些人像展示的是一个T台走姿。基于在本章中学习过的人像绘图，您可以使用这些姿势作为绘图参考。在网格中绘出以下时装姿势。

Caffe泳装

Nicolita

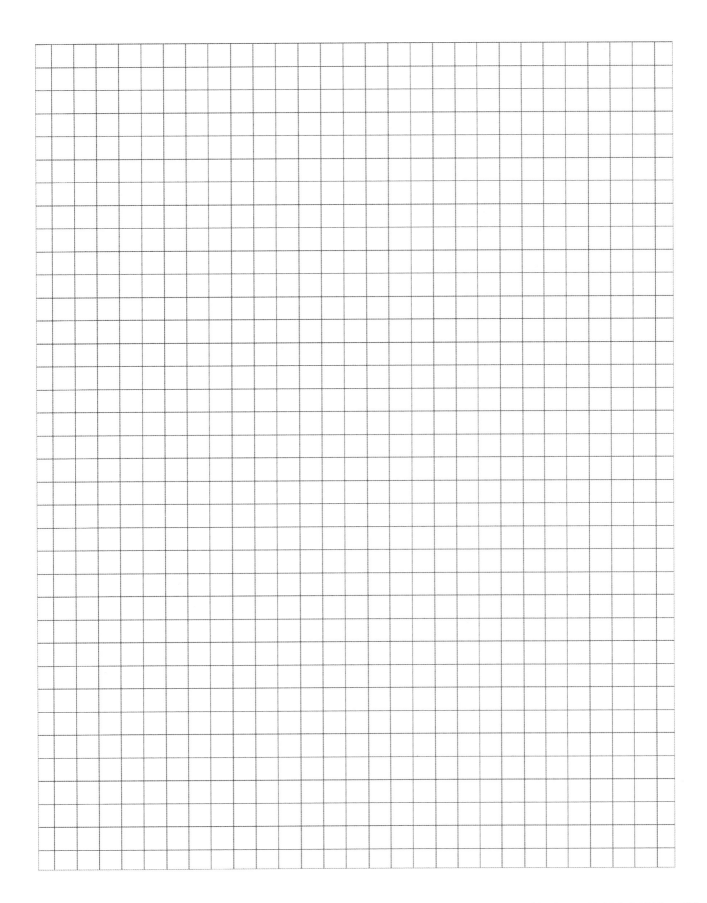

时装T台和展示间造型（继续）

　　这些人像为我们学习从正面到背面的姿势提供了一个独特的机会，她们还同样提供一个练习背面走姿的机会。在网格中画出一个姿势，或者把两个都画出来。

Ed hardy

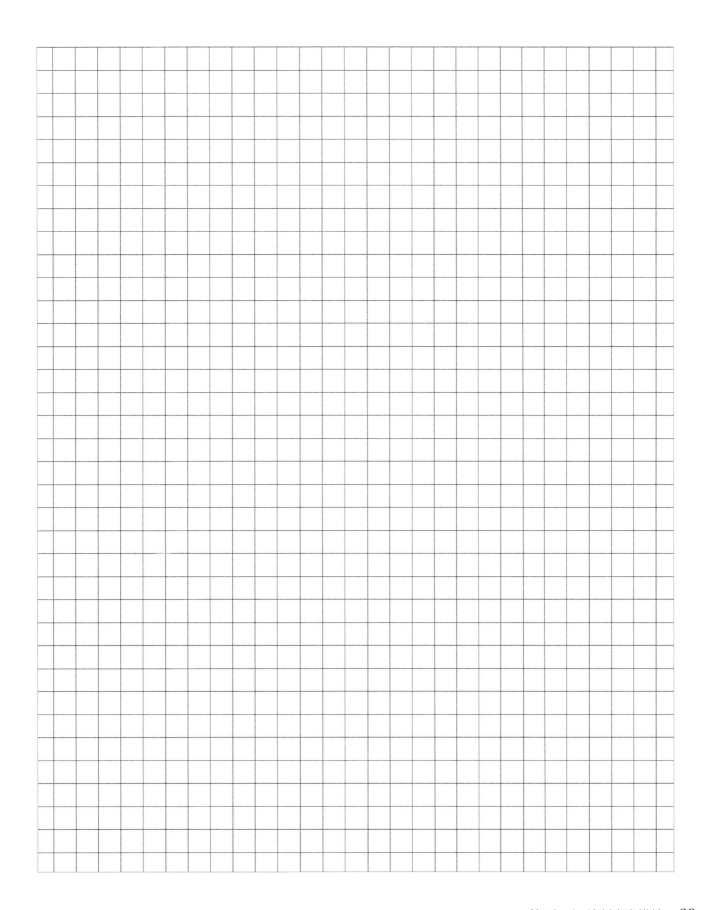

时装T台和展示间造型（继续）

　　照片中的这些人像展示的是一个T台走姿。基于在本章中学习过的人像绘图，您可以使用这些姿势作为绘图参考。在网格中绘出以下时装姿势。

Jeremy Scott

Tavik 泳装

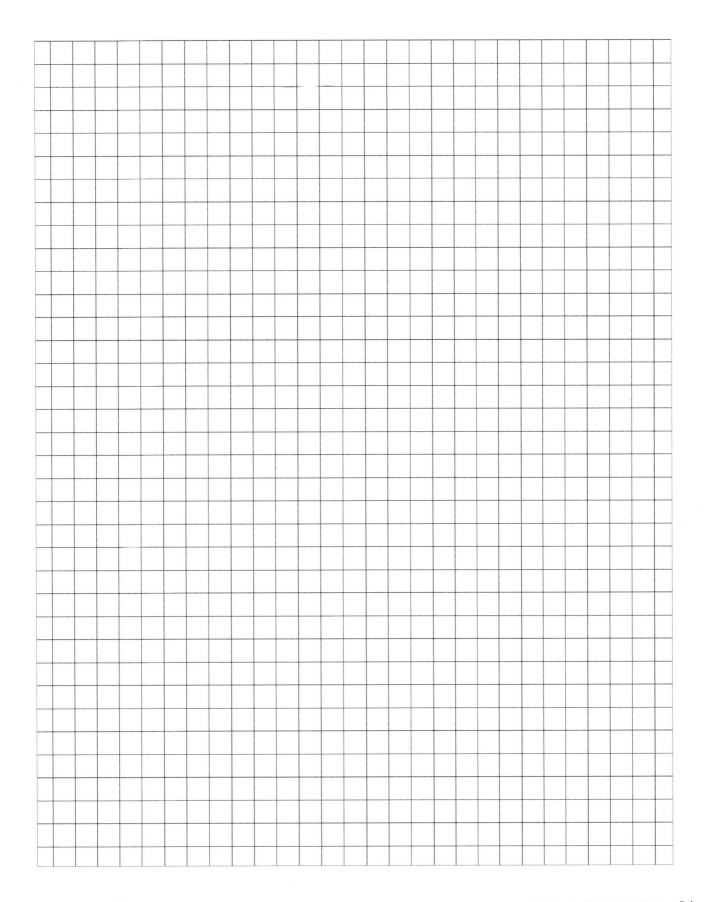

时装T台和展示间造型（继续）

　　这张照片中的人像表现的是在展示间中的姿势。基于在本章中学习过的人像绘图，您可以使用这些姿势作为绘图参考。在网格中绘出以下时装姿势。

Ralph Lauren

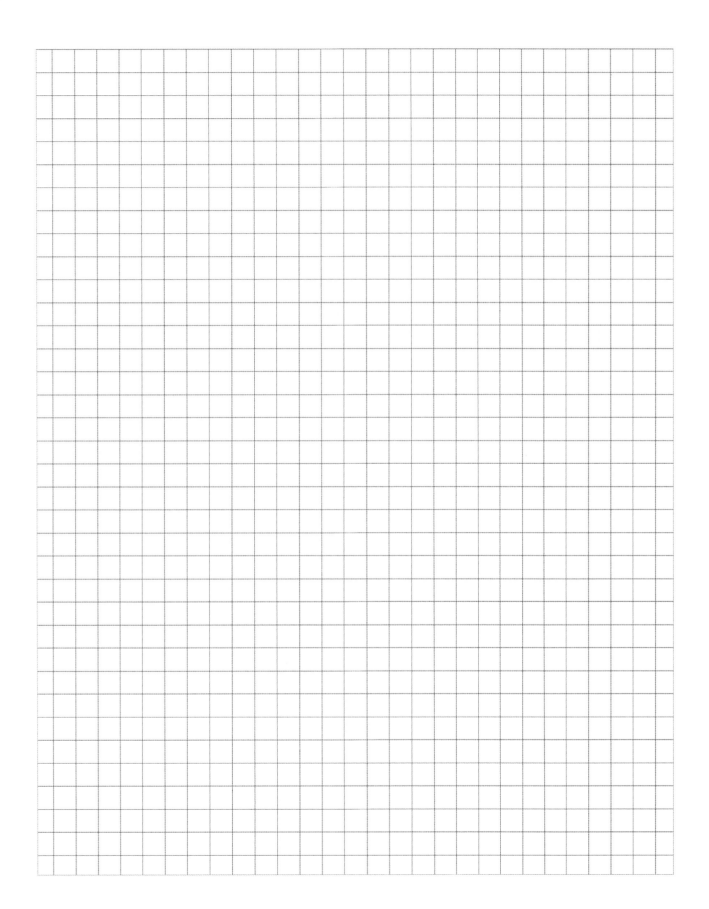

第 4 章

绘制人物头部

Fashion Heads

脸 是很个人并且很独特的绘制对象。每个人的脸在结构和容貌上都有一些特别之处可供艺术家去表现。正是由于这种截然不同的存在，视觉欣赏才应运而生。不管什么种族，什么年龄，作为艺术家，您都必须接受面前的头和脸，并决定绘制什么类型的头和脸作为时装人物的头部。至于如何用时装艺术中简单的线条和形状来处理这个复杂的三维头部，则是另一个有待您解决的问题。

在本章中，我们将按照在第1章中介绍身体的方式来讨论头部的基本结构。我们会修改头部，并且将面部的所有微妙之处（包括面部表情）重新创作为某种类型的签名草图。在头部草图中，简化特征的基本原则与之前介绍的简化正面、45度角和侧面造型的原则基本一样。了解面部必须画什么以及可以忽略什么后，就可以开始创建自己的面部类型了。这就是所谓的"签名头部"，因为它是独一无二的，是您特有的风格，就像您的签名一样。

有许多方法可以创造头部。本章将介绍网格系统，并建立一些简单的绘图公式，目的是指导您用新途径观察面部特征。处理眼睛、鼻子和嘴巴有很多种方法，而且对于这其中的许多方法而言，只要您在面部均匀地添加特征就可以奏效。然后，我们就可以转到造型头部的平面和角度方面的绘制。我们还可以在头上勾画帽子和太阳镜之类的配饰。您在本章学到的所有知识都会融入到您创建签名时装人物头部的独特风格中。

绘制头部和时装脸部

　　在您学习绘制脸部时，先要了解时装人物头部的应用范围。时装人物头部包括4种，这4种应用分别是：（1）肖像，美术现实主义学派的特征——描绘真实人物的真实特征；（2）一个虚构的人物——定义一个反复出现的角色，比如在图画小说中；（3）商业广告宣传画中的脸部——消费者认同或希望变成那样的脸；（4）服装设计师的签名像——一个简化的、最简单的头部，用于对某种时装类别进行补充，如休闲装、职业装或流行服饰。

　　至少有两种艺术和时装风格可以利用：（1）面部方面的美术与时装展示；（2）参照历史风格化的复古外貌。本章介绍的头部可用于所有说明和绘图目的（文化的或个人的）。理想的美不是永恒不变的，它会随着流行趋势和时装界的奇思妙想发生着变化。真正的美包括所有国家和地区的人们。

历史人物头部

绘制头部

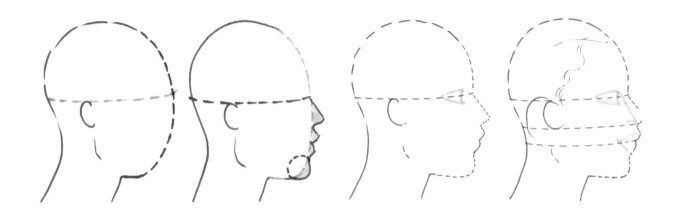

侧面头部

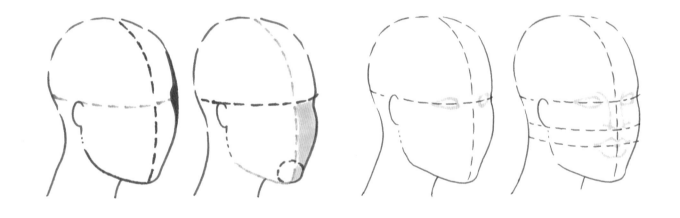

转动45度角的头部

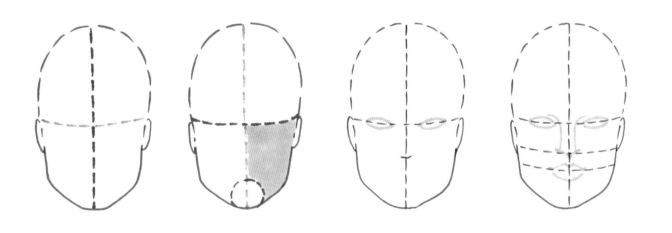

正面头部

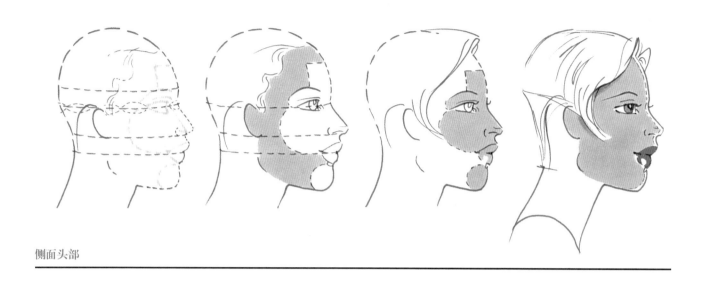

侧面头部

转动45度角的头部

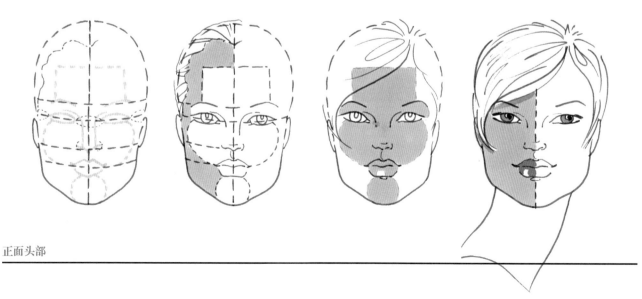

正面头部

菱形技巧

划分脸部使用的菱形技巧是之前介绍的面部网格和定位五官的代替方法。这个指导工具可帮助您将注意力集中在头部的中间部分。菱形技巧以群组的方式定位五官，将4个角留出来供填充，并从不同角度展示眼睛、鼻子和嘴巴。

基础

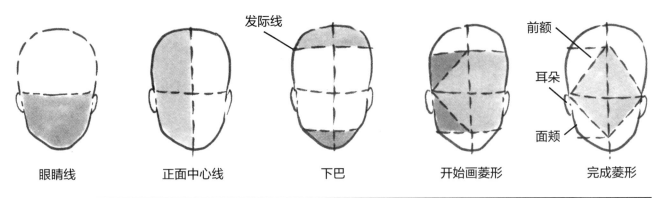

眼睛线　　　正面中心线　　　下巴　　　开始画菱形　　　完成菱形

面部特征

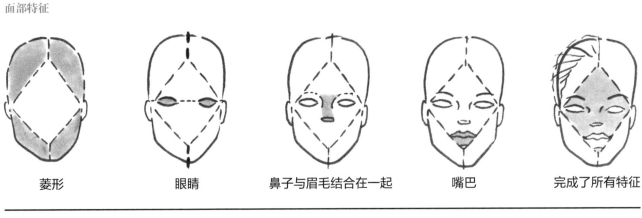

菱形　　　眼睛　　　鼻子与眉毛结合在一起　　　嘴巴　　　完成了所有特征

完成

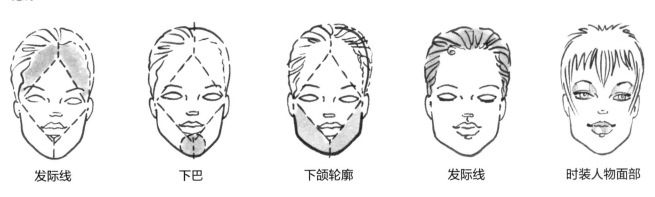

发际线　　　下巴　　　下颌轮廓　　　发际线　　　时装人物面部

提示：
使用菱形的外围控制头部的形状。例如，耳朵点到下巴点之间的空间可以帮助您控制下颌轮廓在头部两边的形状。

绘制正面头部

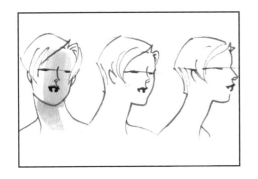

时装人物的头部和面部都要表达一些内容。当然，随着流行趋势的变化，所产生的哪些可以表现、哪些不可以表现的个人观点除外。在面部表达中存在几个因素，例如，五官的位置。不管绘画作品多么现实化或风格化，眼睛、鼻子和嘴巴的位置都不会改变。在本章中，这些关于创作头部和面部的规则（如下图所示）是针对结构进行展示和介绍的，而不是风格。结构总是优于风格。练习脸部结构基本的要素，然后形成自己的表达方式。

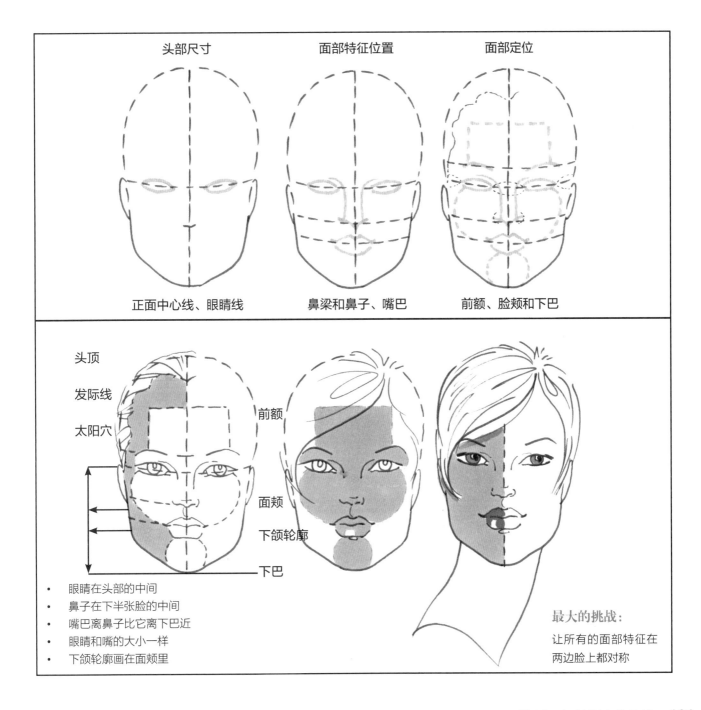

头部尺寸	面部特征位置	面部定位
正面中心线、眼睛线	鼻梁和鼻子、嘴巴	前额、脸颊和下巴

头顶
发际线
太阳穴

前额
面颊
下颌轮廓
下巴

- 眼睛在头部的中间
- 鼻子在下半张脸的中间
- 嘴巴离鼻子比它离下巴近
- 眼睛和嘴的大小一样
- 下颌轮廓画在面颊里

最大的挑战：

让所有的面部特征在两边脸上都对称

绘制转动45度角的头部

将头部正面视图分为4部分。将头稍微向左或向右转45度，也就是减去总共的1/4。这就是所谓的"转45度角"的头部位置。这样的转动改变了面部的轮廓，需要重新定义其形状，也对面部提出了新的素描难题。

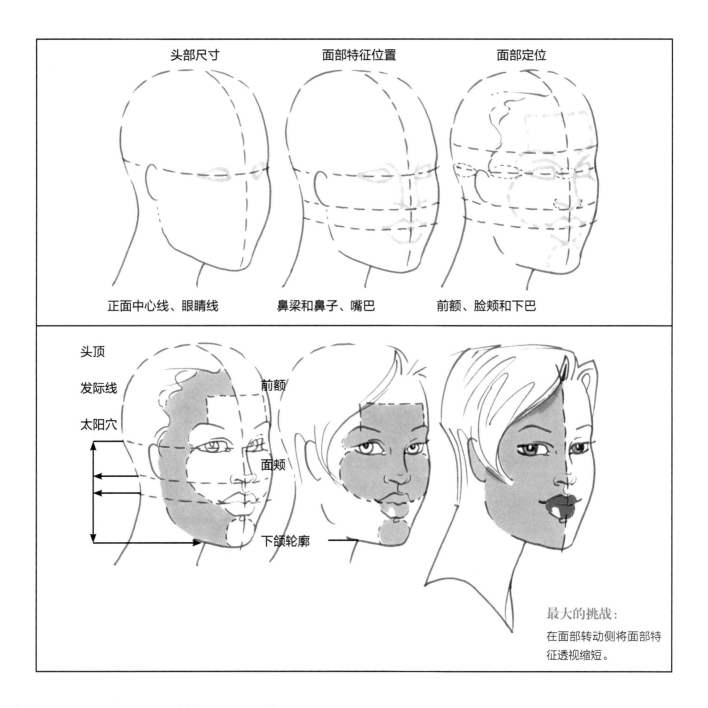

头部尺寸　　　　　面部特征位置　　　　　面部定位

正面中心线、眼睛线　　鼻梁和鼻子、嘴巴　　前额、脸颊和下巴

头顶

发际线

太阳穴

前额

面颊

下颌轮廓

最大的挑战：

在面部转动侧将面部特征透视缩短。

绘制侧面头部

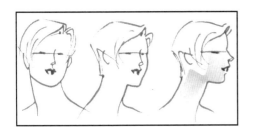

在侧面图中，头部完全转到了另一侧了。面部所有细微的轮廓一下就会变得更清晰。各个特征柔和的边缘也会清晰显示。眼睛、鼻子和嘴巴现在都只有其正面形状的一半了。这种减少使得侧面图看起来比较容易，因为需要勾画的地方很少。

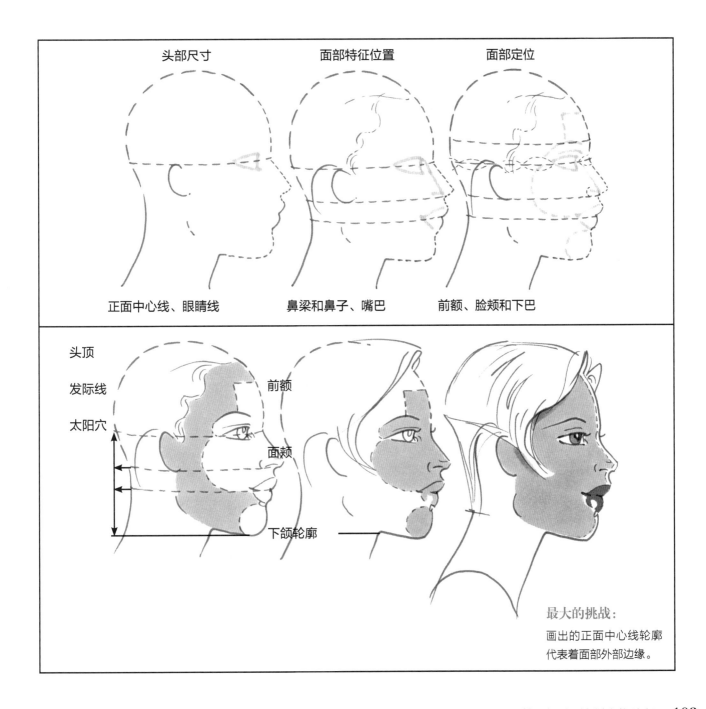

头部尺寸　　　　　面部特征位置　　　　　面部定位

正面中心线、眼睛线　　鼻梁和鼻子、嘴巴　　前额、脸颊和下巴

头顶
发际线
太阳穴

前额

面颊

下颌轮廓

最大的挑战：
画出的正面中心线轮廓
代表着面部外部边缘。

时装面部，绘制面部特征草图

在您绘制的时装对象头部中，签名面部和保持一致是您的绘画技巧不可缺少的一部分。以下是绘图公式与风格化表现的相遇。当头部转动时，正面中心线也随之转动，之前的面部特征也不再相等并且变得透视缩短。面部转动得越多，您就要在时装头部的表达中探索更多眼睛、面颊、鼻子和下颌轮廓区域的绘画。

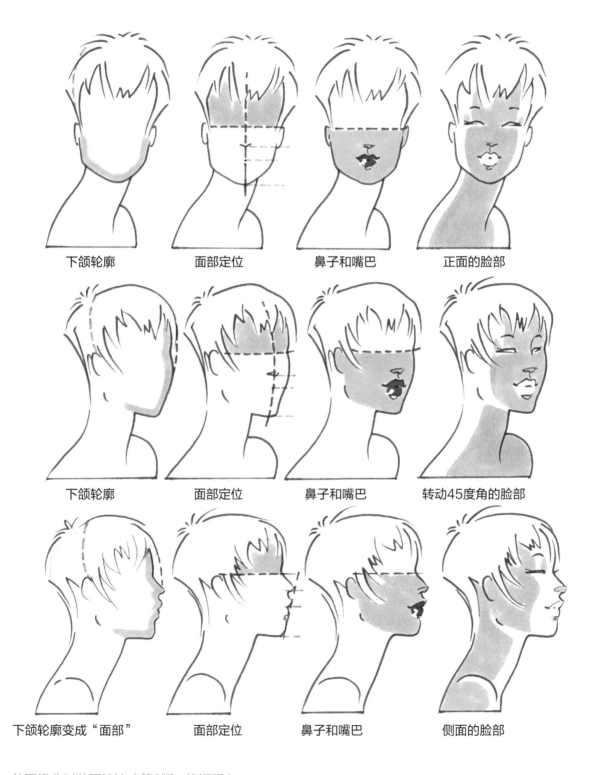

下颌轮廓　　面部定位　　鼻子和嘴巴　　正面的脸部

下颌轮廓　　面部定位　　鼻子和嘴巴　　转动45度角的脸部

下颌轮廓变成"面部"　　面部定位　　鼻子和嘴巴　　侧面的脸部

时装头部的不同风格应该被用于强调补充您设计的美。例如，如果您的服装有一个欢乐的造型，那么这个人像的头部也应该呈现相应的效果。

欢乐的：

这个面部标志着乐趣、随意和年轻

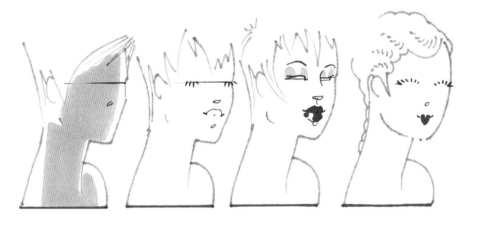

复古的：

这个面部标着一个时期的外形或者影响

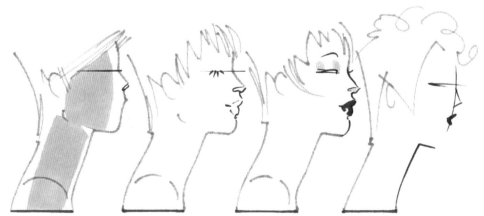

风格化的：

这个面部可以变成签名外形和客户形象

简化：快速绘制头部　　　强化：强调形象的面部

定位头部

　　练习绘制时装人物脸部的3个基本视图（正面、转动45度角和侧面）后，下一步就要学习为头部造型了。试着选一些简单的造型，模特的头稍微向上仰或者向下看，或者歪向一边——没有太大的挑战性或难度。而过于强调头部的精美造型会减弱整个人物的时尚表现。在造型头部的时，将它作为一个整体时装人像不可缺少的部分来考虑，它只是素描图中时装风格的另一个方面。在进行绘画时可以结合考虑以下方面。

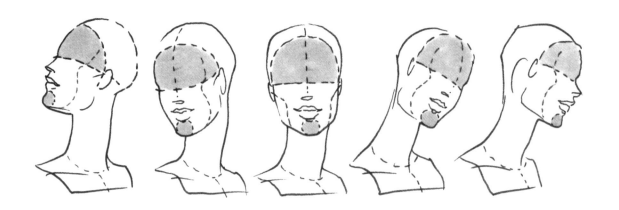

面部轮廓化

　　设计面部轮廓化就是柔化头部外形的过程。对于时装界，就像处理时装人物时那样，三维结构的形状要简化为纸上的二维平面内容。鉴于这些限制，可以在面部创建阴影区域，利用头部造型中的平面和角度来练习绘画。擦掉这些阴影后，就得到了用于面部和轮廓的线条。

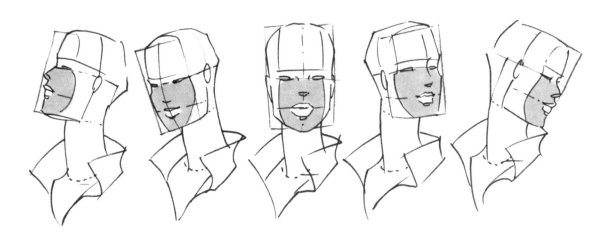

面部模块化

　　将头部勾画成一个正方形、一个盒子或一个梯形。反转或倾斜这个盒子或梯形。在作为"正面"的盒子一侧勾画脸部时，可将盒子向上、向下或者向侧面转动。使用这个简单的形状可以更容易看到头部中的平面。试着练习绘制这种初级草图。

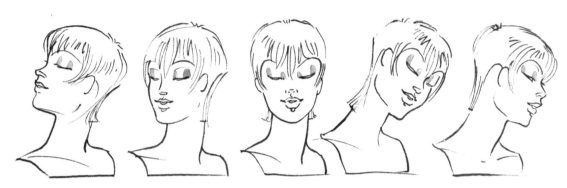

面部表情

时装人物面部要向消费者展示与服装风格（通常是休闲装、职业装或者流行款式）相应的面部表情。时装造型应该传递出一种最基本的表情——很高兴"正穿着"这款服装。其他可能的表情有热情的、害羞的和自信的。任何能让模特身上的衣服锦上添花的表情都是合适的。

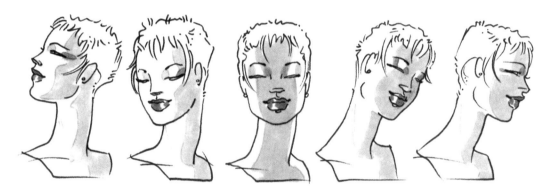

面部平面

头部倾斜时，脸上的平面会变得更加明显。您无需绘制这些平面，但是学习它们很有必要。脸上的内部平面和头部的外部结构相互影响。这个额外的形状会提供给您头部造型的基础。脸部平面会提醒您头部转动或倾斜到什么程度。

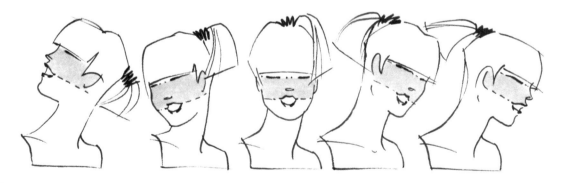

面部角度

倾斜头部，脸部特征的角度会随着倾斜的方向变化。头部倾斜时，在下巴下面或下巴上面绘制下巴与领口的交会线。绘制眼睛线时则让眼睛的边缘指向角度变化的方向。脸部的形状需要在下颌轮廓处进行更多的修饰。

绘制面部特征草图

　　将面部特征的比例与它们互相放置的位置结合在一起，并且练习绘制面部的各个片段。熟练掌握面部片段绘制会为和您绘画风格相关的概念化时装头部提供一个坚实的基础。

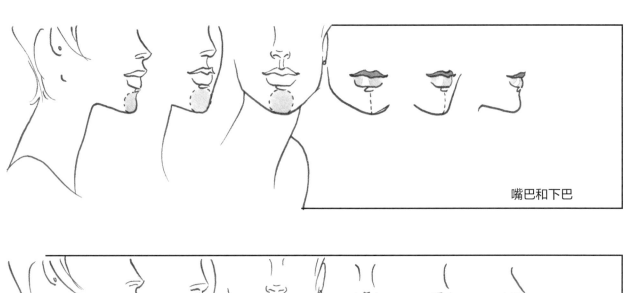

嘴巴和下巴

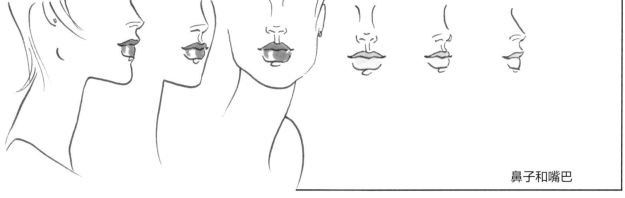

鼻子和嘴巴

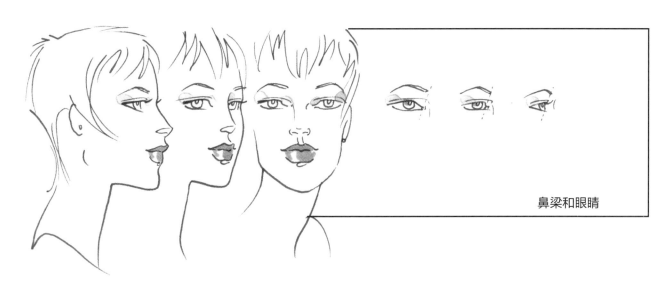

鼻梁和眼睛

将面部特征独立拆分，并且运用之前篇章中的三种角度一个一个地练习绘制它们。从正面的图形开始，因为正面视图的绘制最完整也最简单。然后就可以画另外两种视图了，另外两种视图要学会处理透视缩短或者转动这些图形的视角。

嘴部的透视缩短

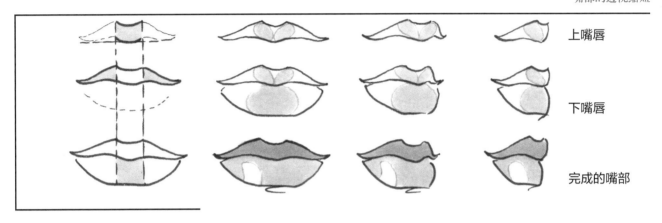

上嘴唇

下嘴唇

完成的嘴部

鼻子的透视缩短

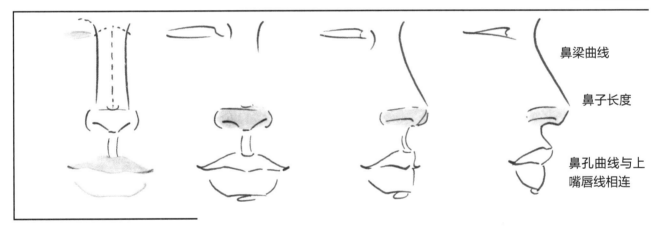

鼻梁曲线

鼻子长度

鼻孔曲线与上
嘴唇线相连

眼睛的透视缩短

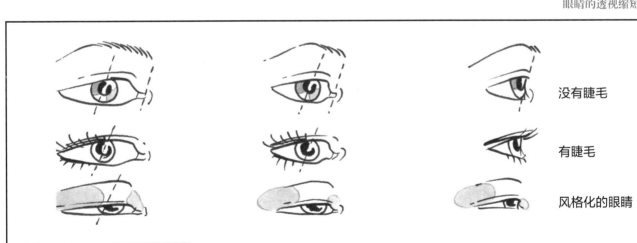

没有睫毛

有睫毛

风格化的眼睛

风格化脸部

设计草图中的简约时装面部常常只有很少的面部特征。取而代之的是要求快速地画出头部形状、发型和一些面部特征提示。

发型与简约时装面部相连，发型通过剪裁、长度和流行元素的美感添加出的。保持一组发型中相似的剪发。然后添加多样性。

时装面部可以表现一种心情或者留出收集的余地。画出特定的脸部，例如，动漫的、欢乐的或者复古的造型会有助于与设计风格指示做出很好的联合。

为了强调消费者的态度，从经典到流行再到异想天开，可以试试您的面部特征组合。眼睛、鼻子和嘴巴是重点，它们可以从现实转换到印象派。

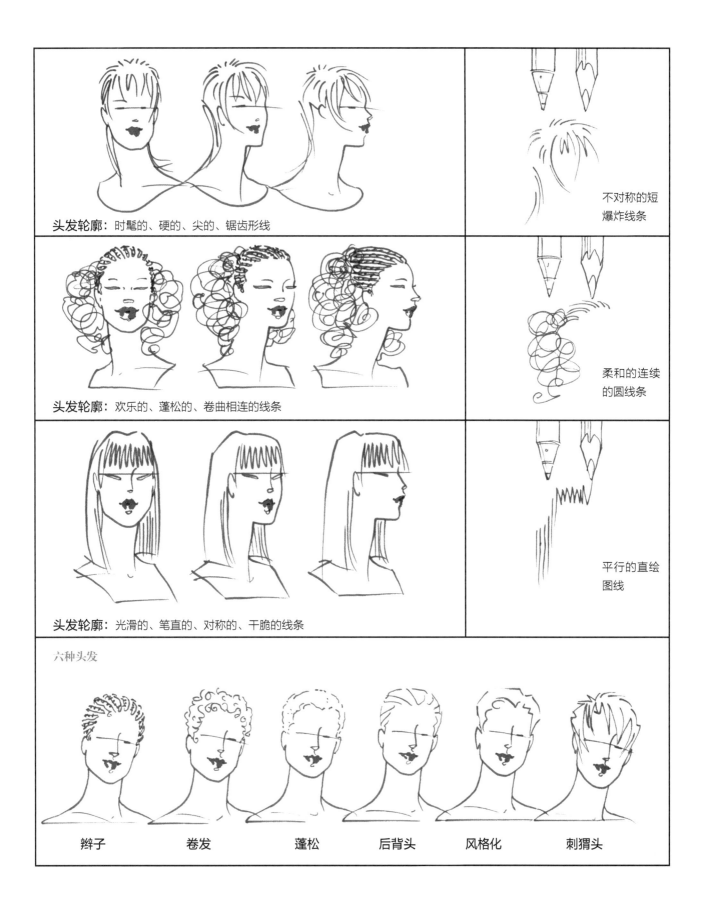

头发轮廓：时髦的、硬的、尖的、锯齿形线

不对称的短爆炸线条

头发轮廓：欢乐的、蓬松的、卷曲相连的线条

柔和的连续的圆线条

头发轮廓：光滑的、笔直的、对称的、干脆的线条

平行的直绘图线

六种头发

辫子　　　　卷发　　　　蓬松　　　　后背头　　　　风格化　　　　刺猬头

渲染头发颜色

　　头发可以被绘制或者渲染成相关的任何种族或颜色，并且还有各种长度和发型（或颜色）流行趋势类型。图形的轮廓可以模仿任何发型或者头发种类。本章中的例子提供给您一个如何为发型的图形内部上色的开始。作为一个设计师，您要简化头发，这样它就不会压过您的整体设计。

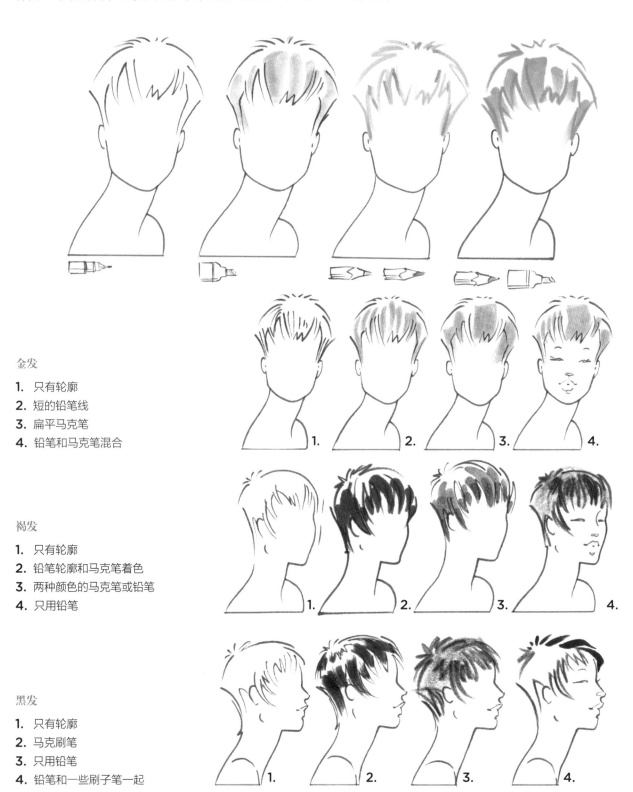

金发

1. 只有轮廓
2. 短的铅笔线
3. 扁平马克笔
4. 铅笔和马克笔混合

褐发

1. 只有轮廓
2. 铅笔轮廓和马克笔着色
3. 两种颜色的马克笔或铅笔
4. 只用铅笔

黑发

1. 只有轮廓
2. 马克刷笔
3. 只用铅笔
4. 铅笔和一些刷子笔一起

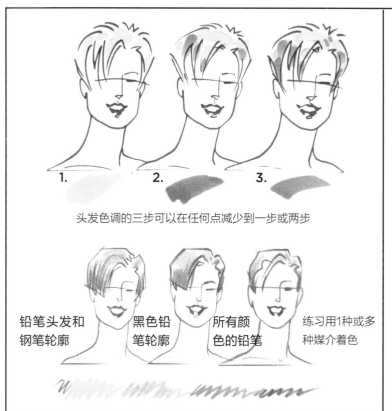

头发色调的三步可以在任何点减少到一步或两步

1.   2.   3.

铅笔头发和
钢笔轮廓

黑色铅
笔轮廓

所有颜
色的铅
笔

练习用1种或多
种媒介着色

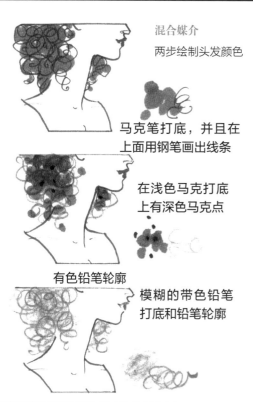

混合媒介
两步绘制头发颜色

马克笔打底，并且在
上面用钢笔画出线条

在浅色马克打底
上有深色马克点

有色铅笔轮廓

模糊的带色铅笔
打底和铅笔轮廓

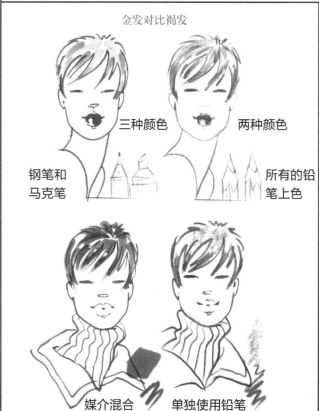

金发对比褐发

三种颜色   两种颜色

钢笔和
马克笔

所有的铅
笔上色

媒介混合   单独使用铅笔

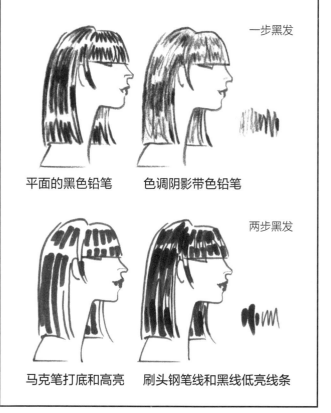

一步黑发

平面的黑色铅笔   色调阴影带色铅笔

两步黑发

马克笔打底和高亮   刷头钢笔线和黑线低亮线条

肤色和铅笔

本章包括如何将铅笔与颜料或马克笔结合在一起的提示。铅笔线可能会被弄脏,除非最后再画铅笔轮廓。

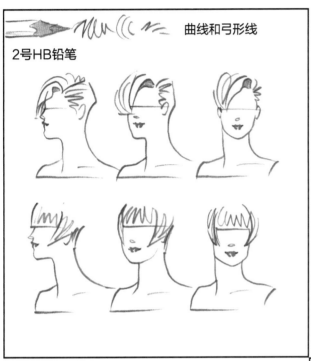

曲线和弓形线

2号HB铅笔

第一步:马克笔肤色色调
第二步:铅笔轮廓
第三步:铅笔头发颜色

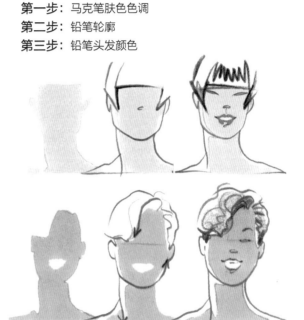

铅笔头发——红褐色和胭脂红

1. 4H铅笔浅色图形线

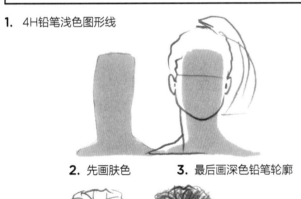

2. 先画肤色   3. 最后画深色铅笔轮廓

· 深棕色
· 红褐色

锯齿形线和点

2号HB铅笔

肤色选项

1. 嫩粉色   2. 沙色   3. 浅核桃色

一定时期的造型

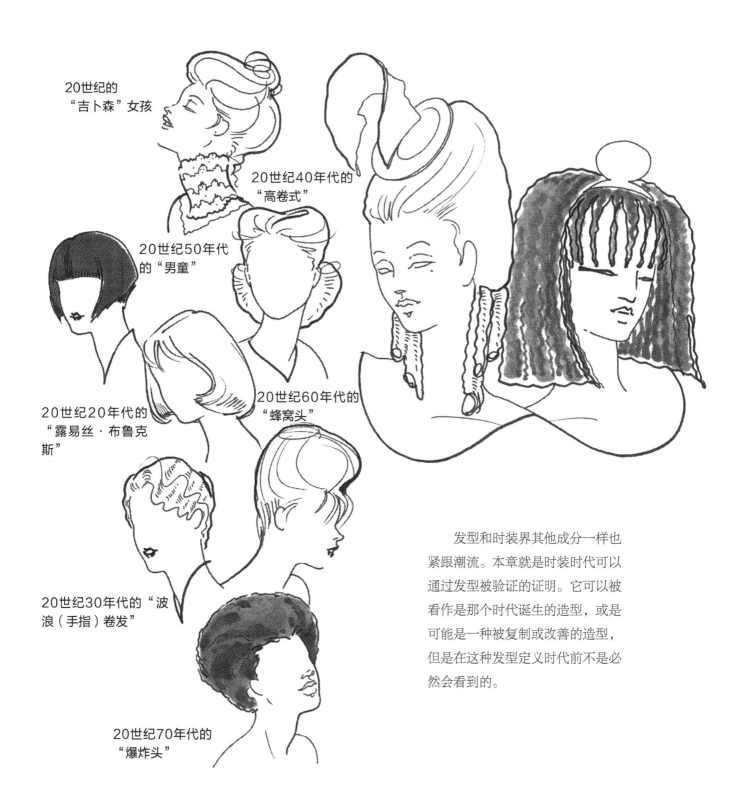

20世纪的
"吉卜森"女孩

20世纪40年代的
"高卷式"

20世纪50年代
的"男童"

20世纪20年代的
"露易丝·布鲁克
斯"

20世纪60年代的
"蜂窝头"

20世纪30年代的"波
浪（手指）卷发"

20世纪70年代的
"爆炸头"

　　发型和时装界其他成分一样也紧跟潮流。本章就是时装时代可以通过发型被验证的证明。它可以被看作是那个时代诞生的造型，或是可能是一种被复制或改善的造型，但是在这种发型定义时代前不是必然会看到的。

时装头部，T台造型

本页照片中的头部展现了您在本章中一直学习的三种视角——正面、转动45度角以及侧面试图。和之前的篇章一样，这些照片将作为绘图参考。在本页和下面几页的网格中练习绘制每种头部。

Diane Von Furstenberg

这张照片中的头部提供了一个绘制带有太阳镜的头部的机会，创造一种时装风格相同的造型。

Baby Phat

Christian Dior

L.A.M.B

Baby Phat

Baby Phat

L.A.M.B

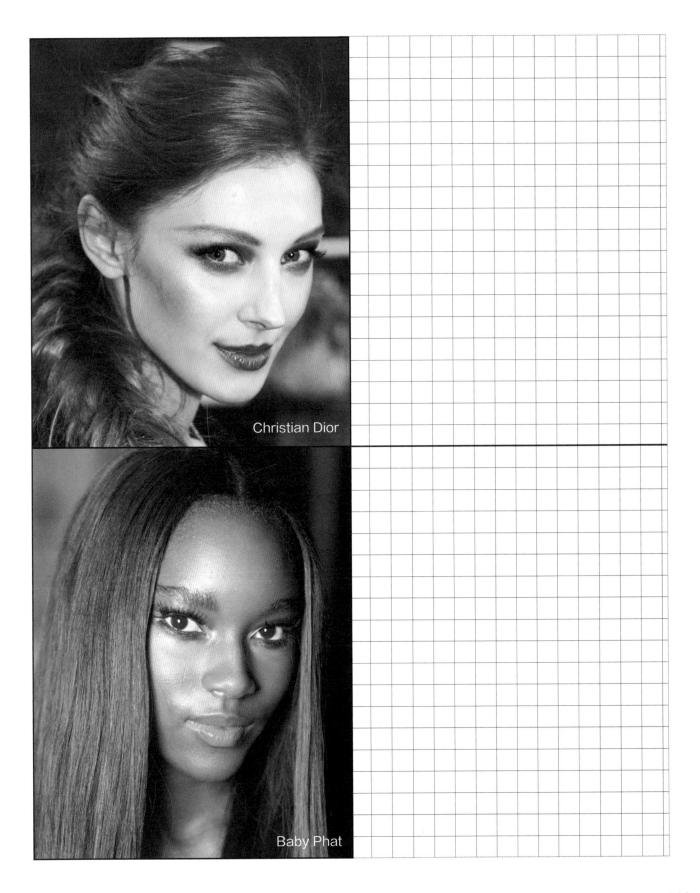

Christian Dior

Baby Phat

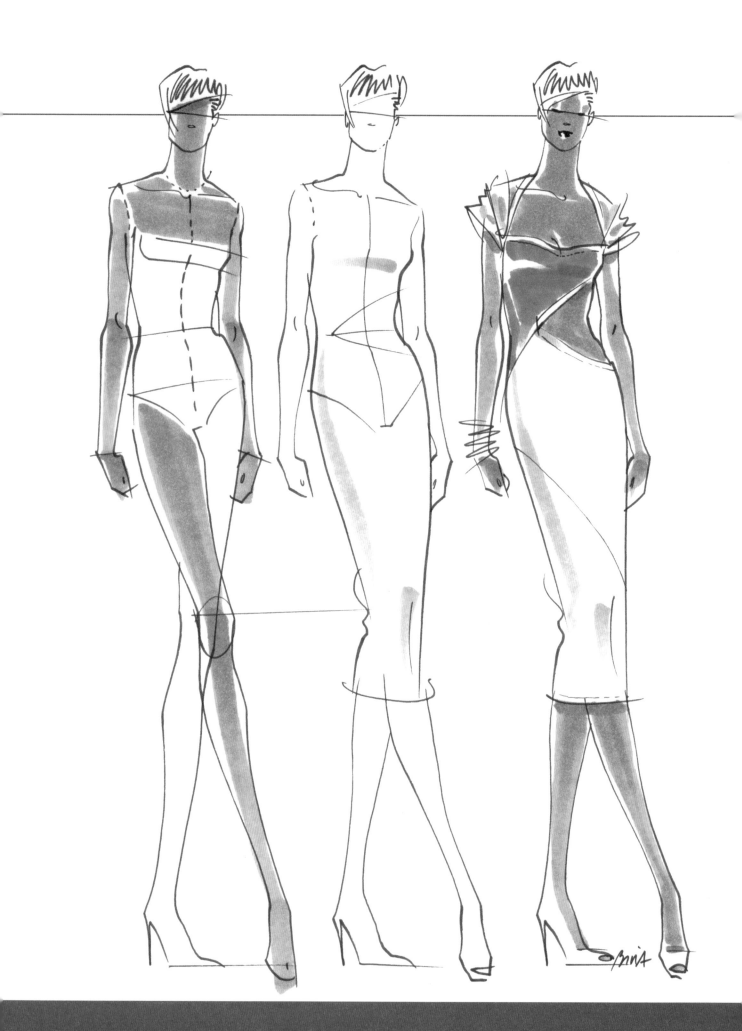

第5章

服装和服装细节

Garment and Garment Details

经过之前篇章中对所有的人像学习，本章将重点转移到服装及一些主要的服装设计细节上。基础的绘图方法不但会帮助您设计人像，而且还能创造一些简单的轮廓。领口、衣领和袖口的服装细节会成为快速绘制上衣、裤子和裙子练习的一部分。当典型地从头到脚打扮人像时，会被定义为一个轮廓。本章将介绍如何将您的重点从外部图形转换到内部褶皱，使装扮人像变成一个更有教育意义且更想象力的过程。

在本章中，有更多工作室棉衣、女装T台以及工作室摄影中的时装用以学习和绘画。您将学习到如何绘制宽松折痕的布料、精确的褶皱或其他基础的服装细节，以便在展现您的设计时可以更好地贴合身体轮廓。

如果搜索大部分时装史或艺术史，都会出现您可以应用于您自己的绘图以及时装设计技巧中精彩的参考。您几乎在任何一本近几十年的时装书中都可以找到风格化灵感或者发现艺术家们是如何处理绘图或者渲染服装的档案性绘图。

绘制领口和衣领

领口位于颈根的上方或下方。它们一般按照躯干的基本缝线延伸。衣领与领口相连，搭在领口上方或下方，折在肩膀上或者延伸至胸前。要设计颈部的着装，就要绘制和设计领口和衣领，利用躯干上的缝线作为指导。缝在颈根上方的衣领通常呈围住脖子的圆柱形，表现出颈根的轮廓。位于颈根下方的衣领通常按照肩线角度绘制。

注意衣领的设计是变化多端的，它们的宽度、剪裁和门襟细节都可以是不同的。大部分衣领基于V字形领口，有的是单排扣，有的是双排扣，如下图所示。

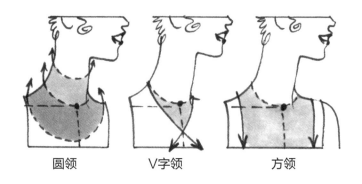

圆领　　　　V字领　　　　方领

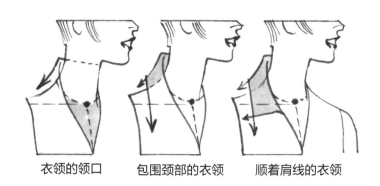

衣领的领口　　包围颈部的衣领　　顺着肩线的衣领

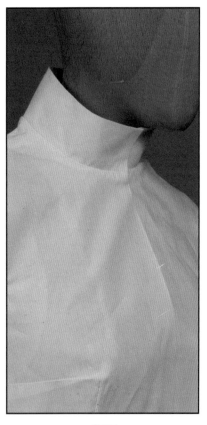

直领

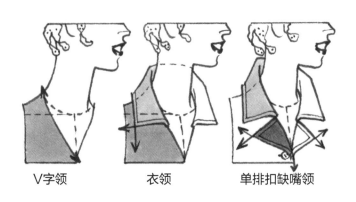

V字领　　　　衣领　　　　单排扣缺嘴领

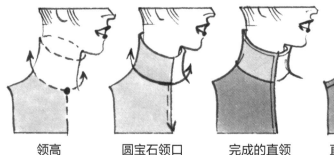

领高　　圆宝石领口　　完成的直领　　直领向一边敞开

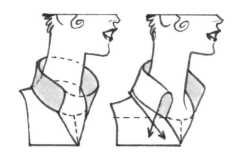

直领

这是八字领或衬衫领的
内部结构或领座。

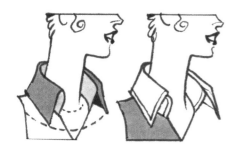

八字领或衬衫领

这种领在领座处缝有
"翅膀"，帮助衣领竖
起来并远离肩部，从而
搭在肩膀上。

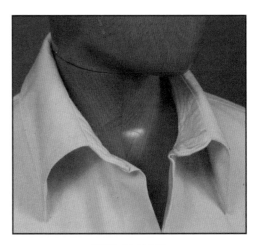

翻领或衬衫领

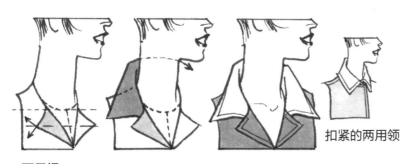

扣紧的两用领

两用领

这是上衣的一部分，敞开就像是衣领的一部分，可以翻
折，直到上衣完全扣起来。

翻领

这是指夹克或大衣的下半部分领子。

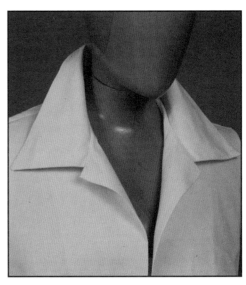

两用领

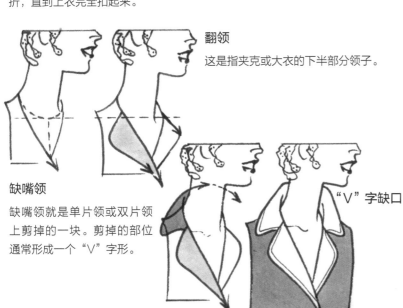

"V"字缺口

缺嘴领

缺嘴领就是单片领或双片领
上剪掉的一块。剪掉的部位
通常形成一个"V"字形。

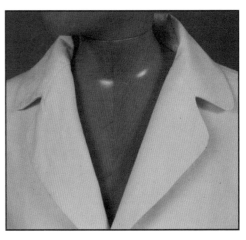

缺口领

绘制袖子

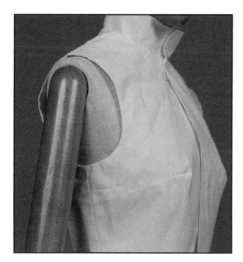

圆孔袖

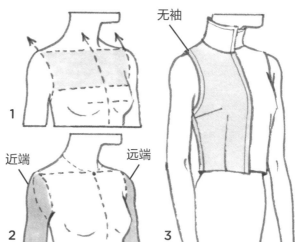

无袖

近端   远端

无袖

无袖

1. 袖孔线与正面中心线轮廓方向保持一致。
2. 远端的手臂位于胸后,近端的手臂位于胸前。
3. 匹配袖孔曲线。

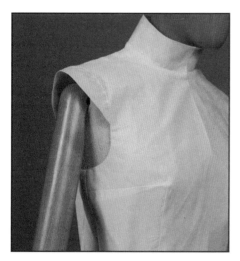

盖袖

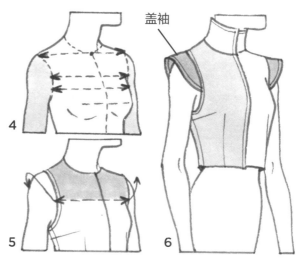

盖袖

盖袖

4. 沿着胸部的线能帮助您整理袖子的细节。
5. 测量盖袖深度,使两端保持一致。
6. 盖袖上的角张开了,您可以看到内部。

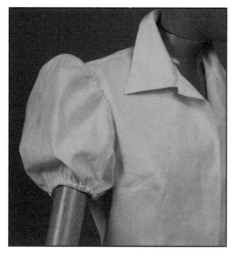

灯笼袖

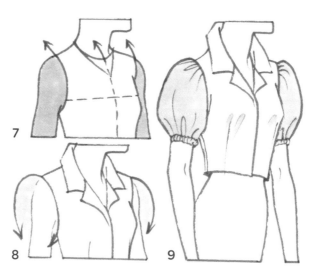

灯笼袖

7. 绘制袖孔轮廓与正面中心线的轮廓方向保持一致。
8. 灯笼袖有一定的体积,让轮廓能够立起来远离手臂。
9. 灯笼袖从袖孔处收拢,有时还有弹力衬袖。

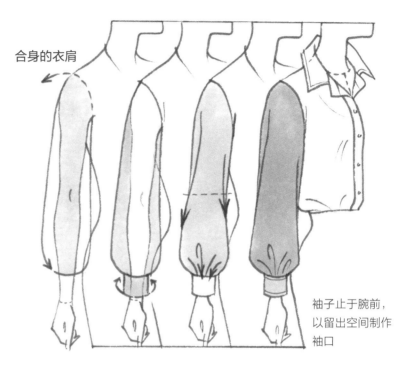

在转动45度角造型的直手臂上画袖子的草图

合身的衣肩

袖子止于腕前，
以留出空间制作
袖口

女衬衫的泡泡袖

1. 从上到下合身的袖子
2. 袖子的形状要适合手臂
3. 袖子的褶皱要靠近肘部
4. 此示例袖子的最终草图

有衬垫的衣肩

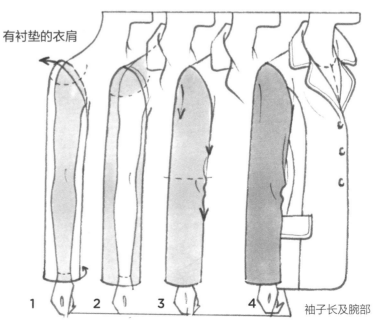

1   2   3   4   袖子长及腕部

西装上衣的长袖

绘制女式衬衫和连衣裙

下面的示例展示了众多结合人物造型设计女衬衫的方法之一。它从颈根开始，在腰部结束，一直向下至底边。从哪边（左边或右边）开始没有关系，只要先完成一边后再开始另一边即可。您可以使用胸部自然轮廓来设计衬衫穿在身上的样子。

袖孔图形

袖口背面视图　　　袖口扣紧方向的提示

A. 结构细节
B. 受约束的图形

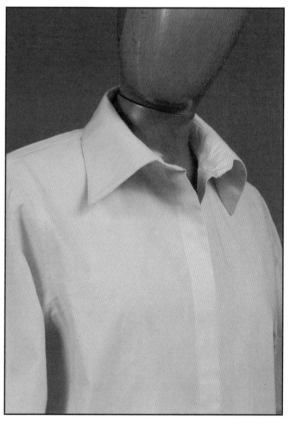

本页中的绘图设置表现了缝合线是如何支撑人像上服装细节发展的。这些缝合线还可以界定重点区域，像是在绘制袖子前完成紧身上衣的细节等。

领子和扣子的组合	紧身上衣图形	袖子和袖口	最终草图
从颈根或领子的图形开始	沿着缝合线结构绘制平面细节	定义上身部分——应该多宽、多长等	完成袖子——用悬垂线柔化图形

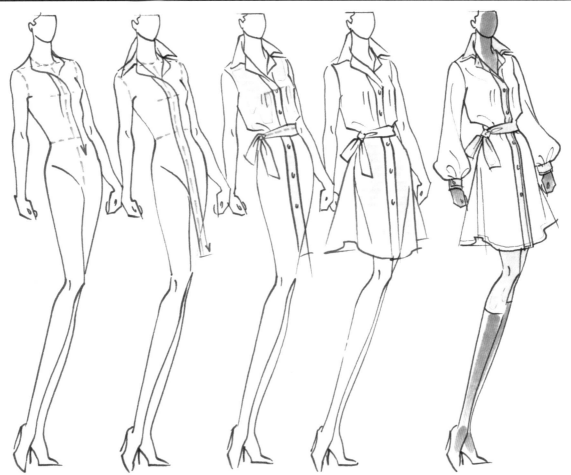

绘制造型的正面中心线　　运用缝合线设计细节　　为上衣和连衣裙的裙子部分定义图形　　绘图完成

绘制裙子

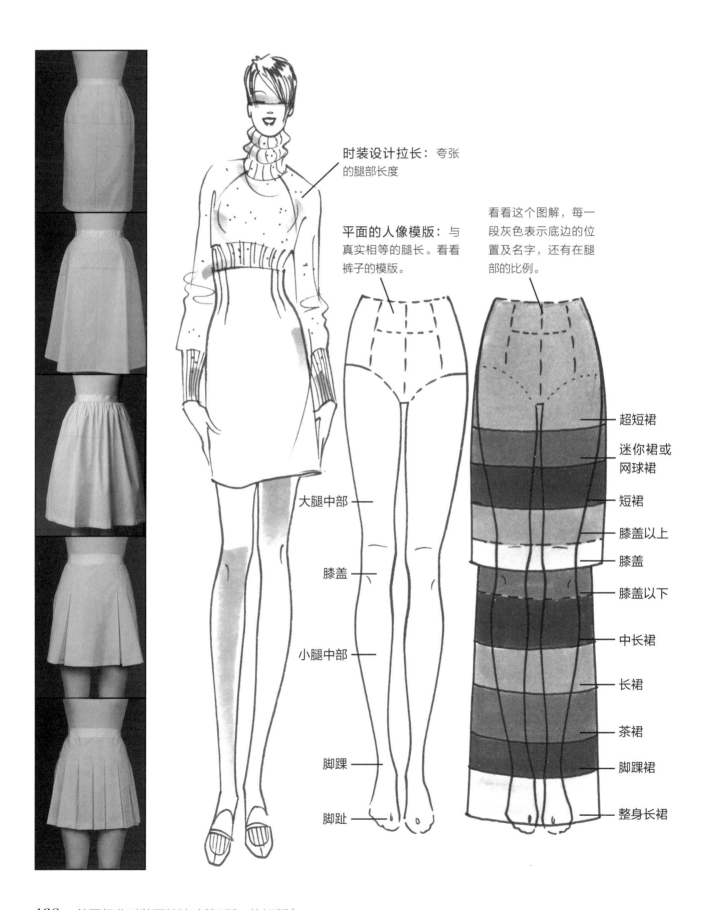

时装设计拉长：夸张的腿部长度

平面的人像模版：与真实相等的腿长。看看裤子的模版。

看看这个图解，每一段灰色表示底边的位置及名字，还有在腿部的比例。

大腿中部

膝盖

小腿中部

脚踝

脚趾

超短裙

迷你裙或网球裙

短裙

膝盖以上

膝盖

膝盖以下

中长裙

长裙

茶裙

脚踝裙

整身长裙

有一些下垂或结构细节在绘图中是理所当然的，但无论在装扮好的人像或是平面上画起来，这些细节都太精致或太细微。这是一些可能在您的绘图中完成了的部分。

媒介

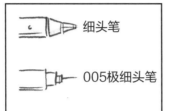

细头笔

005极细头笔

线条的质量使得接缝有所不同，绘制完整的接缝，使用断开的线绘制缝纫线。练习用更细或极细的笔或者绘制各种类型的线条。

线条质量

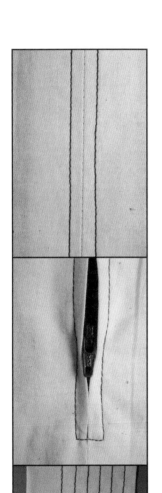

平缝：裤子的线迹

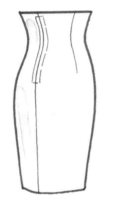

接吻拉链：交叉缝迹

凸纹线缝：有时候是有衬垫的纹路

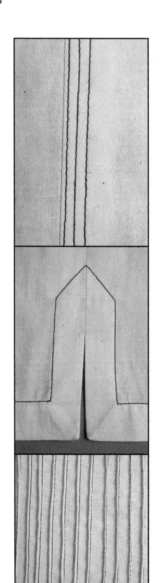

面缝：一侧缝

开口：也叫裂缝

细褶：紧紧结合在一起，向下缝纫

绘制喇叭裙和缩褶裙

　　喇叭裙和缩褶裙的折痕与走向是任意的，没有什么方向性，这与有着清晰而精确样式的褶裙完全不同。为了突出喇叭裙的走形，将每个折痕的大小画得与相邻的折痕不同。穿在模特身上的裙子与其折痕应该沿着她所摆的造型延伸。注意，最宽的折痕出现在较高的臀部那边，最小的折痕出现在中间，中等大小的第三条折痕则位于较低的臀部那边。

喇叭裙

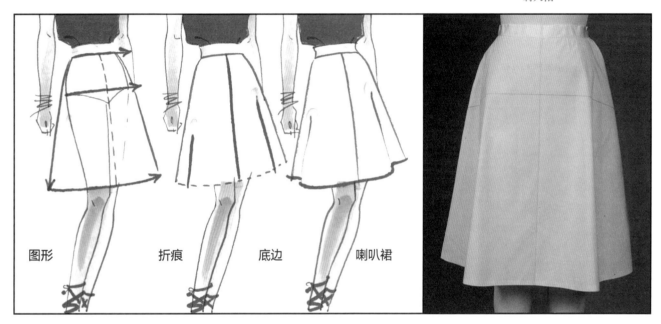

图形　　　　　折痕　　　　　底边　　　　　喇叭裙

　　注意，对于喇叭裙而言，臀围线处的布料是平整的；而对于缩褶裙而言，布料从臀围线处到腰带处是蓬起的。

缩褶裙

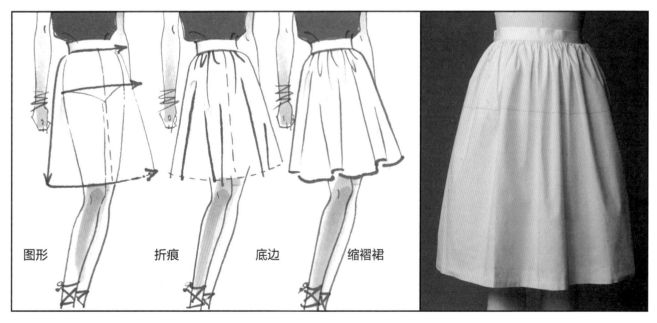

图形　　　　　折痕　　　　　底边　　　　　缩褶裙

荷边有一条直的缝合线和一些折痕。皱褶有一条缩褶和许多折痕。

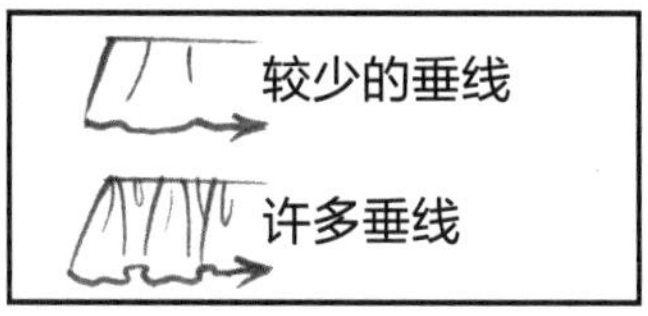

	较少的垂线
	许多垂线

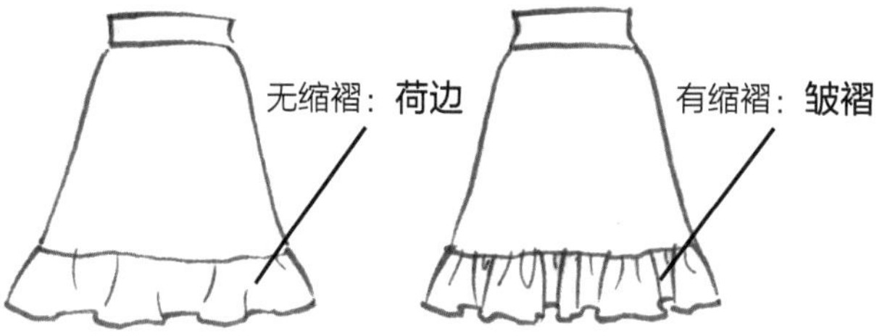

无缩褶：**荷边**

有缩褶：**皱褶**

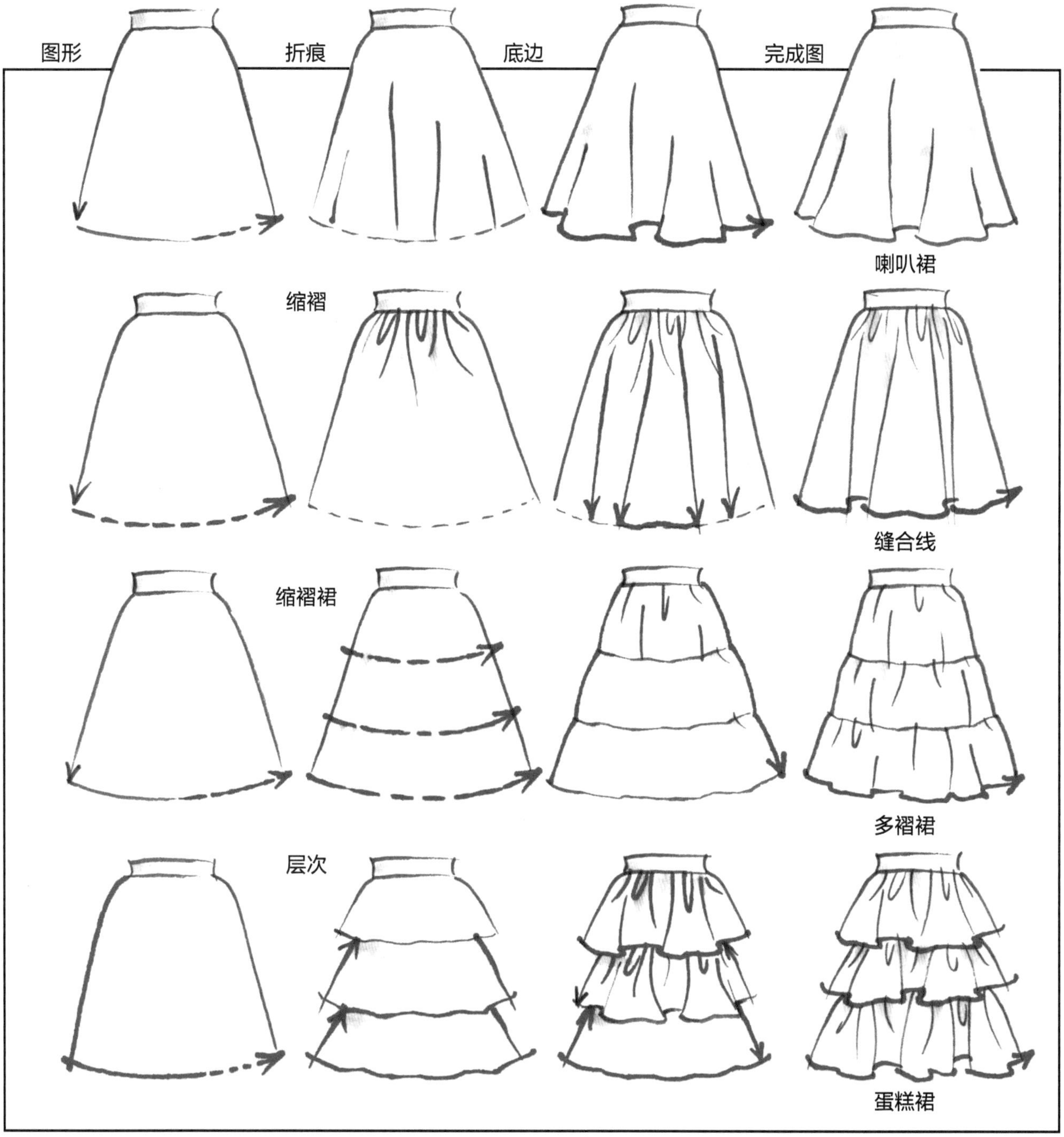

图形　　　　折痕　　　　底边　　　　完成图

喇叭裙

缩褶

缝合线

缩褶裙

多褶裙

层次

蛋糕裙

注意多褶裙上的每一排是连在一起的，蛋糕裙上的每一排是分开的。

第5章 | 服装和服装细节　**131**

绘制褶裙

　　本节展示的是如何计划绘制褶裙。不像喇叭裙和缩褶裙，褶裙上的每条线都必须匹配。打褶要忽略布料的选择，且更严格，更有序。但这并不包括设计的皱褶，例如，扫帚柄褶、蘑菇褶或是水晶褶等。

工字褶

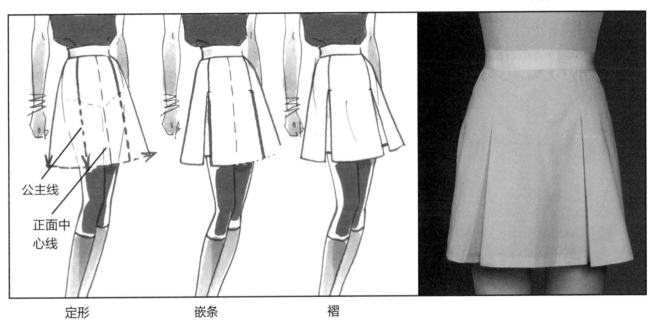

　　　　定形　　　　　　嵌条　　　　　　褶

　　沿着身体中心线和公主线绘图。用这些线作为指导建立皱褶。从中间开始向外发散比较容易。

侧褶

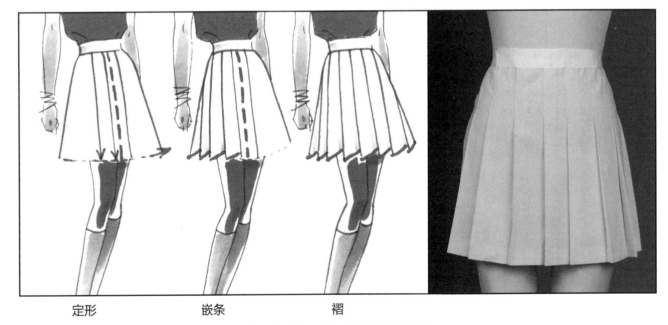

　　　　定形　　　　　　嵌条　　　　　　褶

　　注意嵌条的样子——窄的矩形——在腰部靠得更近，越接近裙脚越宽，显露出褶的背面和内部。

这三种皱褶打破了规则，绘制时不太严格，并且和所有的褶裙一样，可以绘在服装的任何地方，绘成任何尺寸。

打褶：
1. 蘑菇褶
2. 扫帚柄褶
3. 风琴褶或水晶褶

1.　　　2.　　　3.　　　缩褶裙

生菜边

破损边

"之"字形边

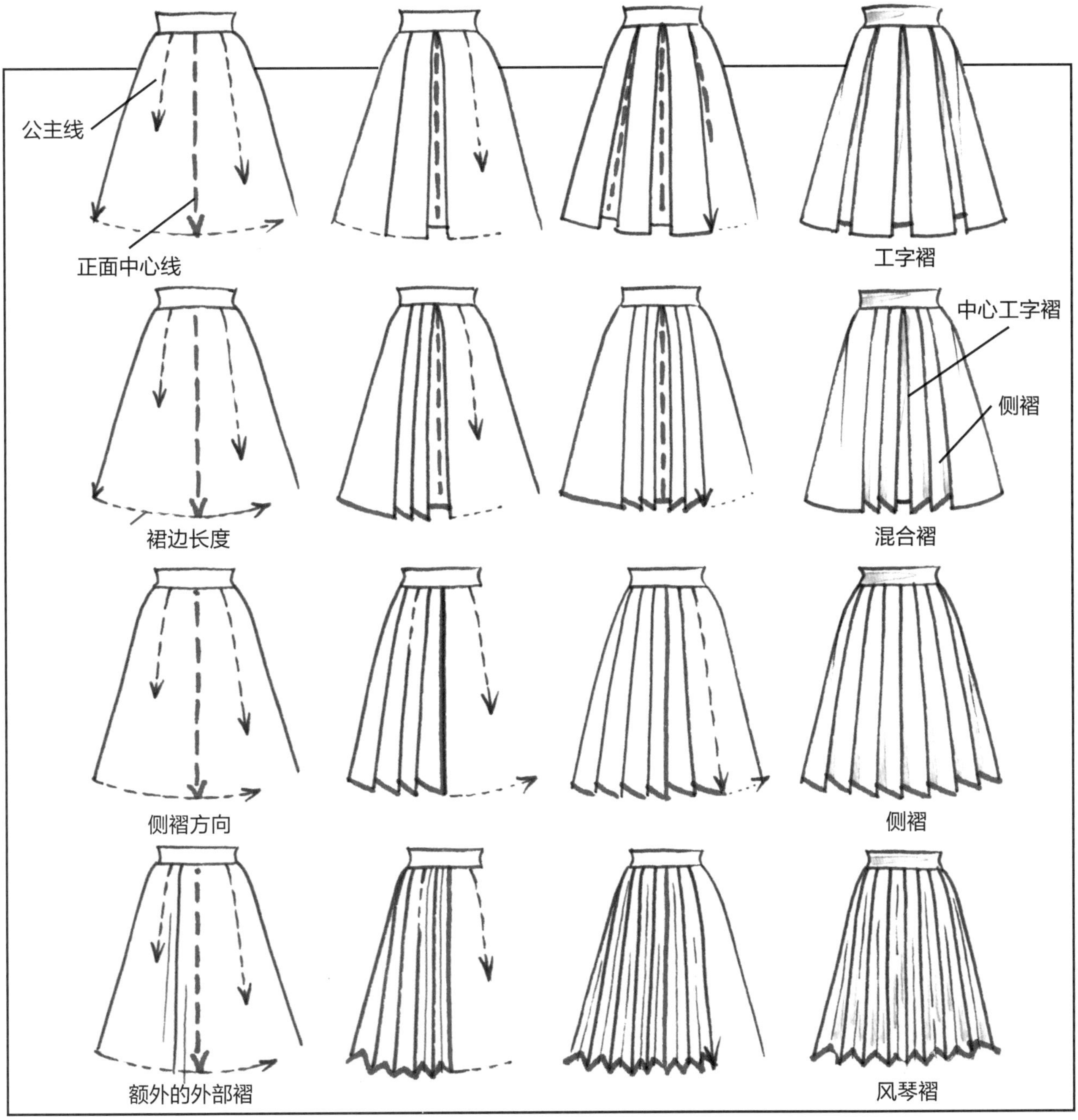

公主线

正面中心线

工字褶

裙边长度

中心工字褶

侧褶

混合褶

侧褶方向

侧褶

额外的外部褶

风琴褶

注意褶边的多样性。绘制正确的褶边是传递您设计的至关重要的部分。

女式衬衫、半身裙和连衣裙

女式衬衫

- 领口和肩膀的焦点
- 袖孔和正面中心线的细节
- 袖子和袖口的图形和长度
- 底边的剪裁和塑形

半身裙

- 腰部的合身与垂感
- 臀线的形状和体积
- 臀线和相关侧缝的焦点
- 底边与膝盖的关系

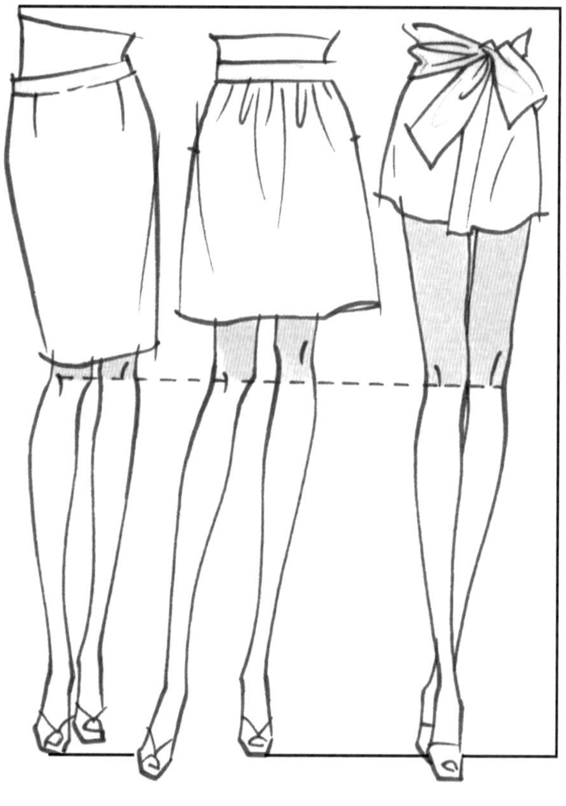

连衣裙

- 领口和肩膀线的焦点
- 袖孔和袖子的细节
- 正面中心线或背面中心线的门襟
- 底边与膝盖的关系

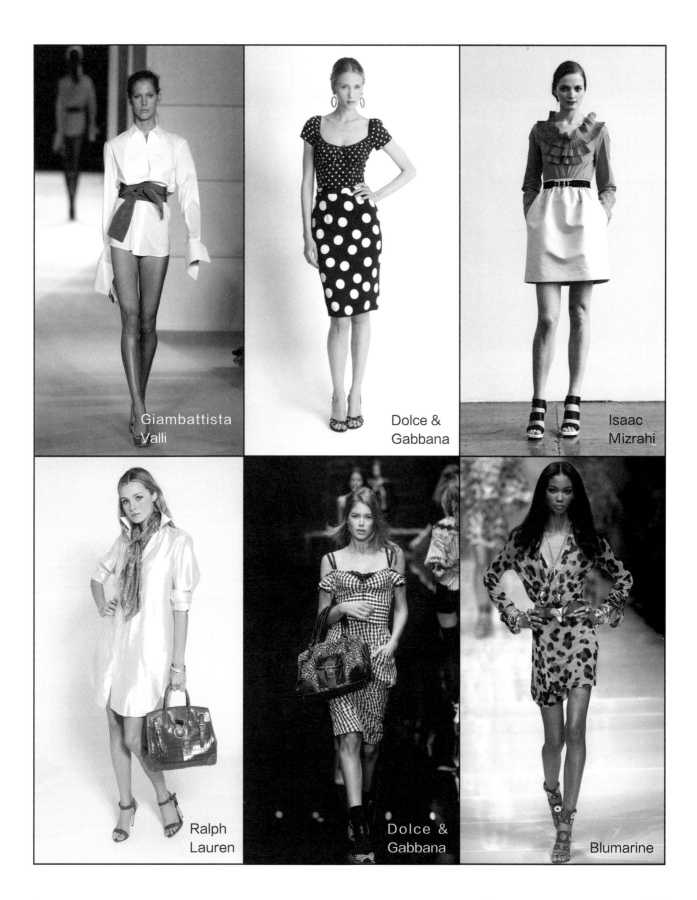

Giambattista
Valli

Dolce &
Gabbana

Isaac
Mizrahi

Ralph
Lauren

Dolce &
Gabbana

Blumarine

绘制裤子

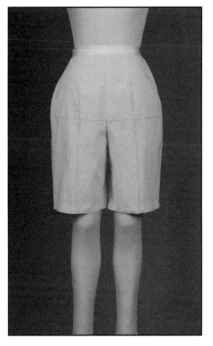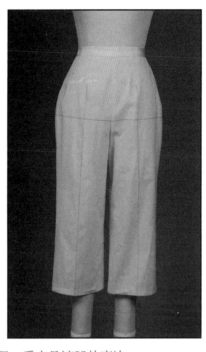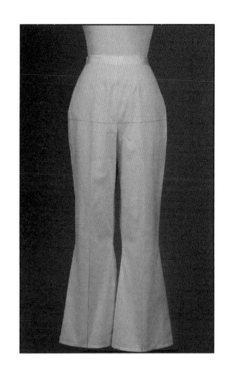

这些例子展示的都是从腰部到脚踝，重点是裤腿的底边。

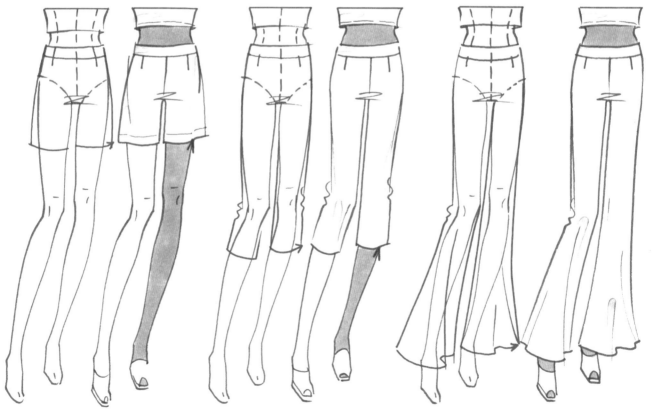

短裤

这种裤子的底边长度，从大腿到膝盖非常重要。

九分裤

这条裤边的长度展示了小腿到脚踝的空间。

喇叭裤

这个裤边长度展示从脚踝到脚趾（或鞋子高度）特有的长度。

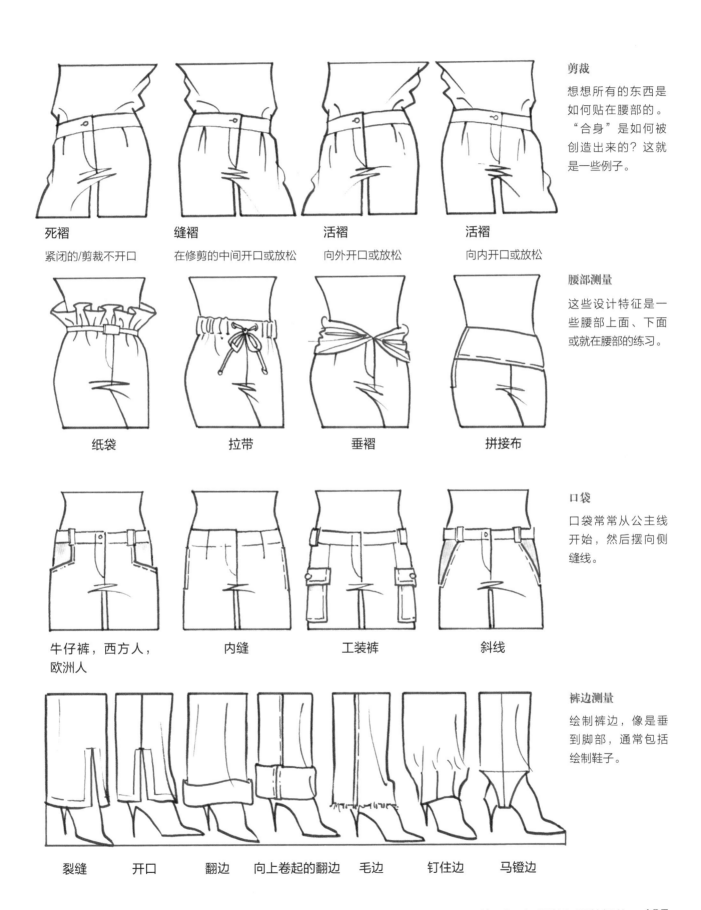

剪裁

想想所有的东西是如何贴在腰部的。"合身"是如何被创造出来的？这就是一些例子。

死褶

紧闭的/剪裁不开口

缝褶

在修剪的中间开口或放松

活褶

向外开口或放松

活褶

向内开口或放松

腰部测量

这些设计特征是一些腰部上面、下面或就在腰部的练习。

纸袋

拉带

垂褶

拼接布

口袋

口袋常常从公主线开始，然后摆向侧缝线。

牛仔裤，西方人，欧洲人

内缝

工装裤

斜线

裤边测量

绘制裤边，像是垂到脚部，通常包括绘制鞋子。

裂缝　　**开口**　　**翻边**　　**向上卷起的翻边**　　**毛边**　　**钉住边**　　**马镫边**

绘制裤子

以下是一些让您的设计轮廓失去焦点的绘图问题：

1. 在大腿上把膝盖画得太高会干扰口袋的图形；
2. 把膝盖在大腿上画得太低可能会脱离人像的比例；
3. 把膝盖画在腿的中间永远不可能成为展示服装细节中的问题。

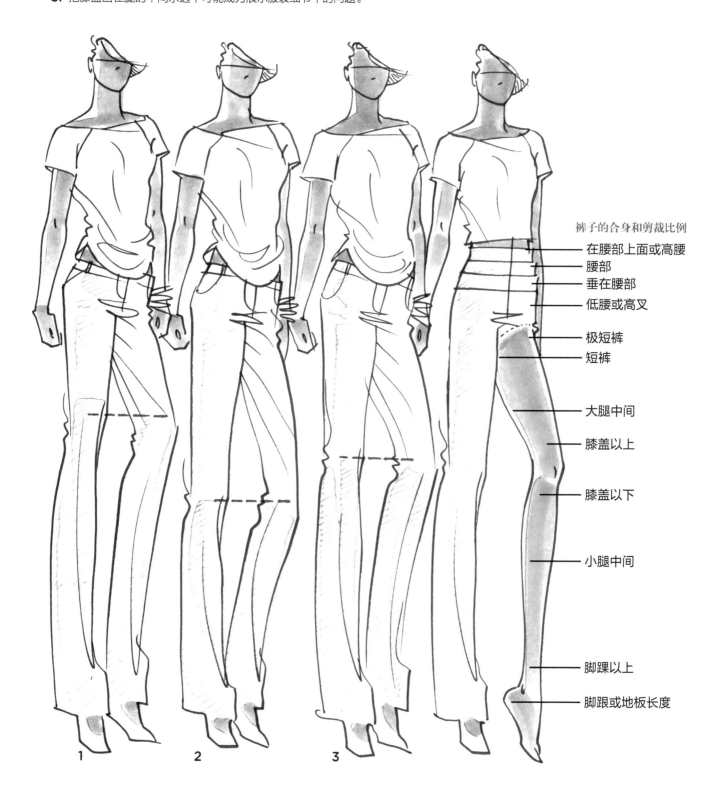

裤子的合身和剪裁比例

在腰部上面或高腰
腰部
垂在腰部
低腰或高叉
极短裤
短裤
大腿中间
膝盖以上
膝盖以下
小腿中间
脚踝以上
脚跟或地板长度

1

2

3

膝盖位置

保持人像组中胯部、膝盖和腿部的长度可以更容易看出您服装设计的比例。

姿势选择

下面的一些姿势将您裤子的潜在图形最大化，并且让它们看起来像是长裙一样。

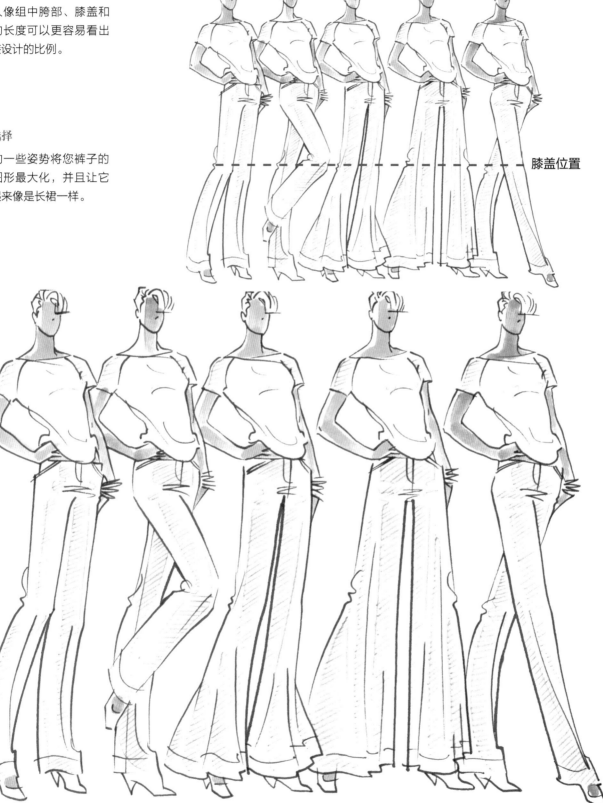

膝盖位置

最大化裤子设计以及强调裤长图形的造型

短裤和长裤

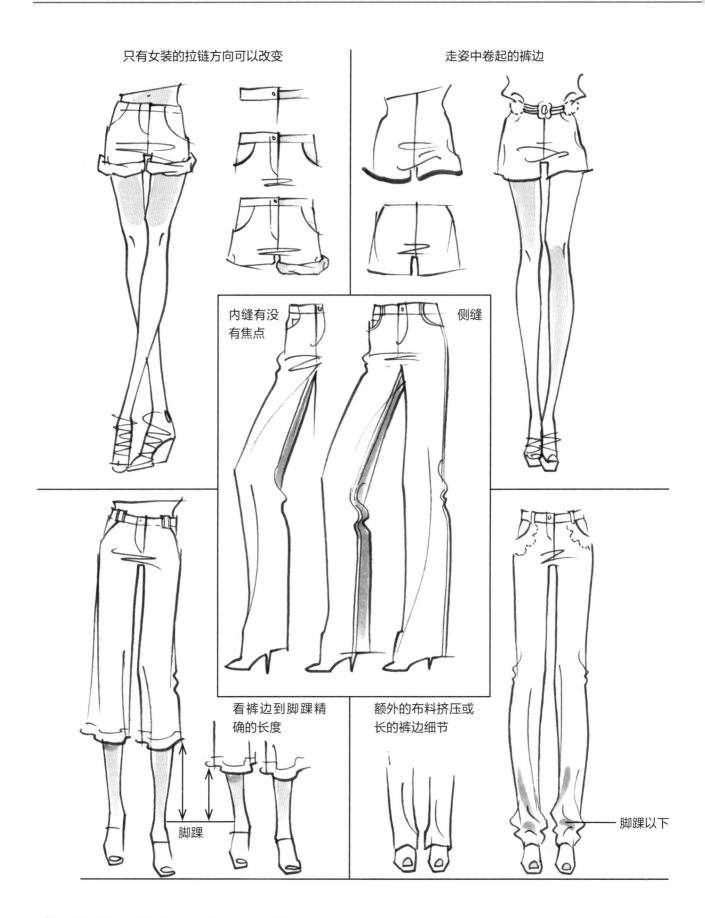

只有女装的拉链方向可以改变

走姿中卷起的裤边

内缝有没有焦点

侧缝

看裤边到脚踝精确的长度

脚踝

额外的布料挤压或长的裤边细节

脚踝以下

J. Crew

Ralph
Lauren

Ralph
Lauren

J. Crew

Dolce &
Gabbana

绘制西装上衣草图

　　西装上衣通常比夹克或大衣更显身材。要体现这种贴身性，就需要选择一种恰当的造型来画西装上衣穿在身上的样子。在草图中，按照并利用躯干中的角度来规划服装设计中的剪裁细节。肩线与绘制领肩之间有着直接的关系，臀围线和口袋肩之间也存在着这种关系。西装上衣的设计或形状取决于布料的重量或厚度。

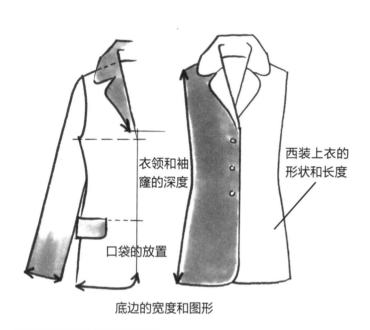

衣领和袖窿的深度

西装上衣的形状和长度

口袋的放置

底边的宽度和图形

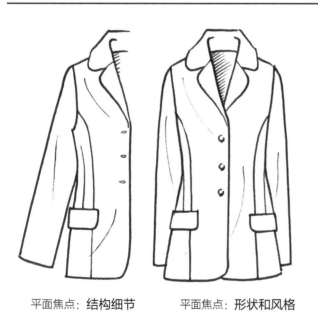

平面焦点：**结构细节**　　　平面焦点：**形状和风格**

大部分西装上衣的袖子里面都有一个里衬，这样袖子会和手臂更帖服，就像一个光洁的圆柱形一样，没有太多的黏附处。西装上衣一般有特定的剪裁风格，线条常常落在侧缝和公主线之间。

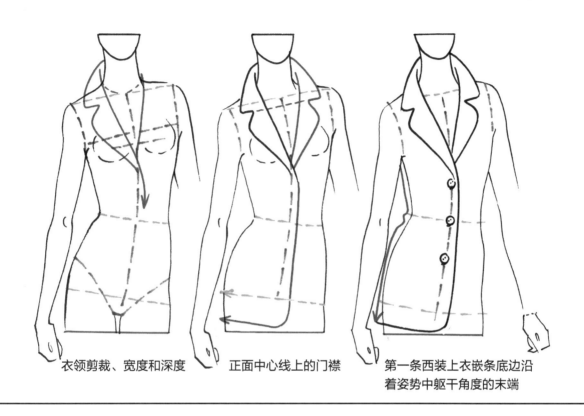

衣领剪裁、宽度和深度

正面中心线上的门襟

第一条西装上衣嵌条底边沿着姿势中躯干角度的末端

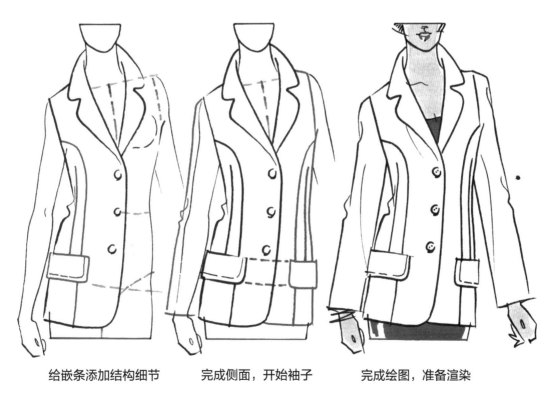

给嵌条添加结构细节

完成侧面，开始袖子

完成绘图，准备渲染

绘制夹克草图

下面这个示例展示了如何绘制短款夹克。它有着盒子的形状和柔软的表面。与之前介绍的具有光滑表面的西装大衣剪裁相比，可以用不同的形式穿着这件夹克。剪裁考究的西装上衣更合身，这个剪裁不正的夹克则不太贴身。

1. 比较左边和右边，从较丰满的一边开始设计服装。
2. 在人物较丰满一边的胸部勾画出夹克的形状。
3. 让衣领的体积更大一些，显出它围住后颈。
4. 让沿着正面中心线绘制夹克的敞开和系紧两种方式。注意在这种绘图中，较远端，也就是转动侧的袖孔就看不见了。袖子的宽度画得要和手臂一样。

绘制脖子和肩膀

绘制正面中心的门襟

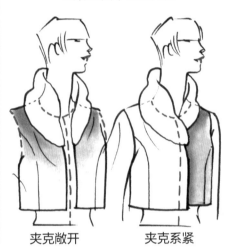

夹克敞开　　　　夹克系紧

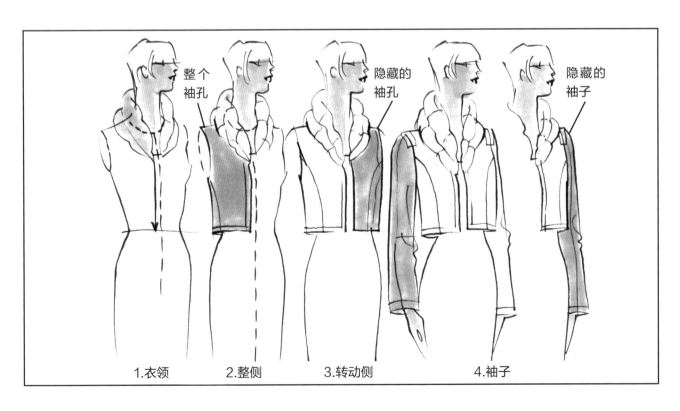

1.衣领　　　2.整侧　　　3.转动侧　　　4.袖子

剪裁不齐的
夹克

两用背心夹克

箱形夹克

额外特征细节
的夹克

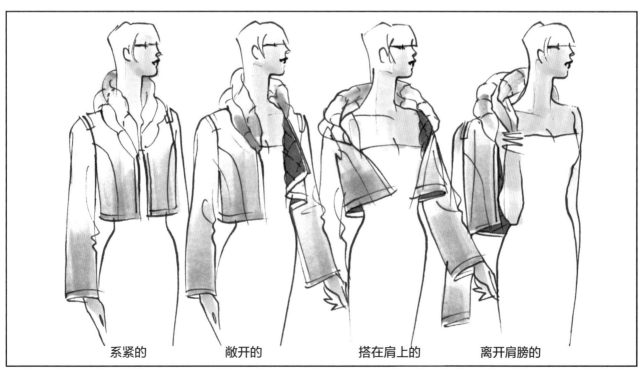

系紧的

敞开的

搭在肩上的

离开肩膀的

绘制大衣

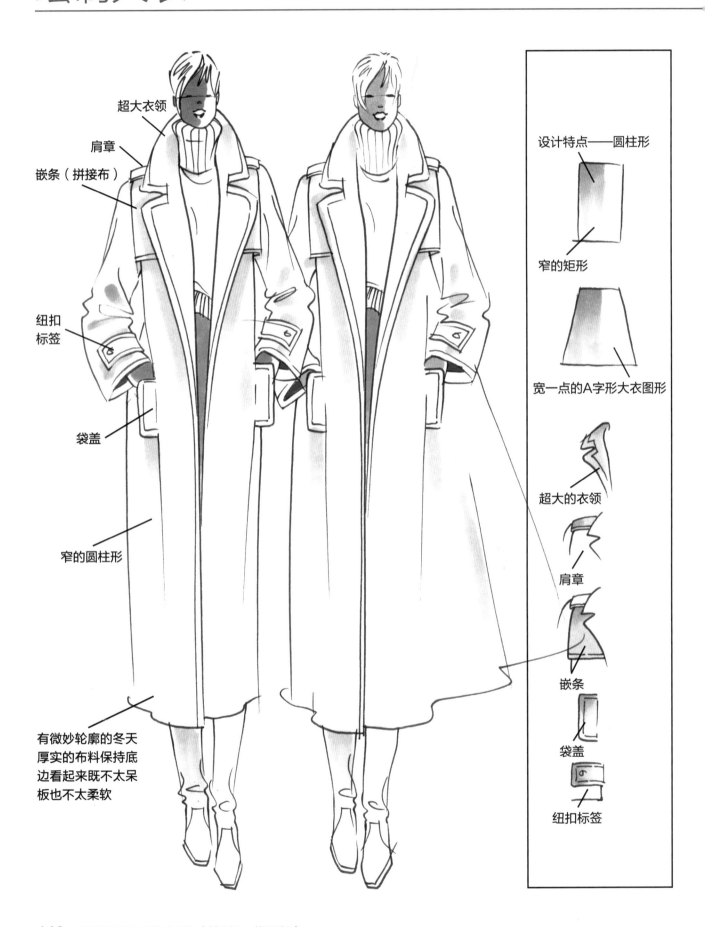

超大衣领

肩章

嵌条（拼接布）

纽扣
标签

袋盖

窄的圆柱形

有微妙轮廓的冬天
厚实的布料保持底
边看起来既不太呆
板也不太柔软

设计特点——圆柱形

窄的矩形

宽一点的A字形大衣图形

超大的衣领

肩章

嵌条

袋盖

纽扣标签

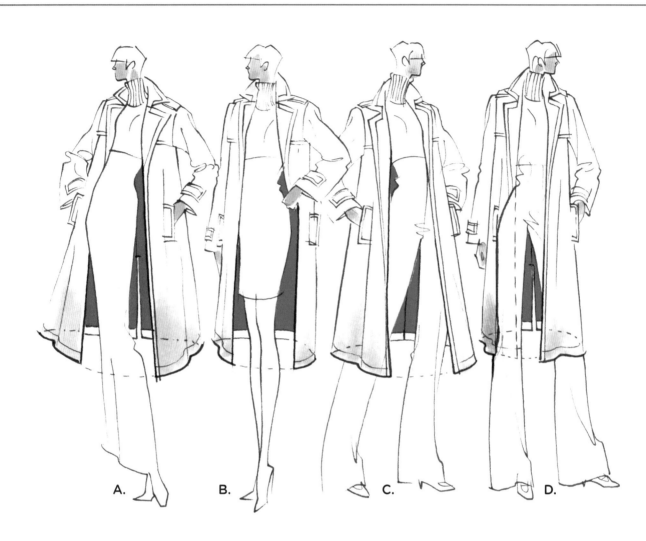

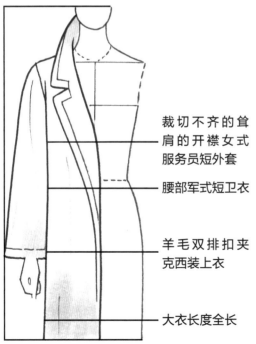

裁切不齐的耸
肩的开襟女式
服务员短外套

腰部军式短卫衣

羊毛双排扣夹
克西装上衣

大衣长度全长

为了强调服装的设计和形状，大衣可以画成紧贴的或是敞开的以揭示大衣的合身度。

A. 这件大衣在弯曲的身体上被画成是紧闭的，摆开的大衣刚刚够靠在臀部。

B. 这个造型的臀部把大衣拉开，只是拉开一边，保持大衣形状很窄。

C. 宽的腿部造型将大衣翻开。注意底边有从后向前包住身体的椭圆曲线。

D. 为了保持大衣的形状，将大衣画成两个部分。一边搭在身体上，另一边垂在身体后面。

夹克和大衣

夹克

布料重量

衣领体积

袖子宽度和长度

- 更厚的衣领和袖口
- 更深更宽的袖窿
- 正面中心细节
- 底边和腰围线或膝盖线的关系

大衣

- 大而厚的布料

- 更厚重的布料

- 更宽的袖子

- 更深的袖窿

- 门襟细节

- 袖子长度和袖口

- 口袋

- 纽扣和配料

- 底边与脚踝的关系

Ralph
Lauren

M Missoni

Narciso
Rodriguez

TSE

Chloé

Michael
Kors

这个设计将水粉颜料与铅笔两种媒质混合是为了精品收集、两种不同布料的展现以及色彩设计。造型人像强调有层次的轮廓、结构细节以及色彩的协调。静态人像在可选择的收集中补充更多的当代线条图形和中立的色彩颜料。

第5章 | 服装和服装细节 **151**

The bolero pocket flaps are fake; the bolero has no pockets; the flaps are tabs to hold pens & scarves.

Scarf starts out from the side of the sweater, wraps around her neck and travels through the bolero pocket flap tab.

LOOK 3

CONCEALING & REVEALING

这个设计中媒介的混合是在一张仿木纹(羊皮纸也是一种选择)单页纸上用水粉颜料、铅笔及丙烯酸或者亮白(比白水粉更浅)完成的。她具有创造性的人像艺术强调设计轮廓和结构细节。她平整的上身被画在牛皮纸上并被钉在纸张的中心。

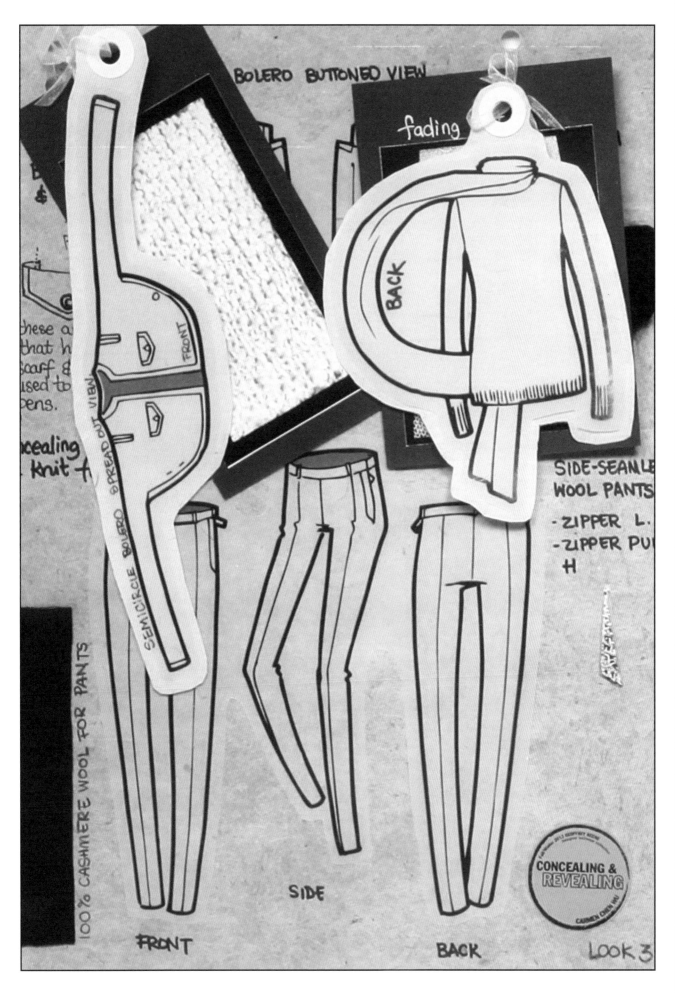

BOLERO BUTTONED VIEW

fading

BACK

SEMICIRCLE BOLERO SPREAD OUT VIEW

FRONT

100% CASHMERE WOOL FOR PANTS

SIDE-SEAM LE
WOOL PANTS

- ZIPPER L.
- ZIPPER PU
H

CONCEALING &
REVEALING

FRONT

SIDE

BACK

LOOK 3

特约艺术家：Carmen Chen Wu

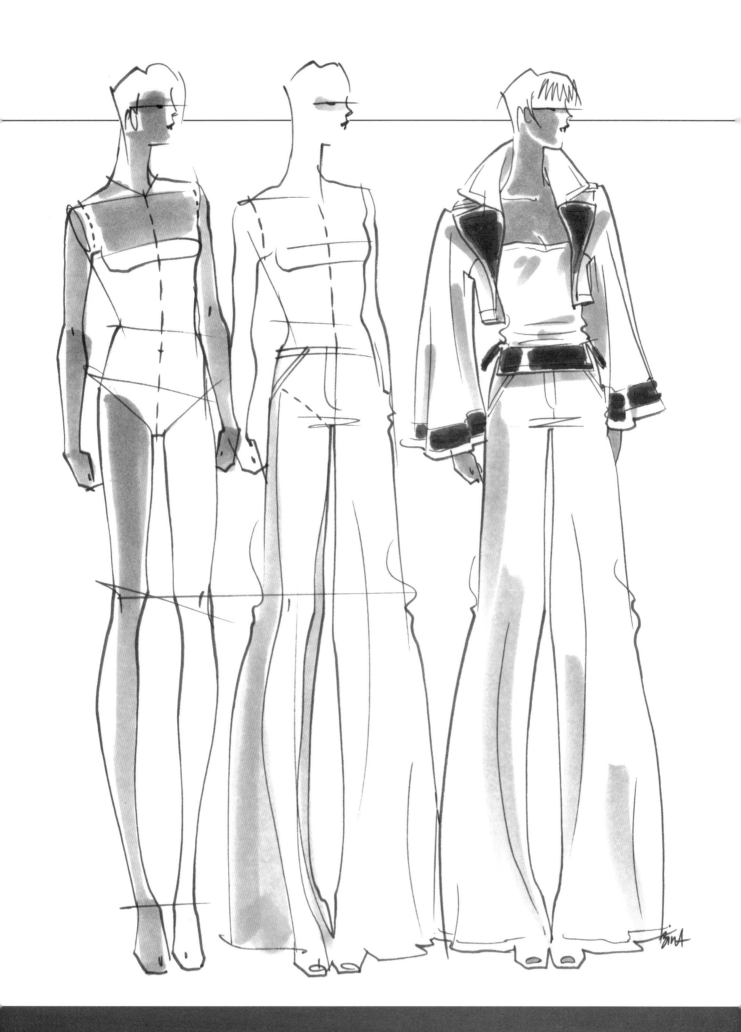

第 **6** 章

绘制平面展示图和规格图

Drawing Flats and Specs

本章要介绍的内容往往会被初学者和专业人士所忽略，但这些内容是时装画中不可缺少的部分。在整个设计行业中，平面展示图和规格图常常与插画结合起来使用。

插画是信息性草图，它们不像规格图或平面展示图那样精确，因为它们只是展示人物穿着衣服的样子。将人物与服装剥离后，把衣服展开就得到了平面展示图。这种平面展示图可传达出衣服的形状和结构细节。要使平面展示图变为规格图，除了展示形状和结构外，还要深入到细节衡量。

所有这些衡量都将用于放样和上浆。这些知识已经超出了本书的范围。本章的目的是带您深入这个过程，从而教您学会绘制平面展示图和规格图。

绘制平面展示图和规格图主要有两种方法：一种方法是在绘制时使用尺子；另一种方法是徒手绘制（不借助尺子）。这两种方法都不错，不过建议您两种都学学。计算机生成平面展示图可能比手工绘制平面展示图更快、更精确，但是，为了得到最佳结果。对如何绘制平面展示图有一个基本了解是非常重要的，即使这些平面展示图将要用计算机程序来绘制也是如此。

平面展示图的人物模板

这个静态没有姿势的真实人体是绘制平面展示图很好的参考。

1A. 这个人像代表了拉长的形式，并且被用作风格化平面展示图的参考。

1B. 这些人像在平面展示图中有更平均的比例和更好的真实合身度参考。

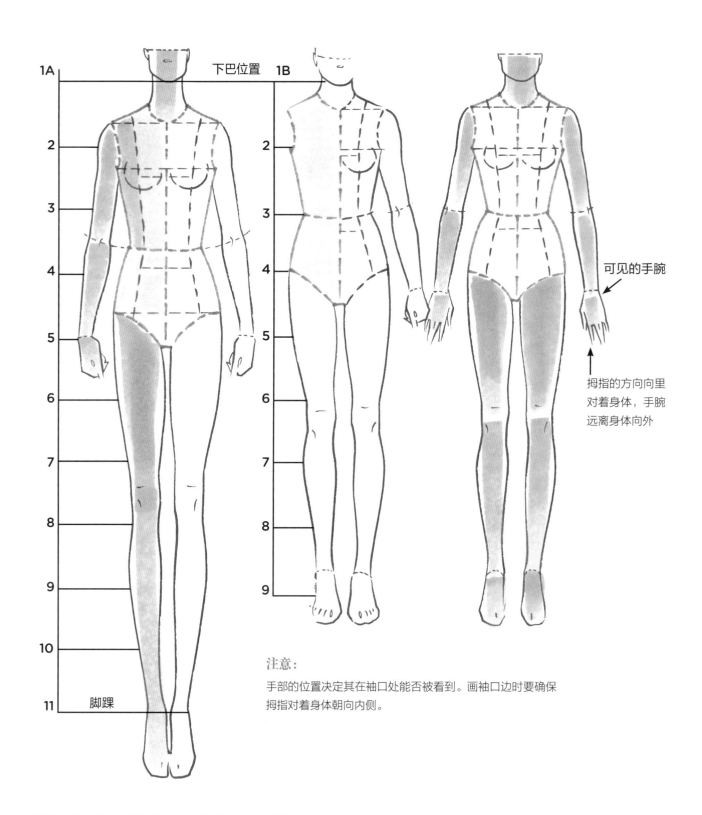

注意：

手部的位置决定其在袖口处能否被看到。画袖口边时要确保拇指对着身体朝向内侧。

平面展示图人像模型的正面、背面和侧面视图是设计参考中重要的形式。将这三种视图放在一起就是一种非常珍贵的平面展示图绘图资源。您可以定制属于自己的平面人像展示绘图，手部位置对于创造性的袖孔、袖子或袖口等细节至关重要。

徒手绘制平面展示图

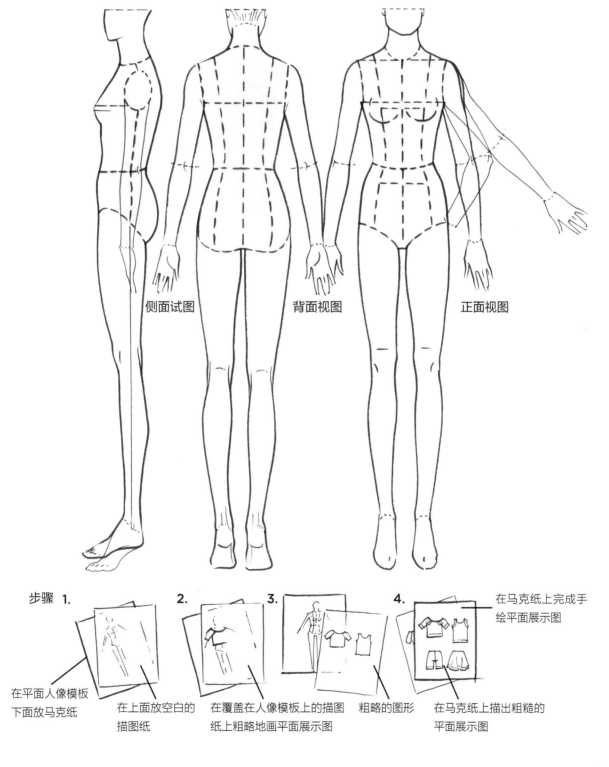

侧面试图   背面视图   正面视图

步骤 1. 2. 3. 4.

在马克纸上完成手绘平面展示图

在平面人像模板下面放马克纸

在上面放空白的描图纸

在覆盖在人像模板上的描图纸上粗略地画平面展示图

粗略的图形

在马克纸上描出粗糙的平面展示图

平面展示图的人物结构

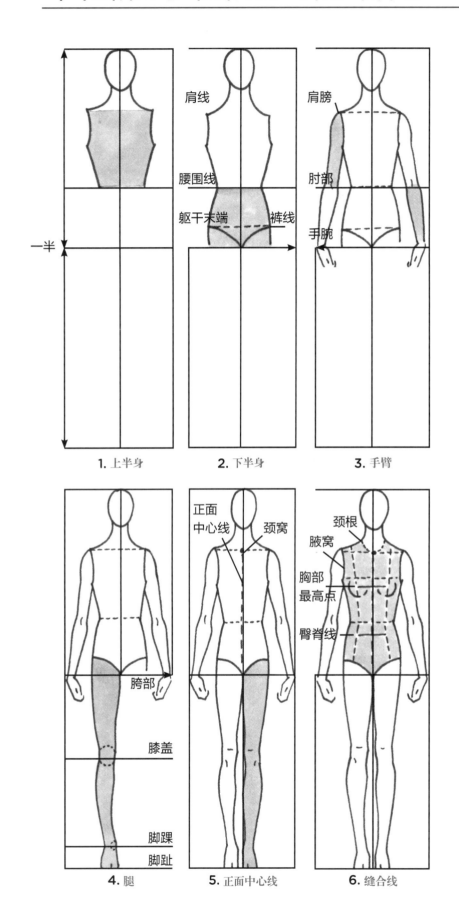

1. 上半身

肩线
腰围线
躯干末端 裤线
2. 下半身

肩膀
肘部
手腕
3. 手臂

一半

胯部
膝盖
脚踝
脚趾
4. 腿

正面中心线 颈窝
5. 正面中心线

颈根
腋窝
胸部最高点
臀脊线
6. 缝合线

下面这个示例展示了如何分段绘制平面人体。这种分段适用于任何大小、任何高度的人体。这种绘制方法能很好地满足您的要求。

1. 完成上半身，确定人物比例。
2. 完成下半身。
3. 手臂与躯干一样长，然后绘制手臂。
4. 腿部的长度也等于躯干的长度（参阅第一张中的尺寸）。腿从裤线开始，止于脚趾。
5. 正面中心线是一条看不见的缝合线，它从颈窝处开始，向下穿过人物的中心，一直延伸到躯干末端的胯部。
6. 在躯干上添加完所有的缝合线（参阅第1章）。这些线对于任何服装创建准确的平面展示图或规格图都是非常重要的。

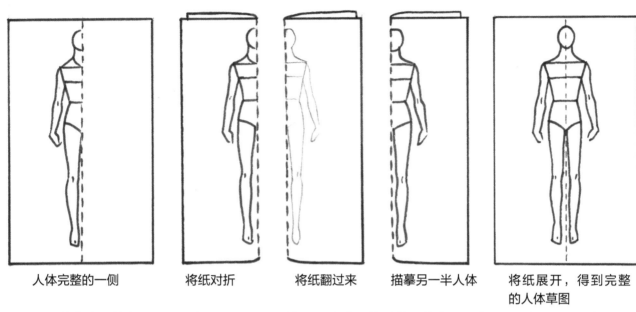

| 人体完整的一侧 | 将纸对折 | 将纸翻过来 | 描摹另一半人体 | 将纸展开，得到完整的人体草图 |

平面或素描人体专门用于绘制平面展示图（将衣服从造型的时装人体上脱下来，"平铺"展示）或规格图（将衣服和它的尺寸或用于生产的"规格"一起展示）。这些平面或素描人体具有真实的比例，躯干上的所有缝合线用于帮助在平面展示图或规格图中画出精确的细节和结构。绘制平面人体草图最快的方式之一是先绘制一半的人体，然后将图纸对折，描摹这现有的一半人体，得到镜像的图像，最后展开图纸，这样就得到了一幅两边对称的平面人体草图。

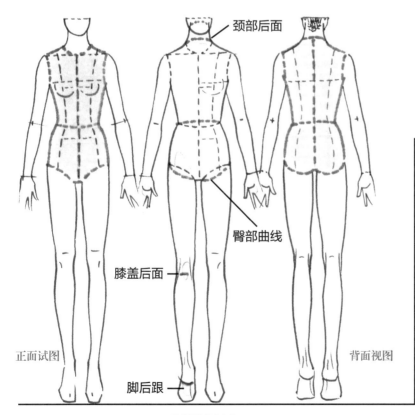

颈部后面

臀部曲线

膝盖后面

脚后跟

正面试图

背面视图

将图像翻过来

平面展示图或规格图绘制人体的另一捷径是先画正面视图，然后将它翻过来得到反面的图像——平面人体的背面视图。首先，只需更改极少的轮廓，除了头、手和脚。其次，在躯干内部，最明显的更改在后颈部位，同时要消除胸围线，以及躯干末端臀部肌肉的凸出曲线。

上装：男式衬衫、女式衬衫和连衣裙的模板

　　上半身混合了一些独特的时尚焦点，这些焦点非常复杂，因此应确保有专门的模板仅用于上装，包括女士衬衫、男式衬衫、西装上衣和连衣裙等一切始于肩部的服装。颈部、胸部和手臂上分布着许多交叉缝合线，因此有必要准备一个特定的半身（或全身）人体模板专门用于上装。专用于下装的人体模板从腰部开始，这将在下一节介绍。下面是绘制上装所需的人体模板，上面有足够的缝合线来帮助您精确绘制和设计平面展示图。

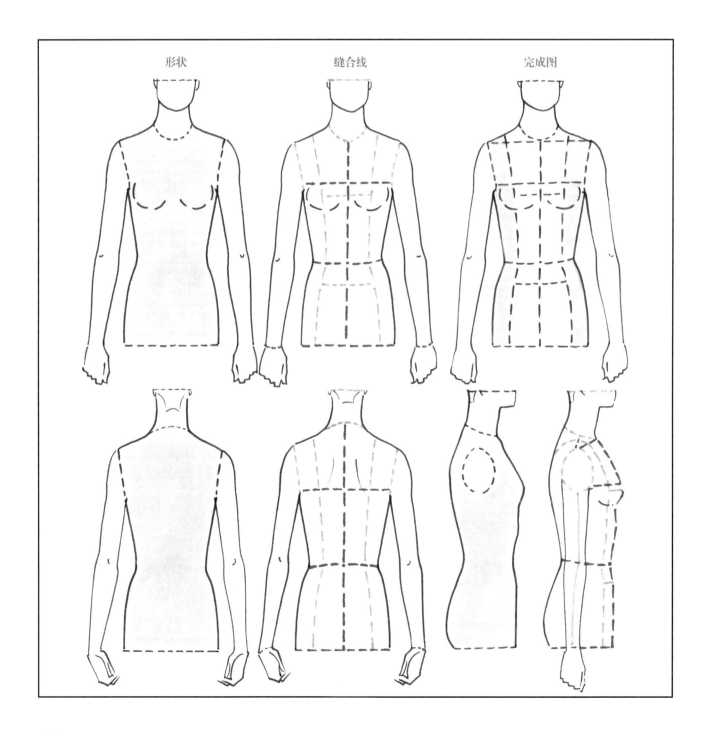

形状　　　　　　　缝合线　　　　　　　完成图

A. 这个例子介绍的是为了展示合身、结构细节和比例而巧妙地处理袖子的方法；以及人像模板中的比例分配与在绘画过程中强调的合身。

B. 和 C. 这两个人像模板解释了轮廓线可以很好地用于紧身上衣或女士衬衫上的剪裁，而且可以让平面绘图中结构细节的左右两边的匹配变得更容易一些。

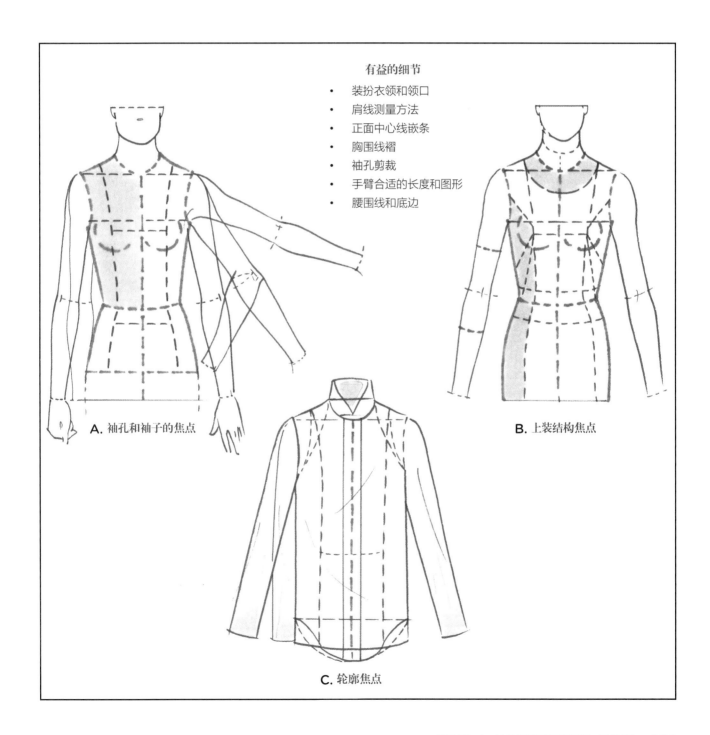

有益的细节
- 装扮衣领和领口
- 肩线测量方法
- 正面中心线嵌条
- 胸围线褶
- 袖孔剪裁
- 手臂合适的长度和图形
- 腰围线和底边

A. 袖孔和袖子的焦点

B. 上装结构焦点

C. 轮廓焦点

下装：短裤、长裤和裙子的模板

下半身有自己的一套设计标准。腰部、臀部和腿部，像是夏装平面展示图中的口袋或是凸起及内缝。短裤有裤长的问题。裤子沿着腿一直向下的空间有很薄的边。裙子的样式取决于其形状和长度的改变。

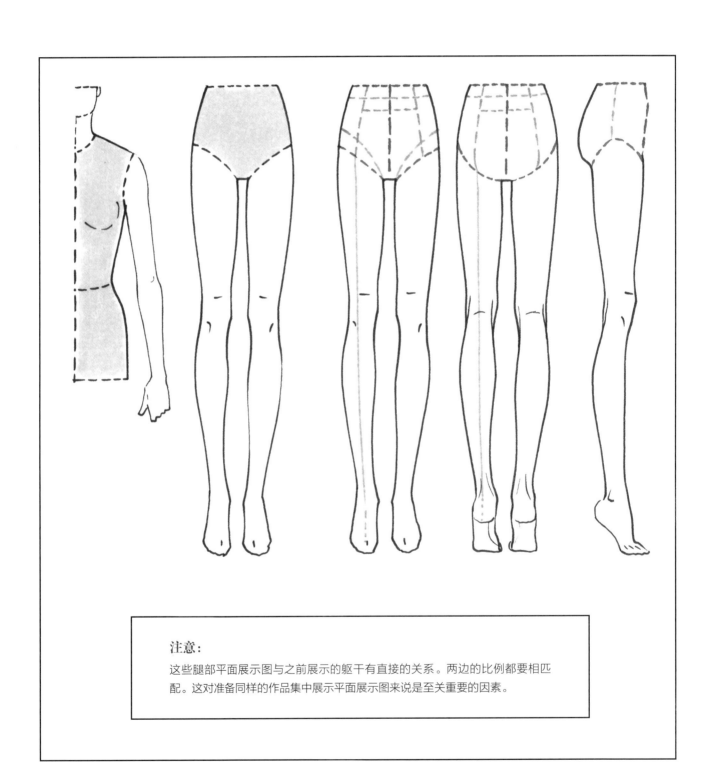

注意：

这些腿部平面展示图与之前展示的躯干有直接的关系。两边的比例都要相匹配。这对准备同样的作品集中展示平面展示图来说是至关重要的因素。

对平面展示图而言，腿部的实际轮廓不像腿部的实际长度那么重要，腿部是从胯部到膝盖加上膝盖到脚踝的部分，膝盖大约位于胯部到脚踝的一半处。另一个重要的区域，特别是对于西装裤而言，是腿部的中间，这里的缩褶或压褶与底边垂直。

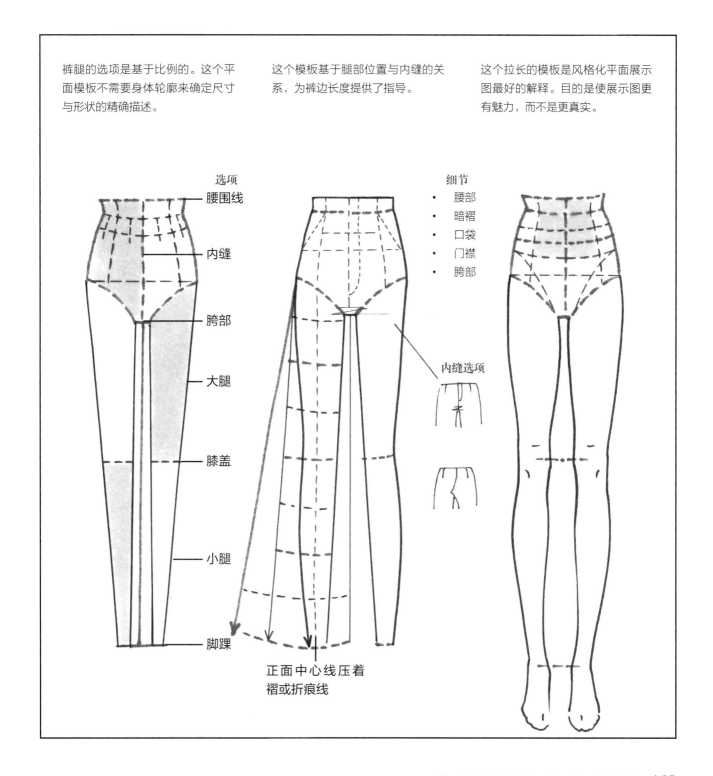

裤腿的选项是基于比例的。这个平面模板不需要身体轮廓来确定尺寸与形状的精确描述。

这个模板基于腿部位置与内缝的关系，为裤边长度提供了指导。

这个拉长的模板是风格化平面展示图最好的解释。目的是使展示图更有魅力，而不是更真实。

选项

腰围线

内缝

胯部

大腿

膝盖

小腿

脚踝

正面中心线压着褶或折痕线

细节
- 腰部
- 暗褶
- 口袋
- 门襟
- 胯部

内缝选项

平面展示图的结构

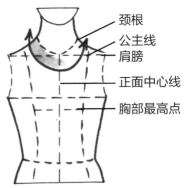

- 颈根
- 公主线
- 肩膀
- 正面中心线
- 胸部最高点

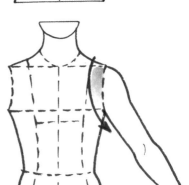

注意：
在平面展示图里或者下面不存在半成品。

精准
试着让您的设计中的每个剪裁和形状都保持明确、一致且精准。

  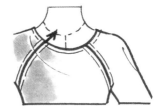

结构
让您的每处细节都刚刚好在它们应该在身体上所处的位置。

塑形
记住您放入的所有剪裁细节都应该与服装相匹配。

尺寸
您需要练习所有尺寸和风格的平面展示图以建立您的绘制技巧。

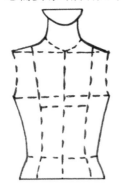  

太小
当画不下关键细节时，您应该知道您的平面展示图过小了。

平面展示图中包含的信息要适量，既不能太多（容易混淆），也不能太少（缺乏重点）。您绘制的平面展示图只有一个目的：传达出大小、形状和结构信息，以及最后一根间面线。本节指出了一些需要在平面展示图中显示的信息和结构，选择一种方法或另一种方法的理由，以及这些选择的好处或结构。例如在右边的示例中，一种形状可以用多种方式来缝制，同时大小仍然保持不变。注意，使用3种不同类型的钢笔线可以帮助您在平面展示图中表现出这些微妙的绘图差异。

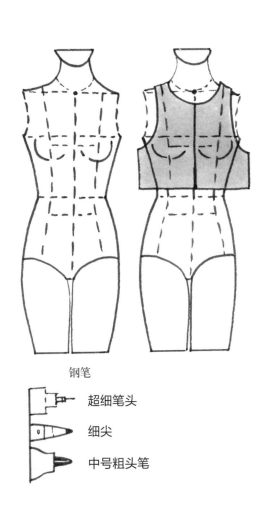

钢笔

超细笔头

细尖

中号粗头笔

款式	合身	结构
形状	形状	形状
外部		
内部		
车缝线	袖窿	
绘图选项		为合身和塑形的胸部线选项

技巧	设计	剪裁
· 媒质	· 轮廓	· 细微差别
· 塑形	· 合身	· 垂感
· 略图	· 尺寸	· 轮廓线

泳装和女式贴身内衣裤的平面展示图

　　泳装和女式贴身内衣裤有很多相同的时装形状，但女式贴身内衣裤一般更结构化，结构处理比较复杂。这种细节设计一般超出了特定的形状和弹力面料，表现为具有各种功能和形式。不过，因为两者具有相似性，所以泳装和女式贴身内衣裤可以使用相同的素描图或平面人体模板。

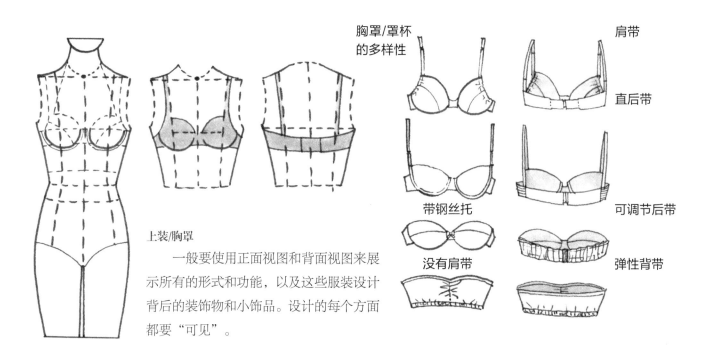

胸罩/罩杯
的多样性

肩带

直后带

带钢丝托

可调节后带

没有肩带

弹性背带

上装/胸罩

　　一般要使用正面视图和背面视图来展示所有的形式和功能，以及这些服装设计背后的装饰物和小饰品。设计的每个方面都要"可见"。

正面视图和背面视图

下装/裤子

　　同样，这些物件大同小异，唯一的区别是它们的面料。这些物件最大的不同表现在裤腿开口的剪裁或大小等方面。

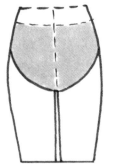

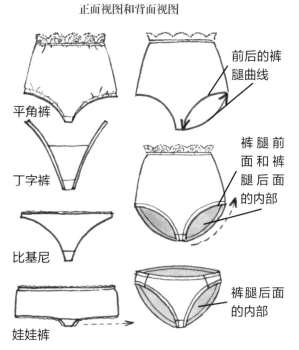

平角裤

丁字裤

比基尼

娃娃裤

前后的裤
腿曲线

裤腿前
面和裤
腿后面
的内部

裤腿后面
的内部

如果您尝试将衣服上的肩带、缝合线、小门襟或者精致花边上的所有微妙细节（即这些不可能在一般大小的素描图或模板上表现出来的细节）都画出来，绘制泳装或女式贴身内衣裤的平面展示图将会变得非常困难。解决方法是像下面这样画更大的、只展示躯干的平面人物模型。这种大小的模板可以包含更多地信息，同时您仍然可以在同一张纸上绘制其他的平面展示图（系列）。

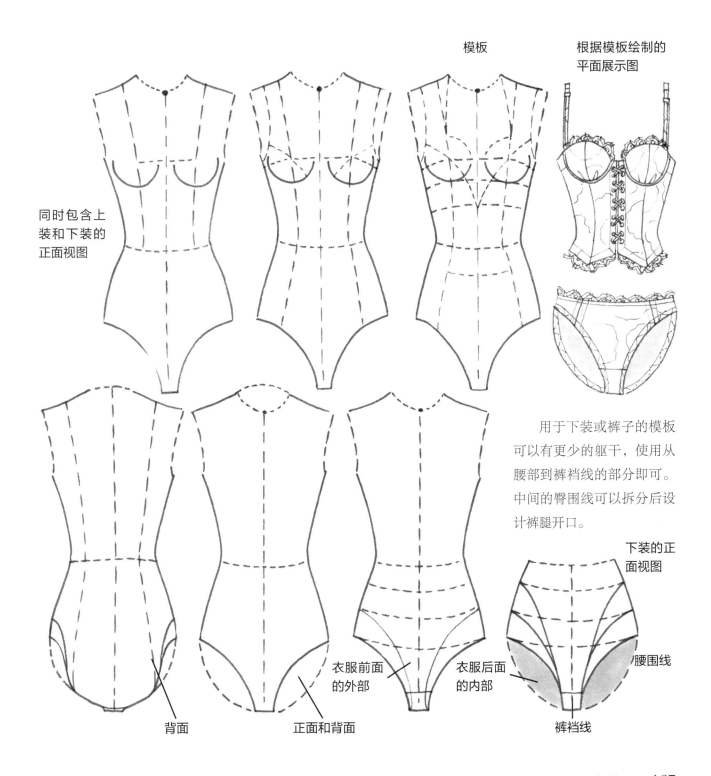

模板

根据模板绘制的
平面展示图

同时包含上装和下装的正面视图

用于下装或裤子的模板可以有更少的躯干，使用从腰部到裤裆线的部分即可。中间的臀围线可以拆分后设计裤腿开口。

下装的正面视图

腰围线

背面

正面和背面

衣服前面的外部

衣服后面的内部

裤裆线

了解平面展示图

平面展示图（参见本章末尾）能够指明服装款式设计的细节。绘制平面展示图是为了定义形状、大小和结构，有时还有面料（它的成分、垂感或体积）。

相比穿在人物模型身上、设置了造型以获得生动效果和风格的同一件衣服而言，规范的平面展示图显得更真实、更准确。平面展示图说明了这件衣服是怎么做成的以及它的穿着方式。下面这个示例展示了如何让平面展示图表达您想说的话以及如何来说。

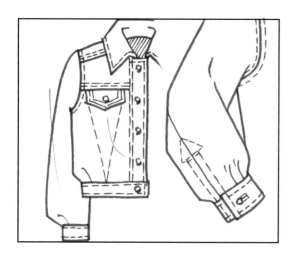

在网格（或方格纸）上面绘制的平面展示图能突出衣服的对称性。从左侧到右侧的细节设计变得越来越简单、越来越准确。通过袖子的折叠还有助于强调手臂后面的结构。

形状

折叠袖子上的袖口细节

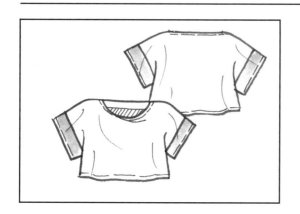

衣服穿在身上和不穿在身上有很大的区别，有时可能需要使用两类平面展示图来显示这种区别。

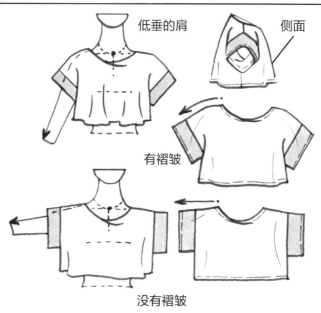

低垂的肩　　侧面

有褶皱

没有褶皱

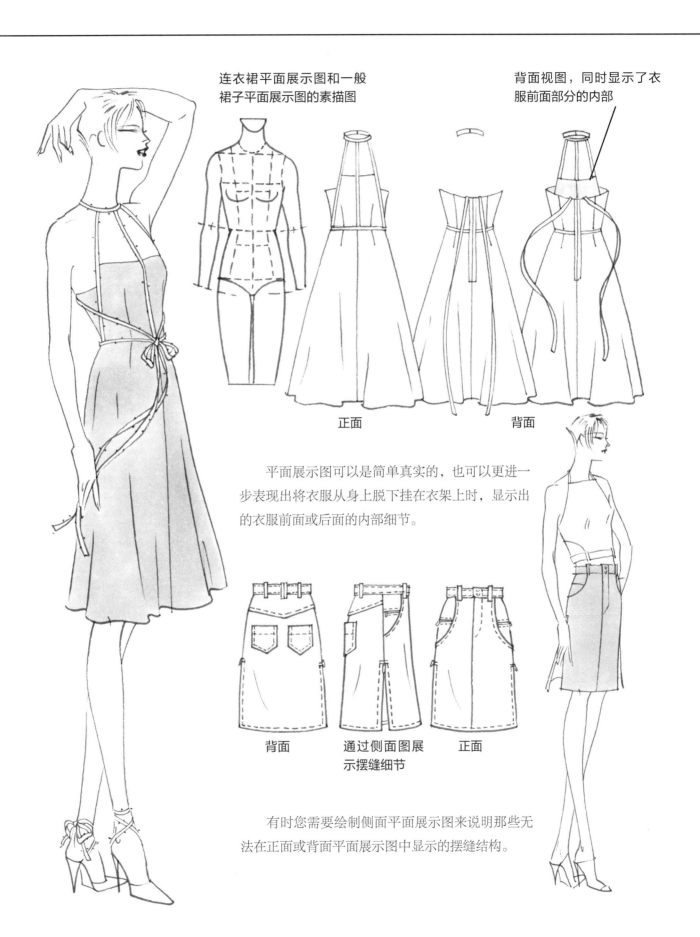

连衣裙平面展示图和一般
裙子平面展示图的素描图

背面视图,同时显示了衣
服前面部分的内部

正面

背面

平面展示图可以是简单真实的,也可以更进一
步表现出将衣服从身上脱下挂在衣架上时,显示出
的衣服前面或后面的内部细节。

背面

通过侧面图展
示摆缝细节

正面

有时您需要绘制侧面平面展示图来说明那些无
法在正面或背面平面展示图中显示的摆缝结构。

女性的外套平面展示图

外套平面展示图涉及织物重量、更粗的材料、更宽的轮廓、体积，并强调门襟——扣子设计（或者没有扣子）。这些衣服穿在其他衣服的外面，这样就增加了外套形状的宽度，同时它们的袖子常常更粗，袖孔也更深，以便容纳里面的衣服或衬里（如果有的话）。门襟和纽扣的位置需要向本页展示出的一样清晰。

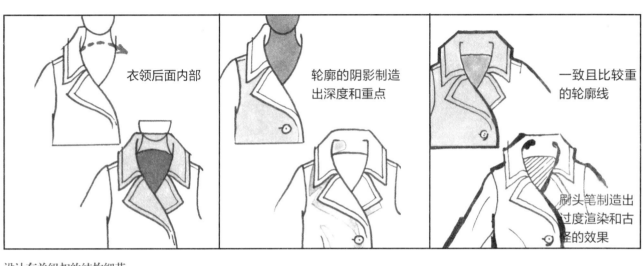

设计有关纽扣的结构细节

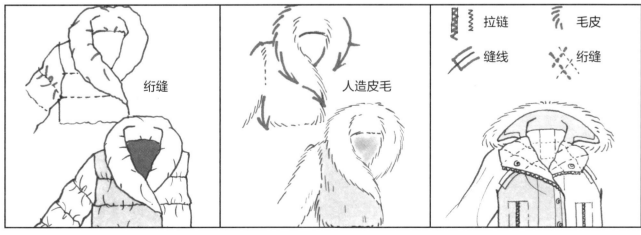

绘制风衣平面展示图的不同选择

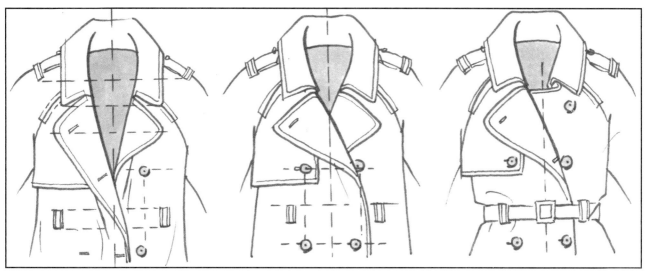

从左向右匹配细节，大衣是敞开的　　计划如何绘制双排扣门襟　　大衣的纽扣式口上束上了腰带，
腰带扣位于正面中心线上

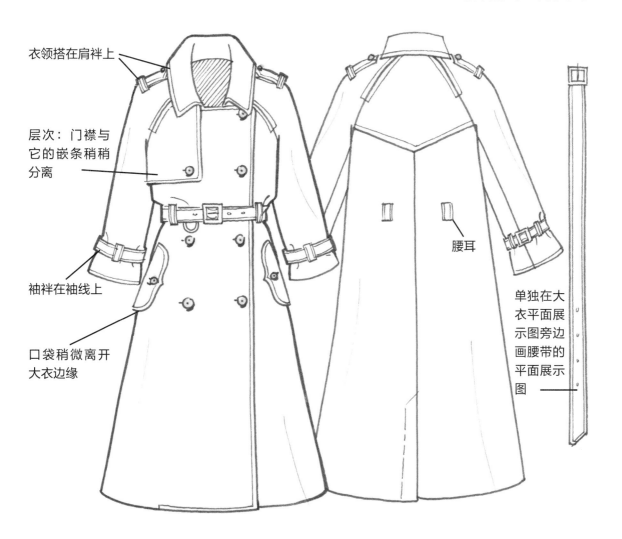

衣领搭在肩襻上

层次：门襟与它的嵌条稍稍分离

袖襻在袖线上

口袋稍微离开大衣边缘

腰耳

单独在大衣平面展示图旁边画腰带的平面展示图

专题或组合式平面展示图

1. 根据套装进行布局

2. 按面料进行组织

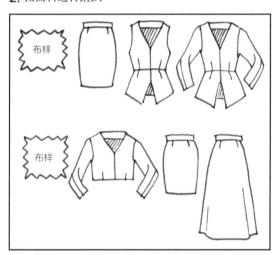

3. 组织不同的类别

绘制专题或组合式平面展示图是为了强调一系列衣服中的型号、选项和款式。至少展示6种不同的布局很符合时装行业的商业需求。下面显示的草图布局适合用在任何类别、季节或定价的服装中，同时可以包含配饰。

1. 可以一个接一个地按列绘制平面展示图，展示一件套装的不同层次。每一组服装都有一条看不见的正面中心线将它们连接成一个整体。

2. 不同系列的设计作品有不同的面料特点。下面这个草图布局展示了不同服装所配的不同面料。一排衣服属于一个面料系列，同时包括上装和下装，通过一条看不见的晾衣绳（能穿过这些衣服的领子或腰头）进行组织布局。

3. 这个草图布局将平面展示图分为两组：上装和下装。有几条看不见的线会穿过上装的肩线和下装的腰头。每排衣服是各自独立的（与项目1中的各列一件不同）。

4. 构图以平衡的体积、形状和布料保持悦目的形式为基础。这些平面展示图是根据彼此之间的比例关系绘制的，它们不是杂乱无章地堆在纸上，也没有显得东倒西歪，而且可以包含正面视图和背面视图。

5. 这些衣服的镜像图像通过增加看得见的内容，最大限度地展示了设计信息。为了留出更多的空间，背面视图与正面视图的上边或旁边都有一定的重叠，没有在正面视图的上方或下方完全显示出背面视图。不要打乱这种布局，因为这会影响清晰性。

6. 这种构图与项目2不同，强调了一个服装系列中每件衣服的面料（或颜色选择），这是一种表现服装搭配的营销手段。

4. 按一定布局组织

5. 组织正面视图和背面视图

6. 按颜色组合进行组织

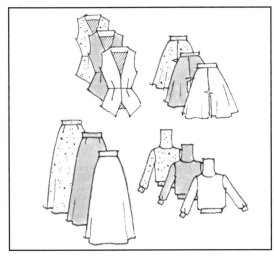

在所有这些正面视图中，每种衣服都有3种不同的面料

7. 说明一件衣服

- 如何穿着
- 是什么面料
- 各部分之间的比例

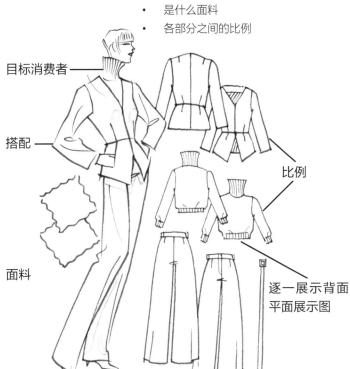

目标消费者

搭配

面料

比例

逐一展示背面平面展示图

比较小的平面展示图

比较小的人体配上比较大的平面展示图，以强调服装结构

比较大的平面展示图

将素描图与平面展示图结合使用

素描图是一组表现时装设计的任务造型图，也可将其与平面展示图结合使用。平面展示图可以是人物穿着的服装，也可以是其他与素描图相配的物件。按照穿在人物身上的服装大小绘制平面展示图，或者按其他比例绘制还可以为渲染目的在草图中添加样本。可以在草图中的任意位置添加"表达性"平面展示图中那样的信息（带有说明或编号的平面展示图即被称为"表达性"平面展示图）。这种绘图代表了一段时装设计旅程或一本构思日记。

注意，将这些素描排列在一起时，它们具有相同的比例以及相同的最高点和最低点，即使造型各不相同也是如此。因为它们的比例匹配，所以很容易就能了解各种时装信息。

一组素描图加上"表达性"平面展示图

人物模型的最高点

躯干末端

地面标线

裹裙

绕颈上衣

前包式

底裤

方形领口

将平面展示图与人像结合

线条的多样性

下垂

运动

衣领细节的正面
视图和背面视图

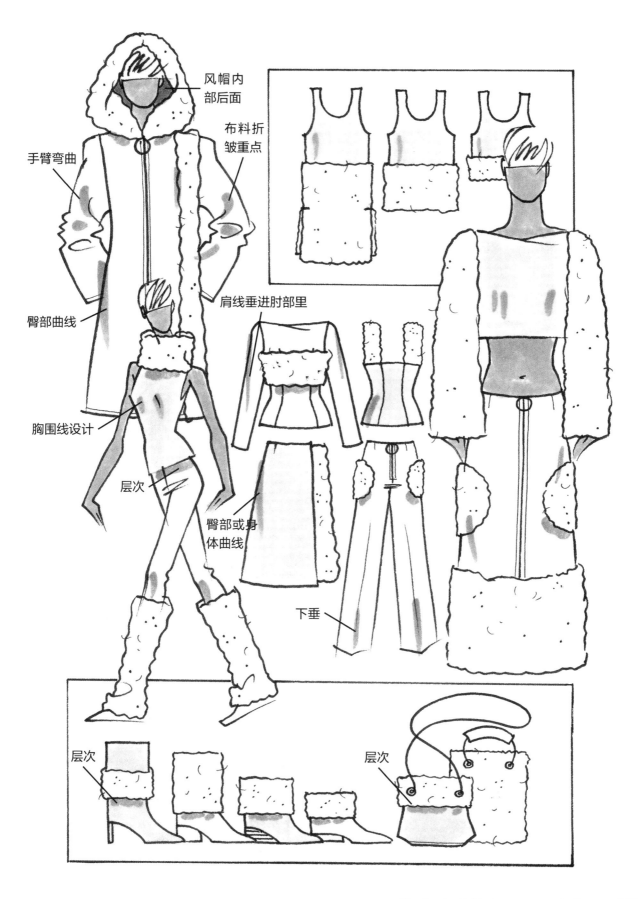

风帽内
部后面

布料折
皱重点

手臂弯曲

臀部曲线

胸围线设计

层次

肩线垂进肘部里

臀部或身
体曲线

下垂

层次

层次

将平面展示图与人像结合（继续）

布料对比

内部后面

肘部到手腕的垂感

强调折痕的摆动

层次

膝盖到脚踝的垂感

为您的平面展示图加入精确可见的信息

加裆裙；这些三角形的折痕表示三角形布是缝在裙子上的

喇叭裙

半圆裙

腰围线位置

腰部高度改变创造了合身度的变化

可选择的喇叭裤展示切入裤子的裤边

线条质量的对比展示了纹理或布料的变化

有很多方法可以展示您平面展示图的草图

注意：

没有暗褶的合身上衣或紧身上衣表示了伸缩的布料

注意：

针织行多种使用可以定义针织处理的类型

A. 素描尺寸的平面展示图可以比人像更长一些

B. 平面展示图可以表现重叠关系

C. 平面展示图上的风帽可以向上或向下

D. 平面展示图可以通过肩膀排列展示比例

E. 在空间紧缩时，裤子的平面展示图可以排列在高领毛衣（上图）平面展示图的腰部位置。

规格图

　　规格图服装是进入纸样设计、制作和投入生产之前的最后一个绘制步骤。此时，形状、大小和结构细节方面的规格必须非常准确。在规格展示图中要画上经过仔细测量得到的尺寸。绘制规格图时，保证每一级别都精确无比是您的目标。

　　几乎每个设计专业或时装类别都有它自己一套关于服装的规格尺寸标准。测量内衣（女式贴身内裤）的标准可能与测量外衣（大衣）的标准不同。下面给出一些要标注规格尺寸的一般区域，以分析它们的大小，说明您将要在形体上绘制的线条之间的关系。所有线条都需要练习。在练习过程中，每条虚线或尺寸将会有一个数字来标注它与箭头之间的距离。

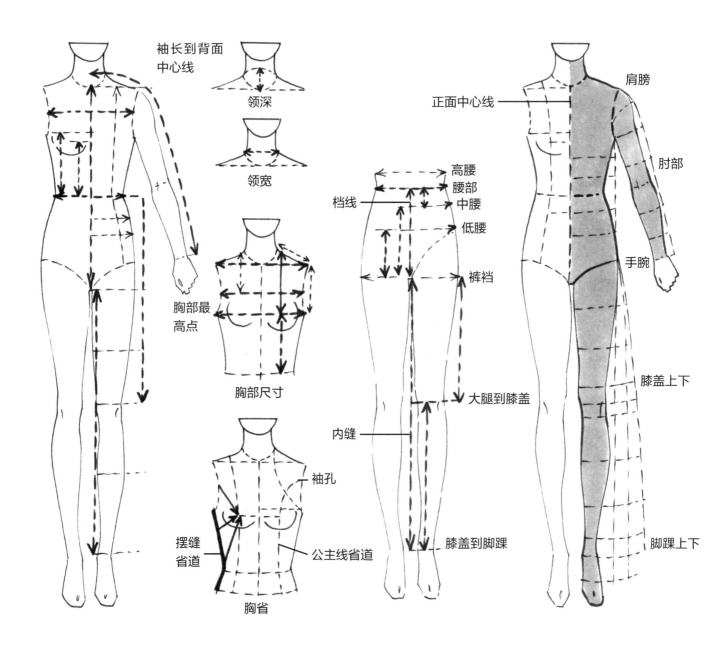

袖长到背面中心线

领深

领宽

胸部最高点

胸部尺寸

袖孔

摆缝省道

公主线省道

胸省

档线

高腰
腰部
中腰
低腰
裤裆

内缝

大腿到膝盖

膝盖到脚踝

正面中心线

肩膀

肘部

手腕

膝盖上下

脚踝上下

下面介绍什么是规格图、为什么要绘制规格图以及如何使用它。服装尺寸有直接对应的具体人物模型尺寸。这是确定衣服大小（如10号或12号）的一个因素。使用一般尺寸的量产服装不同于依照个人准确尺寸剪裁和定制的服装。以10号为例，一件衣服的所有细节的尺寸必须按照与10号衣服的关系来设计。在衣服的内部，这些尺寸既是人体参考也是非人体参考。例如，参考带规格的人体意味着测量从正面中心线到手腕的距离。在规格图中，有关尺寸的非人体参考的一个例子是对开襟、口袋或翻领进行测量的。

注意：尺寸样板是衣服的一个基本纸样，没有从模特形式（真人模特具体尺寸）形成的风格线条或缝合范围，也没有按照制造商的规格。它用于发展最初的纸样和创建新的设计。尺寸样板也称为标准纸样、基础纸样、基本纸样和主要纸样。

女装尺码表

	加小号	小号		中号		大号		加大号
加小号	**4**	**6**	**8**	**10**	**12**	**14**	**16**	**18**
胸围	32½"	33½"	34½"	35½"	37"	38½"	40"	41½"
腰围	24"	25"	26"	27"	28"	29"	30"	31"
臀围	35"	36"	37"	38"	39"	41"	43"	45"
袖长	28½"	29"	29½"	30"	30½"	31"	31½"	32"

让身体各部位尺寸与相应的尺码匹配

男装尺码表

	加小号	小号		中号		大号		加大号
尺寸	**26**	**28**	**30**	**32**	**34**	**36**	**38**	**40**	**42**
领口	13½"	14"	14½"	15"	15½"	16"	16½"	17"	17½"
胸围	32"	34"	36"	38"	40"	42"	44"	46"	48"
腰围	26"	28"	30"	32"	34"	36"	38"	40"	42"
袖长	32"	32½"	33"	33½"	34"	34½"	35"	35½"	36"

让身体各部位尺寸与相应的尺码匹配

中性服装尺码表

中性服装尺码	加小号	小号	中号	大号
女装尺寸	6~8	10~12	14~16	18

许多男装女性都可以穿。这个尺码表显示了这些衣服对应的女装尺码。中性服装的尺码是基于男装的尺码表确定的。

腰带

加小号	小号	中号	大号	加大号
25"~27"	27"~29"	30"~32"	33"~35"	36"~38"

让腰围尺寸与相应的尺码匹配

帽子

	小号	中号	大号	加大号
头部尺寸	21½"~22"	22"~22¾"	22¾"~23½	23½"~24¼"
帽子尺寸	6⅞"~7"	7"~7¼"	7½"~7⅝"	8"~8¼"

袜子

	小号	大号
鞋子尺寸	5~9	9~12
袜子尺寸	9~11	11~13

规格图中的尺寸和细节

规格图一定要画得非常精确，其中所有的尺寸和细节都要看得见，因为规格图使用与生产和纸样设计，从而设计衣服结构的图。鉴于规格图的这一精确性，您必须练习在平面草图中精确绘制细节。在本节的图中给出了一些尺寸线，您必须练习画这些线；同时还给出了一些设计细节，您要在细节放大图或放大的规格图中画出这些设计细节。记住这些图中的每条线和每条边都是非常重要的。您必须注意一件衣服中的所有结构以及必须画出的信息。

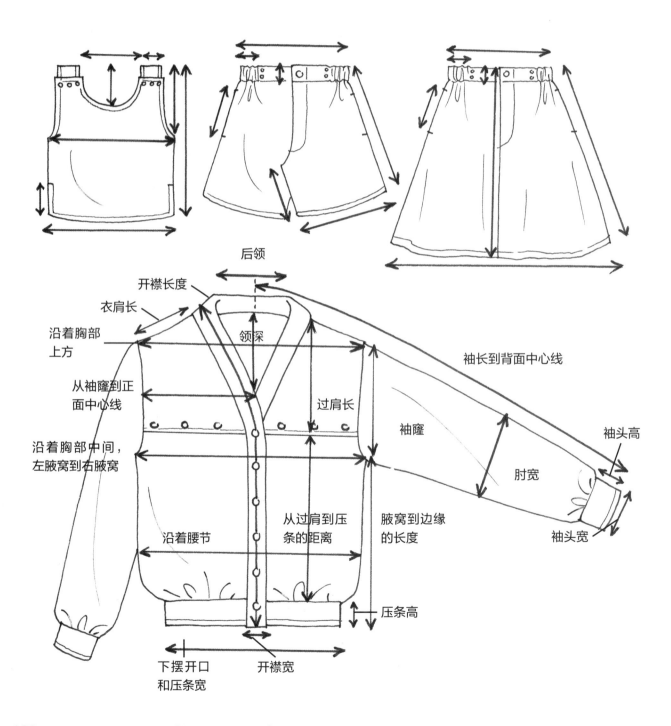

平面展示图和规格图中的细节

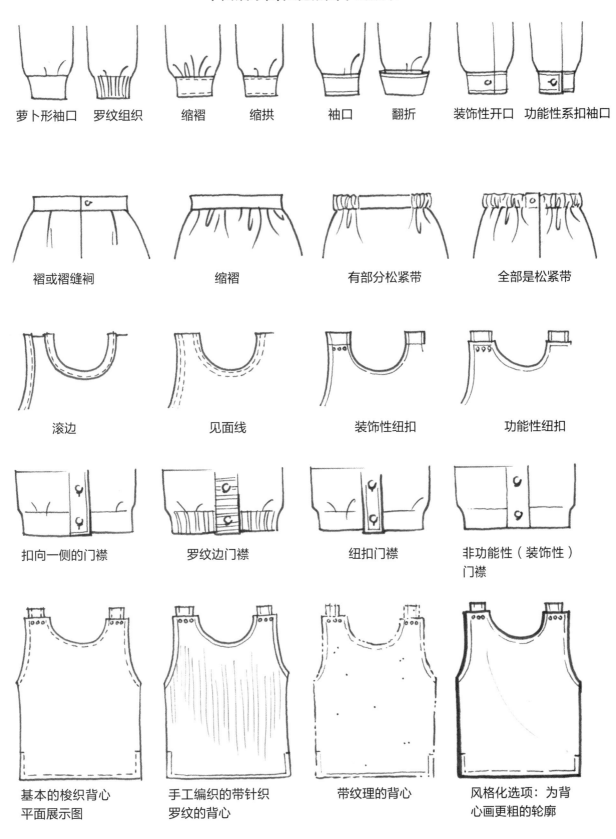

萝卜形袖口　罗纹组织　　缩褶　　缩拱　　袖口　　翻折　　装饰性开口　功能性系扣袖口

褶或褶缝裥　　　　　缩褶　　　　有部分松紧带　　　全部是松紧带

滚边　　　　　　　见面线　　　　装饰性纽扣　　　　功能性纽扣

扣向一侧的门襟　　罗纹边门襟　　　纽扣门襟　　非功能性（装饰性）
　　　　　　　　　　　　　　　　　　　　　　　门襟

基本的梭织背心　　手工编织的带针织　带纹理的背心　风格化选项：为背
平面展示图　　　　罗纹的背心　　　　　　　　　　心画更粗的轮廓

分析服装的平面展示图和规格图

本节以及接下来的一节将介绍服装分析方法，帮助您创作更优秀、更精确的时装草图。研究衣服（在本例中是一件宽松的开襟式外套）对表现特定的设计信息至关重要。记住，您要绘制的衣服，特别是只存在于想象中的衣服，不管是画它的平面展示图还是规格图，一定要画出让其他人信服的时尚感以及穿在模特身上和未穿在模特身上的形式。您的服装草图要激发并告知他人如何做这件衣服以及为什么要买它。如果您的草图清晰准确，它就会脱颖而出，同时也能成功完成其使命。

精确的手绘图

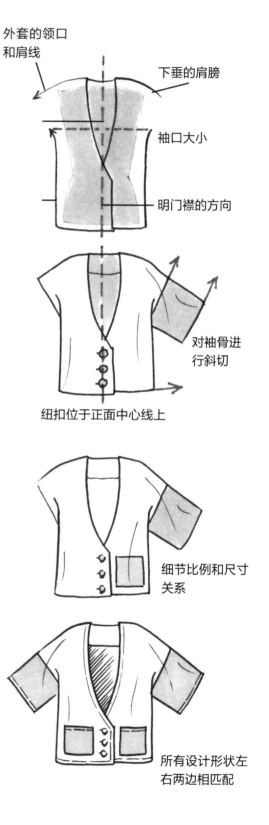

外套的领口和肩线

下垂的肩膀

袖口大小

明门襟的方向

纽扣位于正面中心线上

对袖骨进行斜切

细节比例和尺寸关系

所有设计形状左右两边相匹配

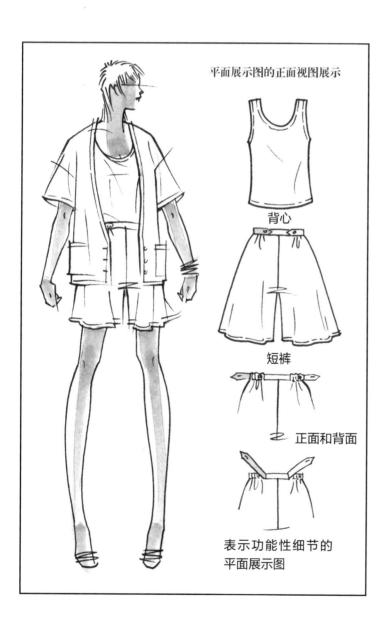

平面展示图的正面视图展示

背心

短裤

正面和背面

表示功能性细节的平面展示图

将草图拆分成单独的多个组成部分是另一种研究和处理服装信息的方法。一方面，您可以更加深入地学习如何绘图；另一方面，您将设计理念转换成了最后的细节图（只缺少用于生产规格的尺寸）。下列还展示了如何一步步手绘平面展示图，不是用网格或素描人体作为参照。当然，在绘制草图时，您不会使用虚线或灰色色调，而且所有9个步骤都会浓缩到一张服装草图中。

铅笔或钢笔

随手绘图意味着不借助任何平面展示图人像模板作为参考绘图

随手绘制平面展示图的媒介选项

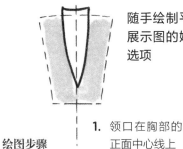

绘图步骤

1. 领口在胸部的正面中心线上

2. 沿着正面中心线绘制领口和门襟方向

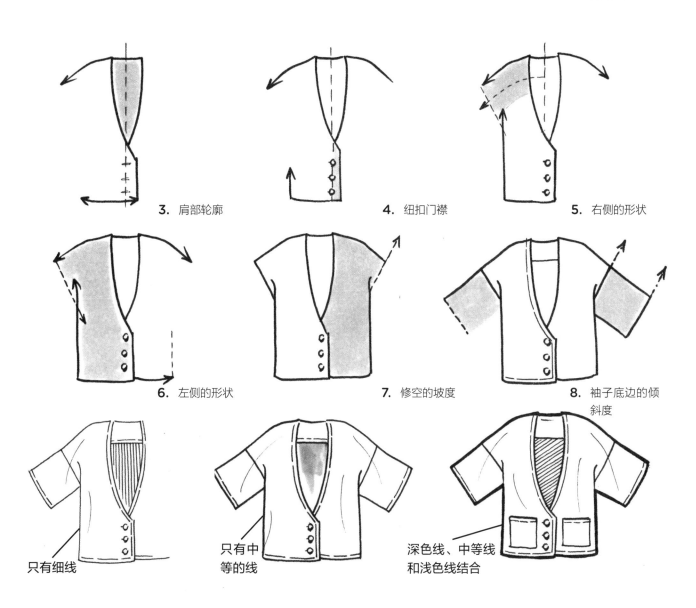

3. 肩部轮廓

4. 纽扣门襟

5. 右侧的形状

6. 左侧的形状

7. 修空的坡度

8. 袖子底边的倾斜度

只有细线

只有中等的线

深色线、中等线和浅色线结合

平面展示图与规格图

本节的示例将展示如何以及为什么要比较不同的服装。您需要理解一个服装系列或一件套装中各单件服装之间的关系。如果不进行比较，如何确定下面这件外套是否比那一系列或那一个套装中的其他服装长、短、宽或大？在时装中，比例就是一切，它也是流行趋势的驱动因素。某一季流行特大的尺寸，下一季也许就不是这样了；紧身衣当道，宽松的款式则过时了。您的绘图要体现出这些风格差异。您的平面展示图要反映这些趋势。比例会影响所有的一切，从缝制到面料，再到所有其他的生产考虑事项。

准确绘制出下一组图中那件外套的里面、外面、前面和后面的比例是非常重要的。生产这件外套的尺寸既要看得见还要用数字来量化。

比例关系

尺寸、体积、剪裁如何体现各单件服装之间的大小关系

背心与短裤的比例

背心与外套的比例

短裤与外套的比例

比较各服装之间的长度

各服装之间的宽度重叠部分

规格样例	
从高肩点（H.S.P.）到下摆的衣大身长	A
从左肩缝到右肩缝的衣大身宽	B
袖窿下面的衣大身宽是1"	C
从高肩点的衣大身宽是16"	D
从后中线（C.B.）到袖子末端的袖长	E
从肩缝开始的袖长	F
在缝线处直接测量袖窿	G
肩膀下面到底缝的袖宽是4"	H
左中间袖窿到右中间袖窿的宽度	I
内领宽	J
从假想线到前领顶端到前领深	K
从假领线测量的后领深	L
袖口长	M
袖口宽	N
袖衩长	O
袖衩宽	P

衣领（宽度）	（长度）
门襟（宽度）	（长度）
纽扣（数量）	（类型）
口袋（宽度）	（高度）
口袋（从高肩点开始）	（从摆缝开始）

规格图表

原型示例的扩展表格			
类型	319F4	样品需要	1/5x
类型名称	拼接橄榄球	发货日期	6/1x
工厂			
布料	100%纯棉毛绒衫		

草图

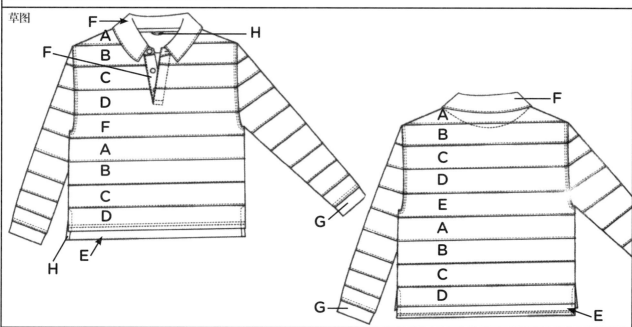

布料

色彩设计	组合体	组合：衣领/门襟/"U"形后面中心		组合：品面编织罗纹
1	A)苹果红	F)白色		G)苹果红
1	B)深蓝色			
1	C)金色			
1	D)祖母绿			
1	E)钢青色			

修剪/配饰

类型	质量	尺寸	放置
纽扣	3	20号（4H橡皮）	正面中心门襟
H)斜纹布带子		3/8"	边缝边开口，衣领，后面中心带环
（白色）			

结构细节   *** 按照问题标签的指导

- 边缘针脚门襟
- 在袖口和底边覆盖缝线的袖窿和袖子
- 拼缝与D.T.M.缝在边缘
- 发送样品作为结构参考

最初的规格表		

类型	319F4	草图
类型名称	拼接橄榄球	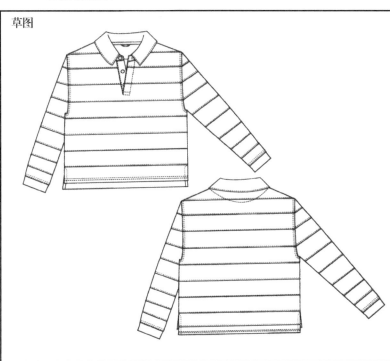
工厂		
布料	100%棉	
样品需要	1/5x	
发货日期	6/1x	

	测量点	规格
	衬衫	3YR
1	从HPS开始的正面长度	17 1/2
2	从HPS开始的背面长度	18 1/2
3	腋下的胸部	27
4	底边宽度	28 1/2
5	穿过肩膀	14
6	肩膀斜度	3/4
7	穿过正面	13 1/2
8	穿过背面	13 3/4
9	袖窿周长	13 1/2
10	从肩膀接缝开始的袖子长度	12 1/2
11	袖口高度	1 1/2
12	袖口开口——松垮的	6 1/2
13	袖口开口——拉伸的	10
14	HPS的颈部宽度	5 3/4
15	从HPS到接缝的颈部正面垂线	1 7/8
16	从HPS到接缝的颈部背面垂线	1/2
17	在背面中心线的衣领高度	1 1/2
18	在背面中心线的领座高度	7/8
19	领尖	1 7/8
20	正面中心线门襟高度	4 3/4
21	正面中心线门襟宽度	1
22	底边高度	1
23	侧边开口（从底边）	2
24	所有的纽扣	3
25	每个条纹的宽度	2

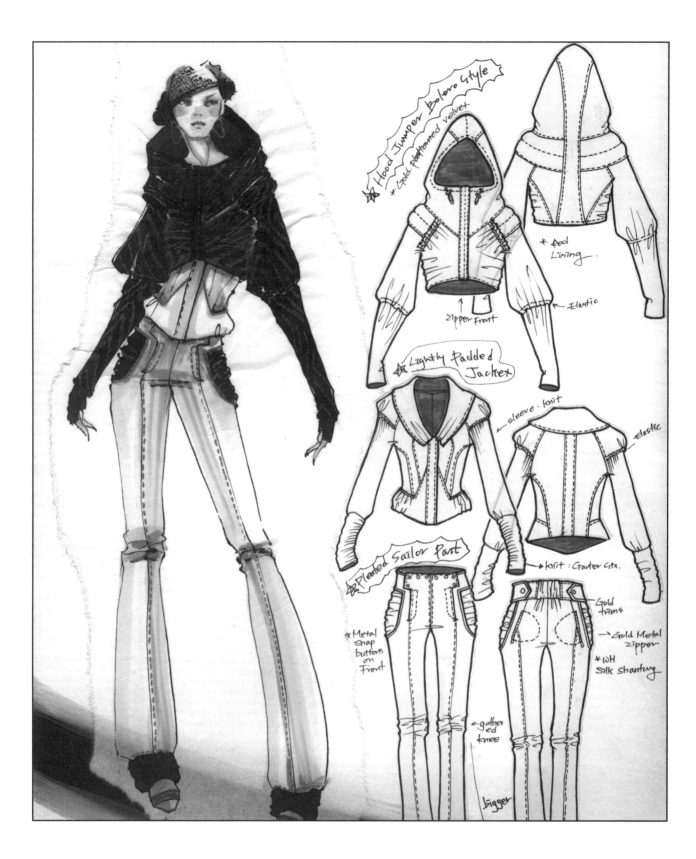

这个设计师的滑雪服设计古怪且奇特。这些绘图证明了当您将服装的精神与绘画风格以及展示位置结合在一起时，展示重点会使设计对象呈现得很完整。有趣的绘图将趣味性添加进滑雪服中，这种想法与在展示中加入可见的动力和设计师有力的绘画风格相一致。平面展示图的样子就像设计故事一样有趣。

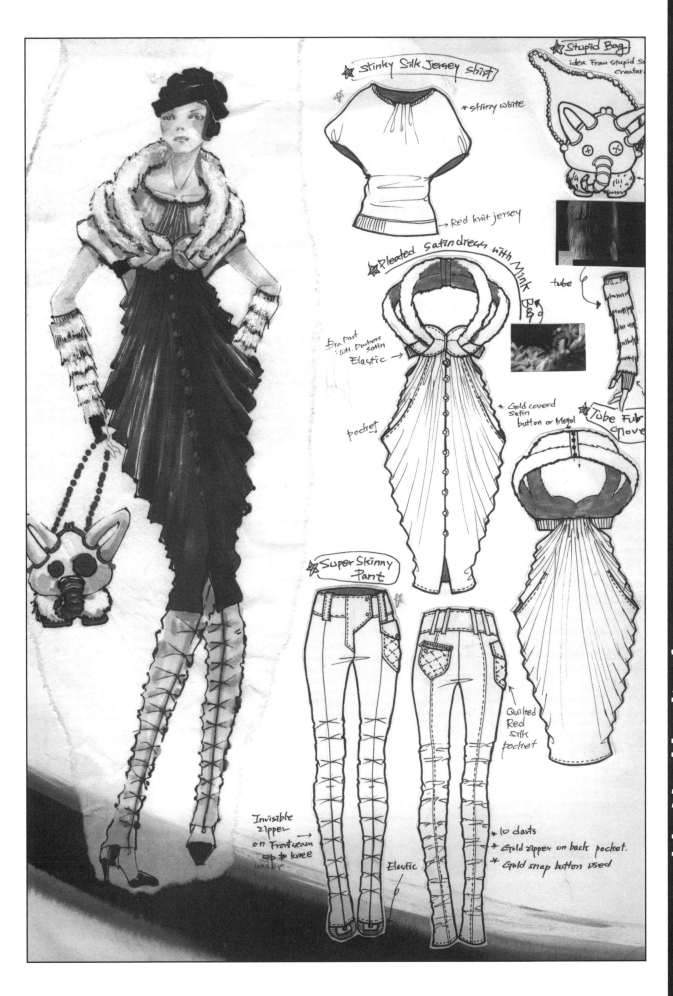

特约艺术家：Christina Kwon

K I D S W E A R

在Jodie的童装草图中，其渲染风格是轻松的，将趣味性和武术艺术造型结合在一起。文化借鉴与当代流行风结合起来，使得她的手法充满了智慧和顽皮的感觉。她的风格包括全面渲染大的平面展示图。她使用树胶水彩，4号、8号尖头画笔，马克笔和Prismacolor铅笔在素描簿上作画。

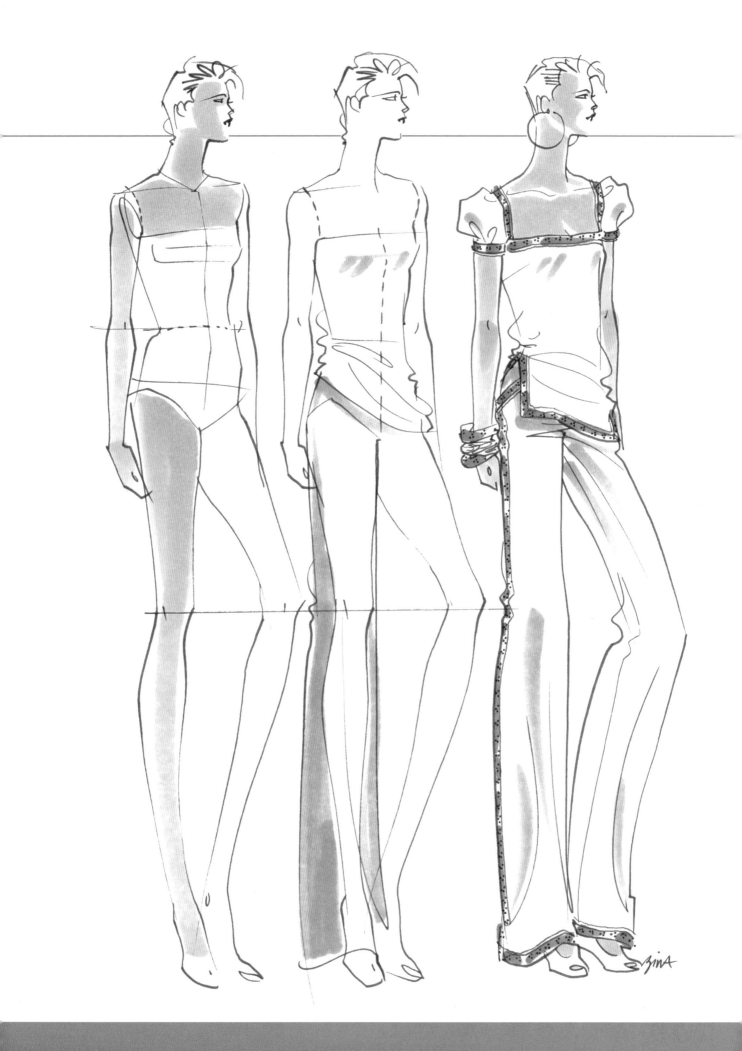

第 7 章

基本渲染技巧

Basic Rendering Techniques

当您使用绘图工具在草图中为肤色或布料等添加颜色的时候，这个过程叫作渲染。肤色是一种身体颜色的选择，而且可以探索许多的色彩和阴影。您绘图中的布料（在时装设计绘图中）并不只是纤维和编织；而是一种特有布料表面的重点——比如说条纹、格纹或是印花。也可能是其他的性质，例如透明、纹理或是表面元素等，像是无光泽对比有光泽。本章会提供单色的练习，以及使用多种绘图工具混合调配颜色和在时装设计布料渲染中探索范围的可能性。

本章扩展后涵盖了轻松坚固的有色布料中更深的颜色来展现更复杂的表面，像是提花或者薄纱等。《女装日报》中的T台和展示间的照片，时装界的专业性报纸以及档案设计是服装图像都提供了可见的参考来强调一些主要的时装布料。这些布料渲染技巧应该作为基线指导帮助您为服装绘图创造新的颜色方案。渲染任何一种特定的布料都有不止一种方法。在练习本章展示的初级绘图工具技巧后您会找到自己的方法或者几套上色的捷径。在更熟悉材料以及绘图工具选项后，您绘制布料的解决方法会变得更简单。本章主要的目的是创造节省时间且简化的渲染技巧以帮助您更有效率的在截止日期前完成设计作品。

渲染肤色

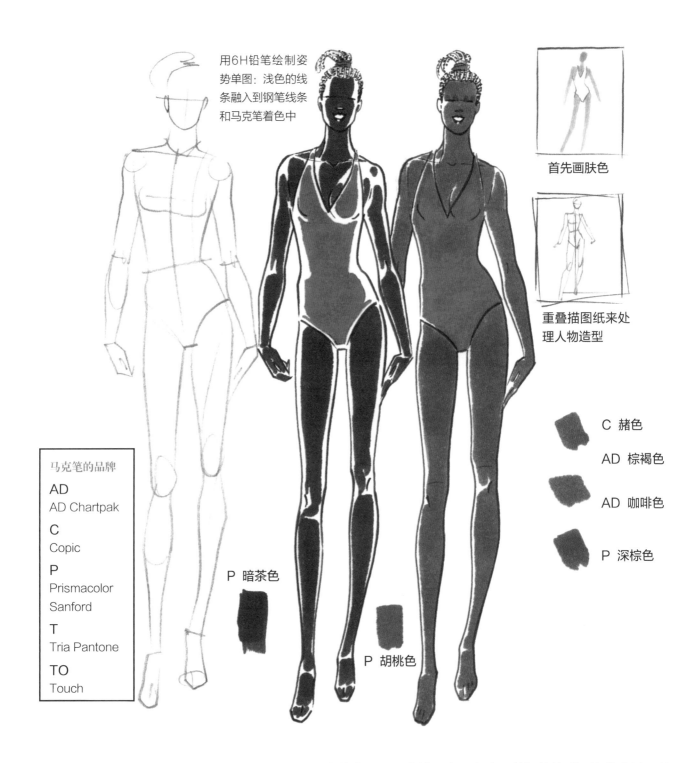

用6H铅笔绘制姿
势单图：浅色的线
条融入到钢笔线条
和马克笔着色中

首先画肤色

重叠描图纸来处
理人物造型

马克笔的品牌

AD
AD Chartpak
C
Copic
P
Prismacolor
Sanford
T
Tria Pantone
TO
Touch

P 暗茶色

P 胡桃色

C 赭色

AD 棕褐色

AD 咖啡色

P 深棕色

　　您已经在第3章中学习了如何绘制姿势草图。姿势草图既是素描图也是完成图的初始造型。姿势草图可以在描图纸上用线条勾勒完成，也可以直接在马克纸上应用肤色开始。素描草图上如果出现钢笔或铅笔轮廓线是没有关系的。不管是粗糙还是更平滑，它始终是一张需要填充内容的草图。在渲染肤色时，记得关注所有的国家、地区和种族因素，让肤色范围涵盖所有的可能性。

渲染颜色时，您或许会面对很多选择。您的选择应该像这里展示的看起来像是测试线一样。记得按品牌和颜色名称标记所有的肤色（混合），防止忘记是如何获得那些效果的，还有不要忘了测试和标记纸张。

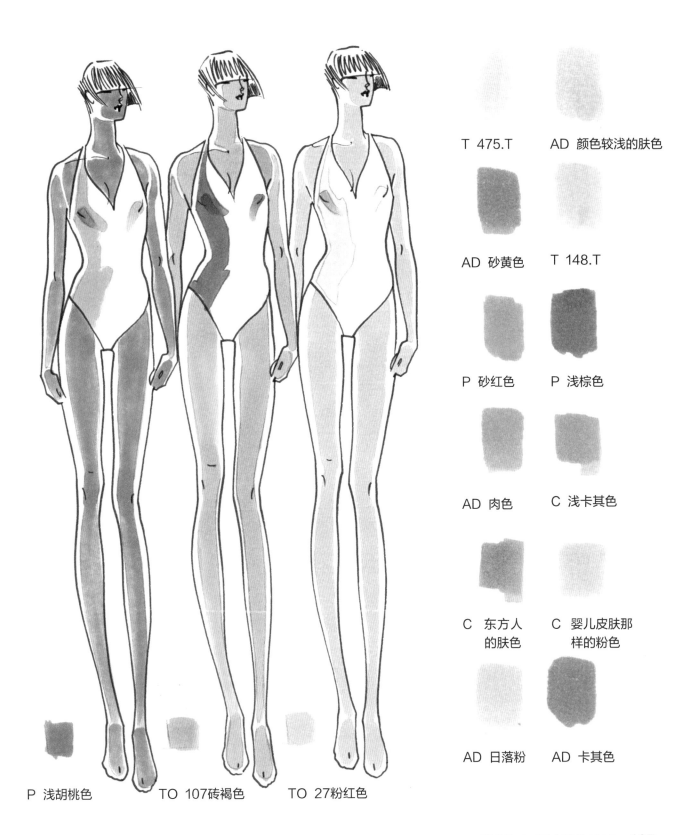

T 475.T   AD 颜色较浅的肤色

AD 砂黄色   T 148.T

P 砂红色   P 浅棕色

AD 肉色   C 浅卡其色

C 东方人的肤色   C 婴儿皮肤那样的粉色

AD 日落粉   AD 卡其色

P 浅胡桃色   TO 107砖褐色   TO 27粉红色

树胶水彩画

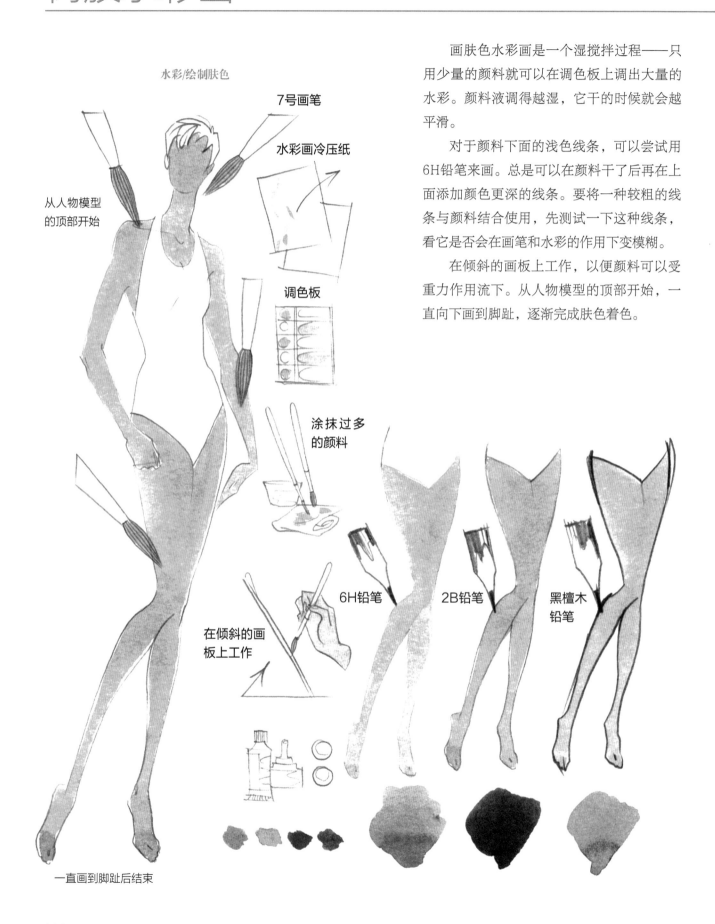

水彩/绘制肤色

7号画笔

水彩画冷压纸

调色板

从人物模型
的顶部开始

涂抹过多
的颜料

6H铅笔

2B铅笔

黑檀木
铅笔

在倾斜的画
板上工作

一直画到脚趾后结束

画肤色水彩画是一个湿搅拌过程——只用少量的颜料就可以在调色板上调出大量的水彩。颜料液调得越湿，它干的时候就会越平滑。

对于颜料下面的浅色线条，可以尝试用6H铅笔来画。总是可以在颜料干了后再在上面添加颜色更深的线条。要将一种较粗的线条与颜料结合使用，先测试一下这种线条，看它是否会在画笔和水彩的作用下变模糊。

在倾斜的画板上工作，以便颜料可以受重力作用流下。从人物模型的顶部开始，一直向下画到脚趾，逐渐完成肤色着色。

混合颜色来画水彩画

在渲染衣服和面料之前，确保着上的肤色已经干了。如果颜色没有任何的光泽，就说明它已经干了。

绘制面料从衣服顶部开始。同样，借助重力作用来做画。顺着形状向下着色，从中心慢慢扩展到轮廓边缘。

对于较小的区域，使用3号画笔最合适。它不会蘸住太多的颜料，也不会在这个小区域内填充太多的颜色。

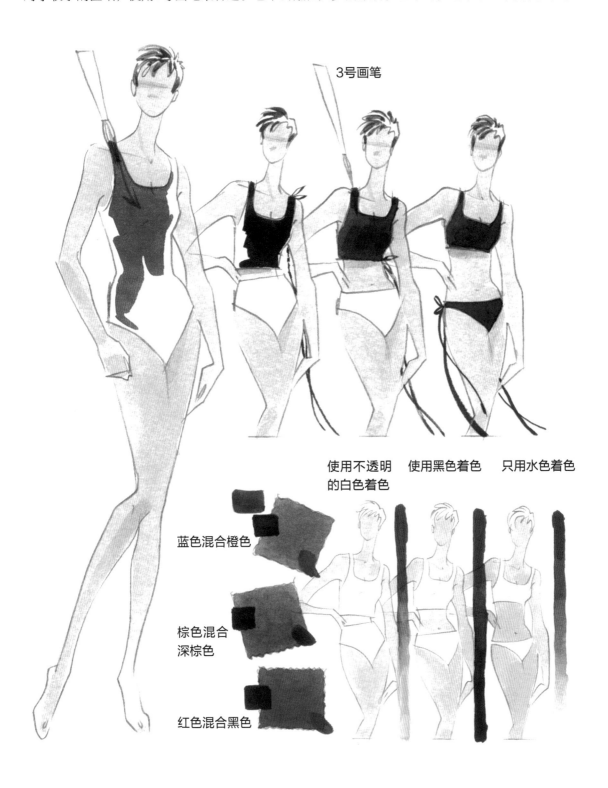

3号画笔

使用不透明的白色着色　使用黑色着色　只用水色着色

蓝色混合橙色

棕色混合深棕色

红色混合黑色

用水彩渲染面料

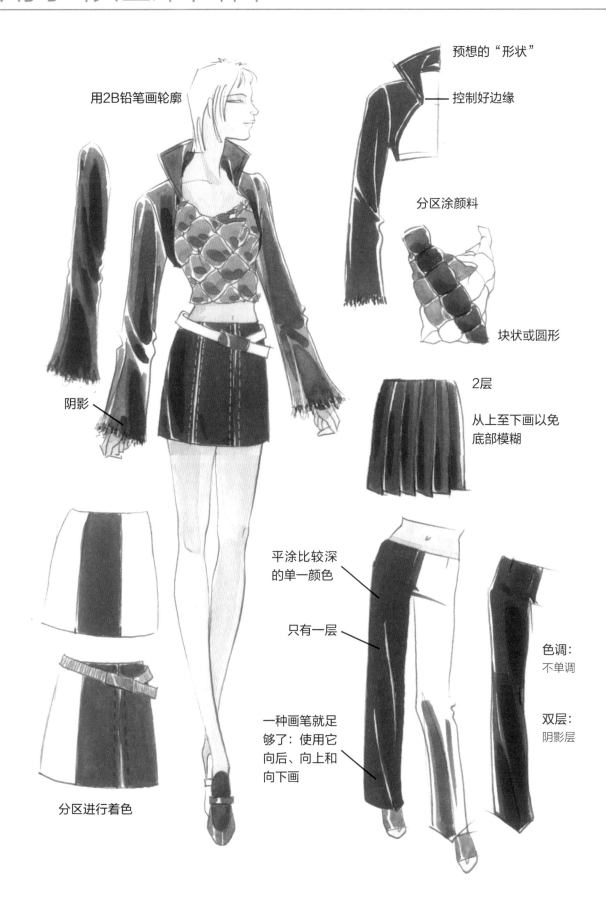

用2B铅笔画轮廓

预想的"形状"

控制好边缘

分区涂颜料

块状或圆形

2层

从上至下画以免底部模糊

阴影

平涂比较深的单一颜色

只有一层

色调：
不单调

双层：
阴影层

一种画笔就足够了：使用它向后、向上和向下画

分区进行着色

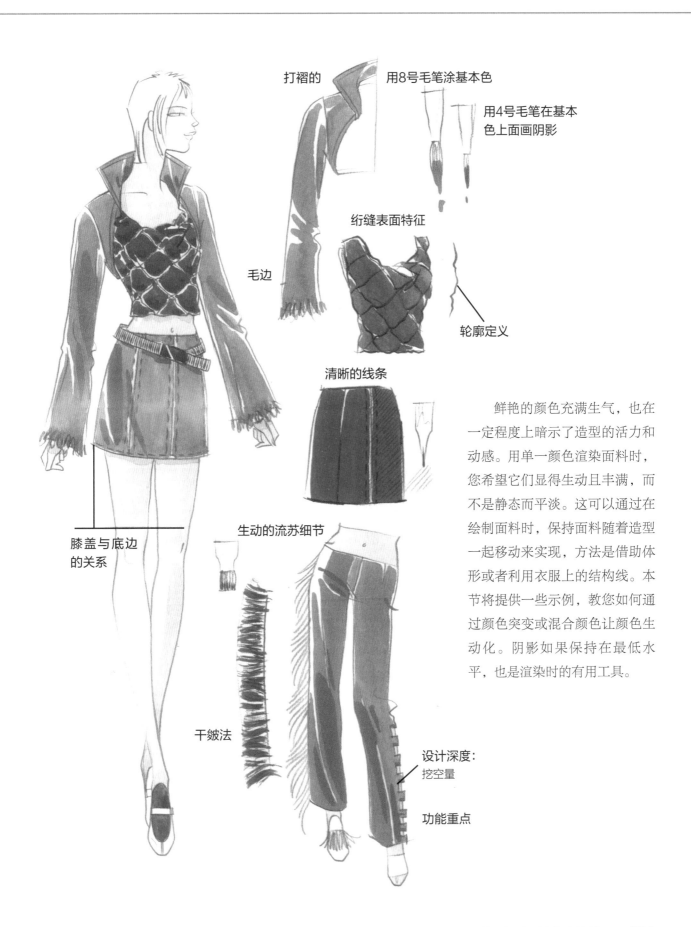

打褶的

用8号毛笔涂基本色

用4号毛笔在基本色上面画阴影

绗缝表面特征

毛边

轮廓定义

清晰的线条

膝盖与底边的关系

生动的流苏细节

干皴法

设计深度：挖空量

功能重点

鲜艳的颜色充满生气，也在一定程度上暗示了造型的活力和动感。用单一颜色渲染面料时，您希望它们显得生动且丰满，而不是静态而平淡。这可以通过在绘制面料时，保持面料随着造型一起移动来实现，方法是借助体形或者利用衣服上的结构线。本节将提供一些示例，教您如何通过颜色突变或混合颜色让颜色生动化。阴影如果保持在最低水平，也是渲染时的有用工具。

缩小印花

每种印花都有其独特的大小，从大的花纹到很小的重复细节。您的任务就是传达出这种大小的实质。通过将实际大小缩小为与时装画中的比例相符来实现。

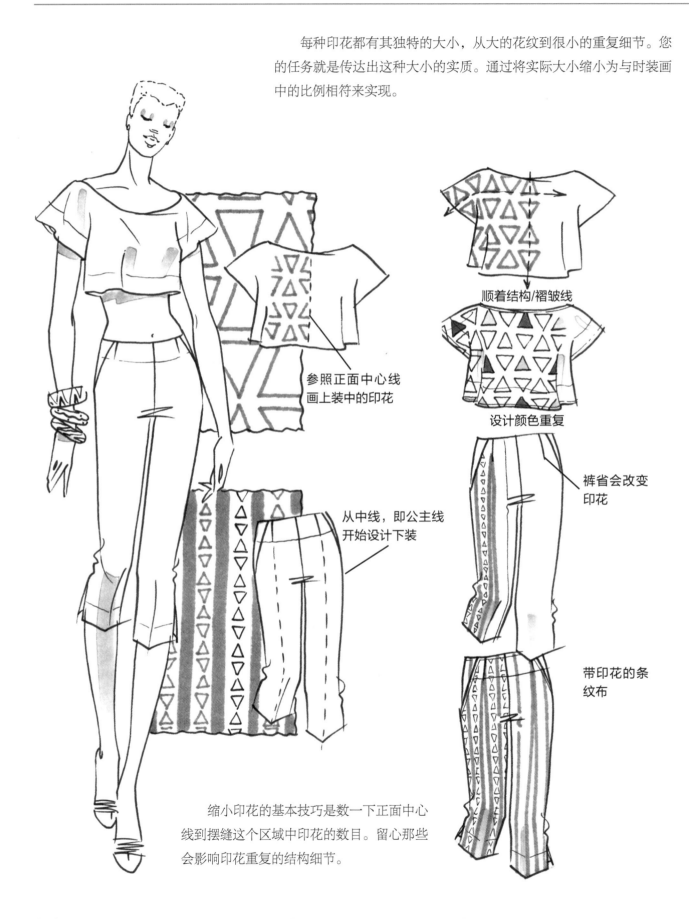

参照正面中心线画上装中的印花

顺着结构/褶皱线

设计颜色重复

裤省会改变印花

从中线，即公主线开始设计下装

带印花的条纹布

缩小印花的基本技巧是数一下正面中心线到摆缝这个区域中印花的数目。留心那些会影响印花重复的结构细节。

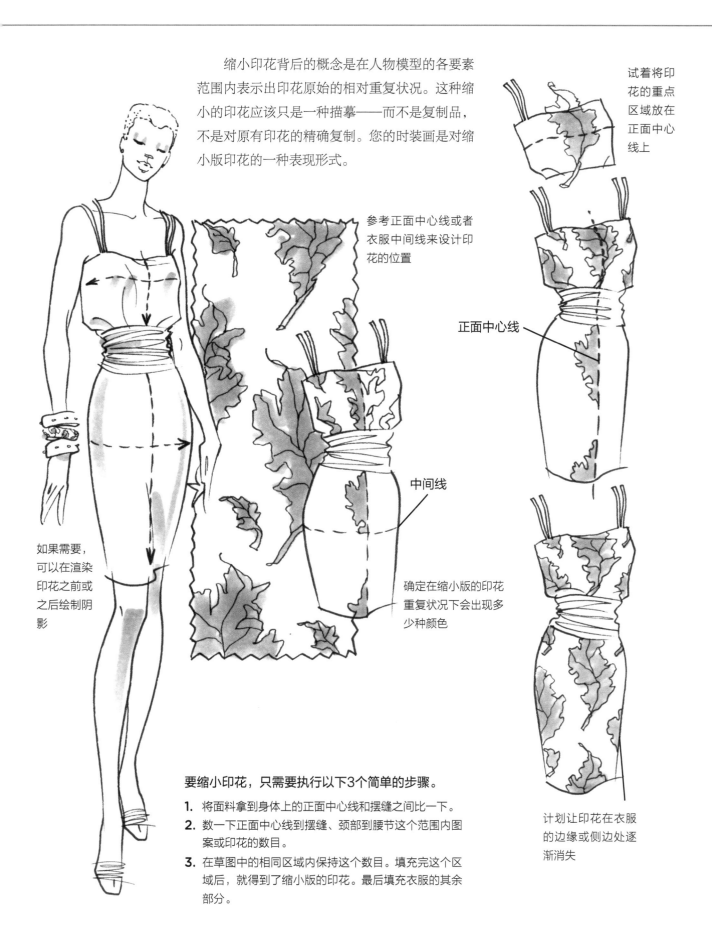

缩小印花背后的概念是在人物模型的各要素范围内表示出印花原始的相对重复状况。这种缩小的印花应该只是一种描摹——而不是复制品，不是对原有印花的精确复制。您的时装画是对缩小版印花的一种表现形式。

试着将印花的重点区域放在正面中心线上

参考正面中心线或者衣服中间线来设计印花的位置

正面中心线

中间线

确定在缩小版的印花重复状况下会出现多少种颜色

如果需要，可以在渲染印花之前或之后绘制阴影

计划让印花在衣服的边缘或侧边处逐渐消失

要缩小印花，只需要执行以下3个简单的步骤。

1. 将面料拿到身体上的正面中心线和摆缝之间比一下。
2. 数一下正面中心线到摆缝、颈部到腰节这个范围内图案或印花的数目。
3. 在草图中的相同区域内保持这个数目。填充完这个区域后，就得到了缩小版的印花。最后填充衣服的其余部分。

完成渲染对比局部渲染

渲染的目标是表达时尚图形、结构和布料。渲染的想象是一种艺术——着重于戏剧性和样式。

局部渲染选项

光源方向边

有色边远离服装的一边

模拟下垂

颜色在折痕里，但是不在边缘上

上色重点

添加更深的颜色强调褶皱的顶端，代替在下面使用灰色作为阴影

Carolina Herrera

局部渲染的主要目的是加速上色过程——在一组或者一个作品集中——当有很多这样的工作时可以节省时间。

准备4H绘图铅笔开始绘画。在颜色干了以后用黑檀木铅笔完成绘图。

完成的渲染很紧密,有没有阴影都一样,仔细地从一边到另一边上色。

局部或松散的渲染是未完成的或印象派的,这种渲染是将颜色内部的色彩散开。

完成的渲染看起来很有光泽。局部渲染看起来很清新。两种技巧都要练习。

绘图工具选项

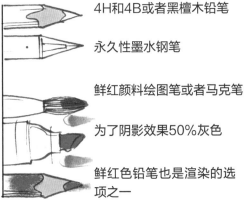

4H和4B或者黑檀木铅笔

永久性墨水钢笔

鲜红颜料绘图笔或者马克笔

为了阴影效果50%灰色

鲜红色铅笔也是渲染的选项之一

渲染类型——完成图对比局部渲染

整洁的:
将颜色下拉

松散的:
折痕方向中的颜色散开

布料练习模板

A. 重复时装轮廓以独立练习渲染步骤。

B. 在探索色彩设计或可选择的布料中使用多种选项。

C. 练习紧致充实的渲染对比松散的局部渲染。

练习布料渲染步骤

1. 从基础色或主色（背景）开始。

2. 添加阴影线强调搭配或细节。

3. 接下来，练习创造印花重点或图案元素。

4. 最后一步：完成次要的印花图形和它们的颜色。

紧致渲染对比松散渲染

- 上面一排：紧密的颜色，局部印花
- 下面一排：松散的颜色，全部印花

印花棉布或扎
染印花大手帕

颜色测试

熟练运用绘图工具。测试一下什么情况下使用什么工具，并练习使用它。从选择水彩颜料和马克纸开始。很多时候绘图工具的使用有特定的笔头要求。探索一下绘图工具的范围和选择。通过单色的样例测试加速混合绘图工具的渲染技巧，增加您可以得到渲染效果的可能性。试着达到本节如图所示的效果。

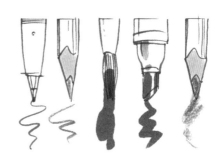

在多层中达到混合绘图工具渲染步骤

使用相似或相同的色彩以展现表面效果

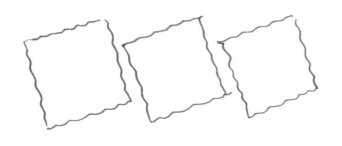

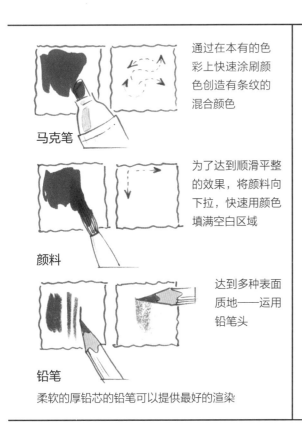

马克笔

通过在本有的色彩上快速涂刷颜色创造有条纹的混合颜色

颜料

为了达到顺滑平整的效果，将颜料向下拉，快速用颜色填满空白区域

铅笔

达到多种表面质地——运用铅笔头

柔软的厚铅芯的铅笔可以提供最好的渲染

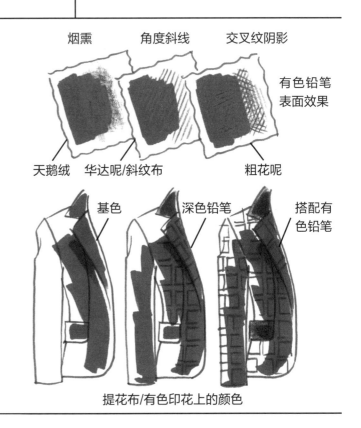

烟熏　　角度斜线　　交叉纹阴影

有色铅笔表面效果

天鹅绒　　华达呢/斜纹布　　粗花呢

基色　　深色铅笔　　搭配有色铅笔

提花布/有色印花上的颜色

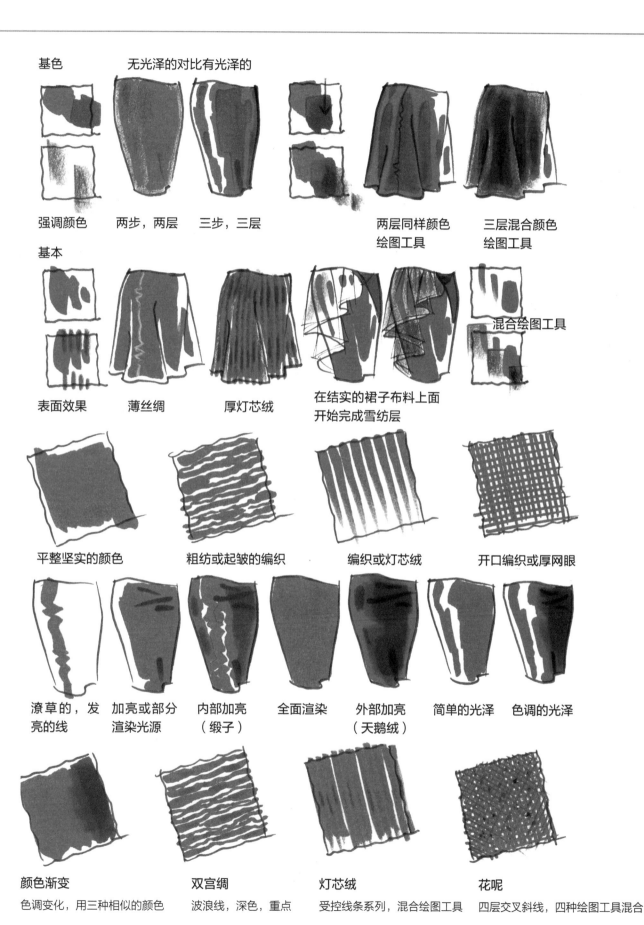

基色　　无光泽的对比有光泽的

强调颜色　　两步，两层　　三步，三层　　两层同样颜色绘图工具　　三层混合颜色绘图工具

基本

混合绘图工具

表面效果　　薄丝绸　　厚灯芯绒　　在结实的裙子布料上面开始完成雪纺层

平整坚实的颜色　　粗纺或起皱的编织　　编织或灯芯绒　　开口编织或厚网眼

潦草的，发亮的线　　加亮或部分渲染光源　　内部加亮（缎子）　　全面渲染　　外部加亮（天鹅绒）　　简单的光泽　　色调的光泽

颜色渐变
色调变化，用三种相似的颜色

双宫绸
波浪线，深色，重点

灯芯绒
受控线条系列，混合绘图工具

花呢
四层交叉斜线，四种绘图工具混合

颜色的细微差别

粗糙布料 | 有光泽的布料 | 天鹅绒般柔软的布料

枣红

50%灰色

平整坚实的颜色有两个基本步骤，两层1号基本色和2号阴影在基本色上

胭脂红

枣红

70%灰色

布料中内部有微微亮光的色调或高亮

三步渲染的最后一笔是中性笔亮光线

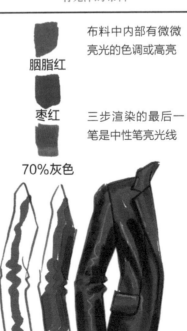

中间亮光

外部有光泽

中间阴影

两三层基色的色调，然后绘制阴影。这里的光泽在外部边缘。

胭脂红

覆盆子红

灰色70%

Milly by Michelle Smith

Marc by Marc Jacobs

Jean Paul Gaultier

| 灯芯绒 | 布料混合 | 格子呢 |

坚实的基础铅笔表面

灯芯绒凹凸纹的铅笔线排

部分渲染

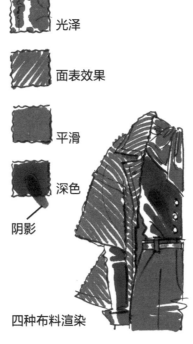

光泽

面表效果

平滑

深色

阴影

四种布料渲染

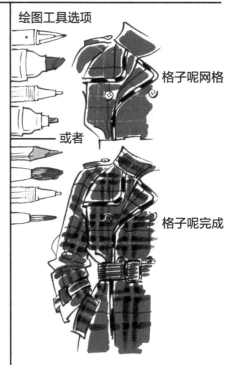

绘图工具选项

格子呢网格

或者

格子呢完成

条纹布

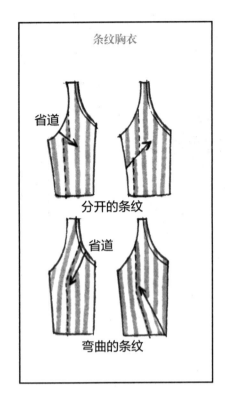

条纹胸衣

省道

分开的条纹

省道

弯曲的条纹

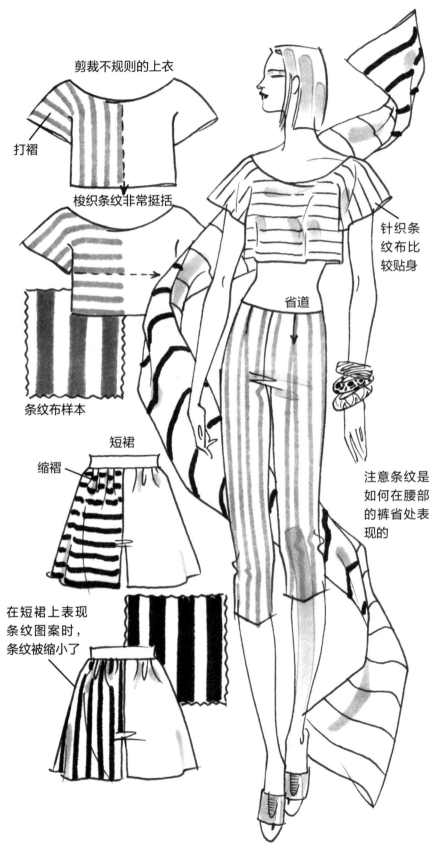

剪裁不规则的上衣

打褶

梭织条纹非常挺括

条纹布样本

针织条纹布比较贴身

省道

短裙

缩褶

在短裙上表现条纹图案时，条纹被缩小了

注意条纹是如何在腰部的裤省处表现的

条纹的方向会受到生产时剪裁方式的影响。条纹的方向也与结构（条纹的使用方式）有关，条纹还与布料有关——是机梭织条纹还是针织条纹。如上面的挖领衫平面图所示，条纹的剪裁还可以一直延伸到改变条纹的方向为止，构造可以分离也可以混合条纹，如紧身衣上的条纹所示，构造也能聚拢条纹，如短裤平面图所示。梭织条纹通常要更清晰一些。针织条纹通常比梭织条纹有更多不规则因素。

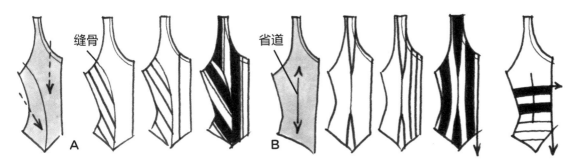

A. 设计性强的条纹可以更改缝骨之间的布纹。

B. 竖的省道条纹会被改变，横条纹则不会变。

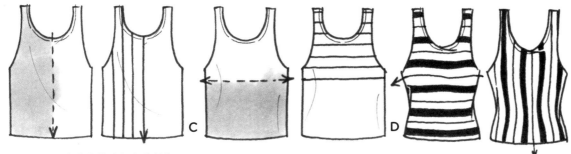

C. 使用正面中心线作为竖条纹的指导。

D. 找到衣服的中间线来设计横条纹。注意考虑针织条纹布的紧身因素。

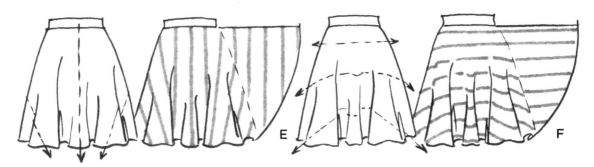

E. 圆裙上的竖条纹看上去逐渐聚拢到边上。

F. 圆裙上的横条纹会给人以同样的错觉。

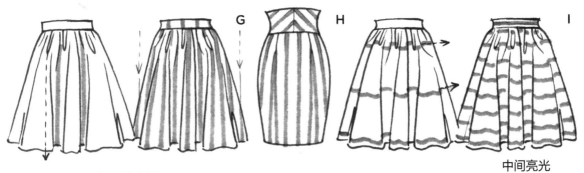

中间亮光

G. 缩褶裙上的竖条纹在褶皱处看不见了。

H. 对于具有斜角式腰带的紧身裙，条纹会在省道处和接缝处变形。

I. 缩褶裙上的横条纹随着裙子上褶皱的形状一起卷起来。

方格布、条格平布和苏格兰格子布

斜纹面料

斜布纹

绘制方格布、条格平布和苏格兰格子布与绘制条纹布所需的基本知识相同。它们都呈竖直走向或水平走向。所有这些图案都基于直线，并且会根据模特的造型发生弯曲——即使是斜裁的交叉图案也是如此。计划渲染这些面料时，首先从一个方向开始。先绘制从上至下的条纹或从左向右的条纹。完成一个方向的所有条纹后再开始画相反方向的条纹。画从上至下或从肩部到腰节的条纹时，使用公主线这些缝合线作为参考。沿着胸部从左向右画，在胸部最高点时条纹要画得弯一点以显示胸部轮廓。确保模特穿在身上时，这些方格布、条格平布或苏格兰格子布的每条线之间的距离相等，以便这些图案仍显示为几何图形。

面料/风格　　条纹布/休闲　　　苏格兰格子布/生活化　　　方格布/职业　　　条格平布/适合出席晚宴

所有这些几何面料图案面料，都是用各种纤维和梭织物制成的。您可以在任意设计目录中找到它们。不管怎样，如果它们是利用珠光布或毛圈布做成的，那么其基本渲染结构仍是一样的。

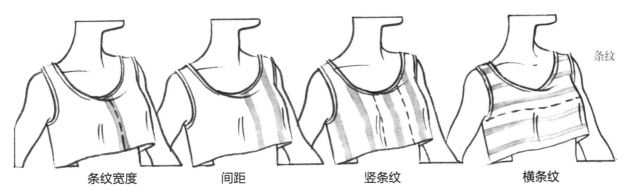

| 条纹宽度 | 间距 | 竖条纹 | 横条纹 |

在表现条纹之前要仔细进行规划。事先规划能保证条纹均匀分布，各条纹之间的距离相等。不断练习有助于确定条纹宽度，尽量保证每次画的彩色线条类似。

条格平布、窗玻璃格子布和布法罗方格布在结构上类似。这3种图案都使用了相同的基本网格结构。只有条格平布还多一个步骤，即它们要彼此覆盖，以实现其标志性的颜色较深的中心块。

苏格兰格子布看起来比较复杂，不过可以根据下面这个技巧进行简化：试着将苏格兰格子看成是由条格和窗玻璃格子网格相互交叉得到的混合图案。让窗玻璃格子的细线挨着条格较宽的线，同时让苏格兰格子的横线和竖线的颜色不断重复。

几何图形

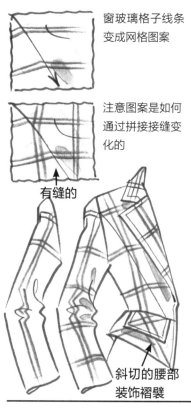

窗玻璃格子线条变成网格图案

注意图案是如何通过拼接接缝变化的

有缝的

斜切的腰部装饰褶襞

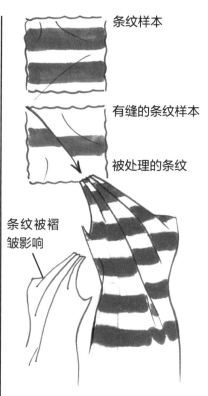

条纹样本

有缝的条纹样本

被处理的条纹

条纹被褶皱影响

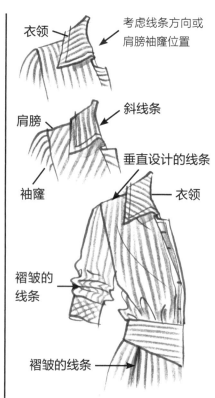

考虑线条方向或肩膀袖窿位置

衣领

肩膀

斜线条

垂直设计的线条

袖窿

衣领

褶皱的线条

褶皱的线条

Christian Dior

Escada

Diane von Furstenberg

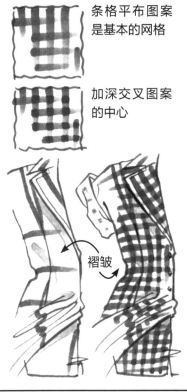

条格平布图案
是基本的网格

加深交叉图案
的中心

褶皱

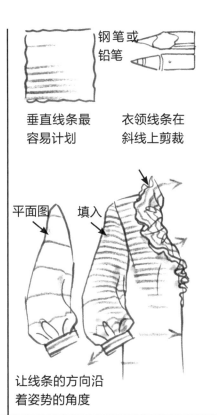

钢笔或
铅笔

垂直线条最
容易计划

衣领线条在
斜线上剪裁

平面图　填入

让线条的方向沿
着姿势的角度

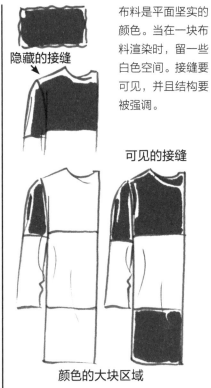

布料是平面坚实的
颜色。当在一块布
料渲染时，留一些
白色空间。接缝要
可见，并且结构要
被强调。

隐藏的接缝

可见的接缝

颜色的大块区域

Roberto Cavalli

Kate Spade

M Missoni

秋季服装面料

秋季服装面料非常考验您的渲染技巧，也非常考验您的眼力，因为需要您描绘粗糙的、有罗纹的、凹凸不平的、毛绒绒的、柔软的混合材质，或者仅仅是来自秋季时装系列的纯羊毛材料。本节将通过马克笔着色和铅笔创建更浓密的和更宽松的表面特征。使用马克笔颜色范围和彩色铅笔的纹理范围（如下图所示）来指导您如何准备工具。将颜色调到示例中的值范围，将铅笔调为示例中的纹理范围。钢笔线在这里用作最柔软边缘的一部分，但是，对于这些内容，使用彩色铅笔线也能轻松完成。

颜色值和马克笔颜色范围

这些渲染技巧用任何工具来操作都行

水彩

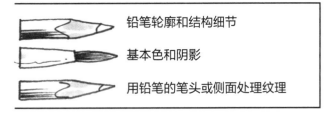

铅笔轮廓和结构细节

基本色和阴影

用铅笔的笔头或侧面处理纹理

彩色铅笔和纹理范围

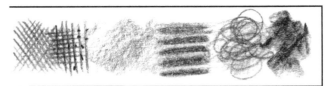

马克笔颜色

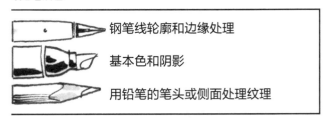

钢笔线轮廓和边缘处理

基本色和阴影

用铅笔的笔头或侧面处理纹理

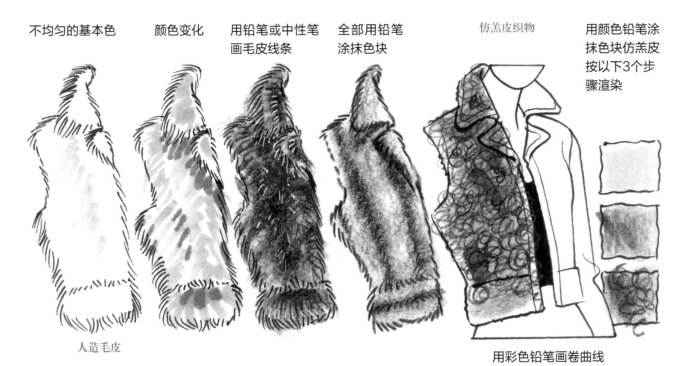

不均匀的基本色　　颜色变化　　用铅笔或中性笔画毛皮线条　　全部用铅笔涂抹色块　　仿羔皮织物　　用颜色铅笔涂抹色块仿羔皮按以下3个步骤渲染

人造毛皮

用彩色铅笔画卷曲线

灯芯绒

用马克笔平涂单一的基本色

非常大胆地运用阴影来表现质地

宽凸条罗纹

用钝一点的彩色铅笔头画

绒面

基本色：进行分区着色，以便控制平涂颜色

非常大胆地运用阴影来表现质地

运用铅笔污迹来表示拉绒表面

用铅笔头的侧面画污迹

在马克笔的颜色上进行

皮草

单一的基本色

第二层颜色还要稍亮一些

第三层颜色在第二层上打阴影

第四层可选：凹凸不平的印花

1.浅

2.中等

3.暗

使用一种颜色的3个值或者3种相关的颜色

印压或者凹凸不平的兽皮

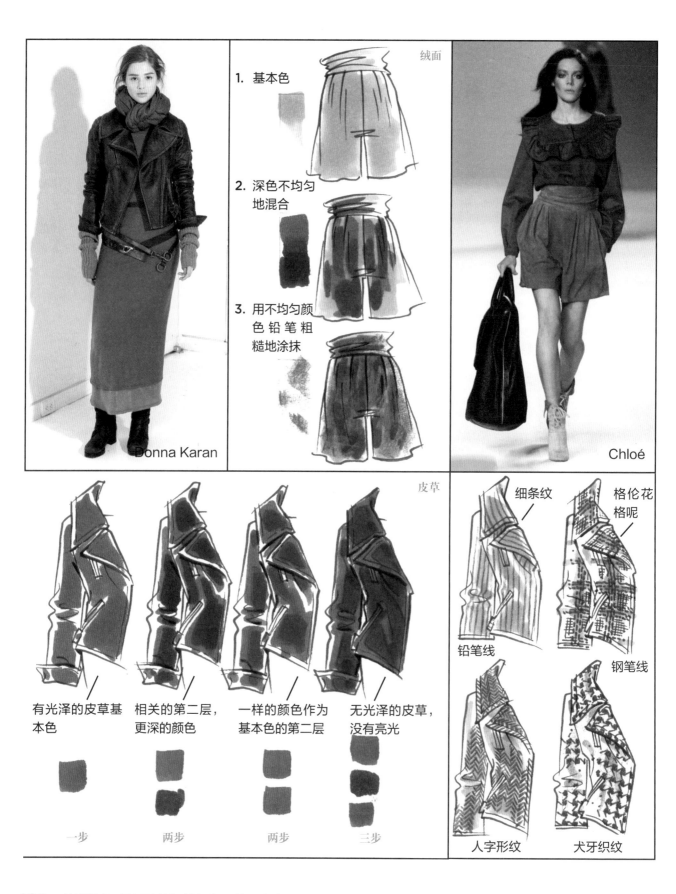

绒面

1. 基本色

2. 深色不均匀
   地混合

3. 用不均匀颜
   色铅笔粗
   糙地涂抹

Donna Karan

Chloé

皮草

有光泽的皮草基
本色

相关的第二层，
更深的颜色

一样的颜色作为
基本色的第二层

无光泽的皮草，
没有亮光

一步　　两步　　两步　　三步

细条纹

格伦花
格呢

铅笔线

钢笔线

人字形纹　　犬牙织纹

Salvatore Ferragamo

Express

Salvatore Ferragamo

Douglas Hannant

细条纹

1. 紧密线条中一种颜色。
2. 中性笔线条的坚实基本色。
3. 有色铅笔线条的坚实基本色。

人字形纹

1. 坚实的基本色，一层。
2. HB铅笔线条平均排列。
3. 有色铅笔的V形简体排列。

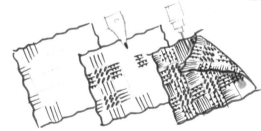

格伦花格呢

1. 交叉纹或坚实的基本色。
2. 断裂线的交替排，大号铅笔。
3. 交替的交叉纹排，用像是005微小钢笔等小号钢笔，同样画断裂的线。

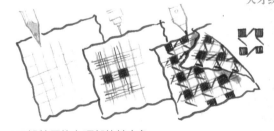

犬牙织纹

1. HB铅笔网格在顶部的基本色。
2. 大一点儿的交叉编织纹中断开的线条。
3. 在交替排中，填满每一个方格，制造小黑盒子。连接每个盒子，并且画出一个上翘的小尾巴，从底部画向侧边外。这些小尾巴将在盒子间制造出星星的图形。

动物图案

Christian Dior

Louis Vuitton

Reberto Cavalli

Louis Vuitton

Dolce & Gabbana

斑马纹

老虎纹

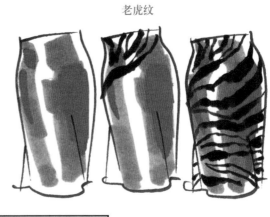

阴影

潦草的毛刷钢笔绘
制不均匀的线条

水彩或
马克笔

橙色

橘黄色

橘红色

蛇皮纹

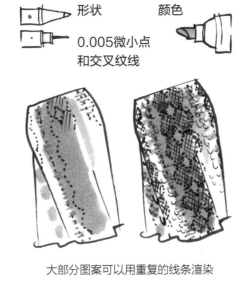

形状　　　颜色

0.005微小点
和交叉纹线

大部分图案可以用重复的线条渲染

背景着色

更软的点

主要的点

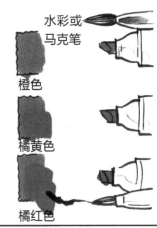

一或两
种色调
基本色

铅笔颗粒

铅笔点

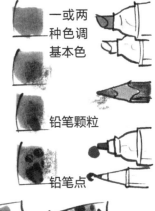

局部渲染

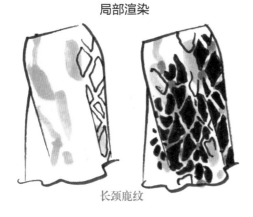

长颈鹿纹

豹纹

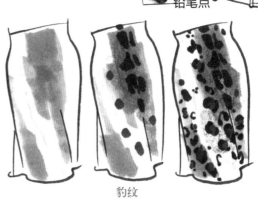

时装设计师的颜色大赛

André
Courrèges

Emilio Pucci

Carolina
Herrera

Rudi Gernreich

Geoffrey
Beene

James Galanos

Arnold
Scaasi

　　过去的时装，即使是最近20世纪教材中的历史服装，都是设计灵感和信息方面的宝贵资源。随便去看一场时装秀，或者参观博物馆里的时装设计师或者服装展览，都能学到有关款式的美感和功能之外的技艺。将时装历史添加到您的学习列表中，将观察与时装图样结合起来，如下面几节所示。

　　下面是几位设计师设计的服装，这些用基本面料做出的简单服装轮廓可作为渲染目标的有趣资源。练习完这几个例子后，就会发现根据照片绘图是多么困难。不过，在创建那些还没有的事物——那些被您提及但又总是差一点才能画出来的东西时，能借鉴已有的事物总是好的。

Andre Courreges：20世纪60年代羊毛哔叽呢长裤套装

另一种面向纯有色面料的渲染形式为着色过程赋予了更多的深度，使用一种颜色的两种或更多种色系或色差来传达面料中的立体感或细微之处。下面给出的渲染示例展示了对同一面料应用平涂着色渲染与应用立体着色渲染之间的区别。平涂着色更快，立体着色花的时间更长，也需要更多的艺术工具。

大胆的肤色适合进行密集的织物着色和渲染

用更粗的钢笔线画轮廓边缘

三个步骤

基本色

强调色

阴影

一个步骤

基本色

平涂着色

立体着色

Emilio Pucci：20世纪60年代的平纹布裙
Carolina Herrera：20世纪80年代的丝光花瑶裙

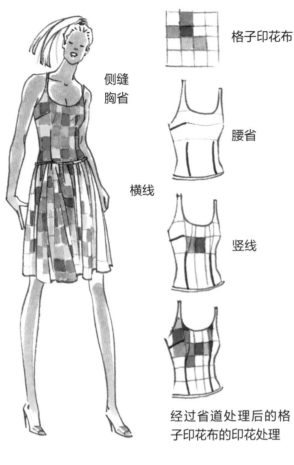

侧缝
胸省

横线

格子印花布

腰省

竖线

经过省道处理后的格子印花布的印花处理

Pucci

省道处理会影响某些印花类型。注意此印花中的竖线被沿着胸围线裁剪得省道结构改变了。像图中这样使用4H铅笔设计印花网格，以后渲染印花布料会更容易。

Herrera

另一种松散渲染，即活动着色（active coloring），用于强调下面这件裙子中的斜纹缝合线以及沿着裙摆的波状花边。单色密集渲染则使用阴影来强调织物的垂感和层次。

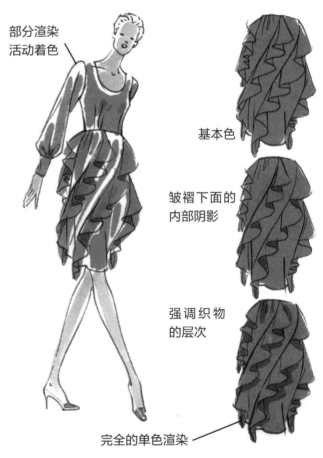

部分渲染
活动着色

基本色

皱褶下面的
内部阴影

强调织物
的层次

完全的单色渲染

Rudi Gernreich：20世纪60年代的羊毛平纹布裙

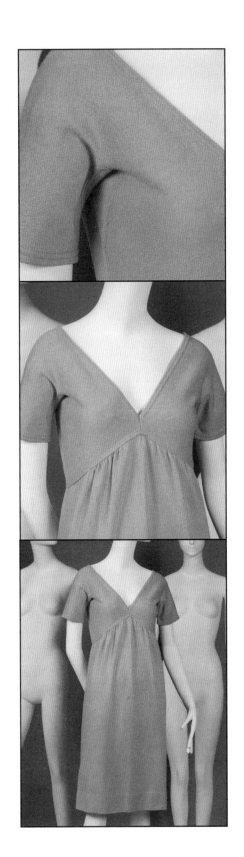

1. 分区进行着色。 这能控制马克笔 的拖尾。从顶部 开始，将颜色一 直画到底边。

2. 等基本色干了以 后（大概需要1 分钟），再根据 胸围线轮廓画阴 影，这将实现合 身的感觉。

3. 在褶皱处画一些 阴影，突出这件 羊毛平纹布织物 的大小结构和布 料体积。

P. 苹果绿　P. 叶绿色　P. 砂红色

1. 用宽笔头画基本色。
2. 用细笔头画颜色阴影。

前面几个示例中的裙子是 以密集的、边缘到边缘的着色 方式渲染的。此处穿在模特身 上的裙子利用的是松散着色， 即部分渲染。两种着色方式都 练习一下，这非常重要，因为 这两种方式在时装界都被广泛 使用。

色调比较冷的织 物颜色看起来与 色调比较暖的肤 色最相配

Geoffery Beene：20世纪70年代的丝质提花裙
James Galanos：20世纪70年代的双绉晚礼服

部分渲染
完成布料绘制需要3个步骤——这种颜色重叠的印花每个步骤一种颜色。

Geoffery Beene

James Galanos

部分渲染
两步完成布料——每个颜色一步

复古宽肩

1. 紧身上衣上用短且细的方形线画出褶皱。用长线画出袖子。

2. 用有颜色的宽线画出裙子。

1. 背景基本色。
2. 图案。
3. 表面皱纹。

注意姿势的支撑腿一侧的渲染体积和重量已经完成。

Arnold Scaasi：20世纪80年代的丝质透明硬纱晚礼服式连身衣

利用能将人们的注意力吸引至设计特点的方面，如下图中的造型，它突出强调了看上去像连衣裙一样的裤腿。裙子变成了连身衣。

混搭工具是另一种面向单一颜色面料的立体渲染形式。在马克笔的基础上再运用铅笔能传达出丝质透明硬纱织物中的透明感和纹理。

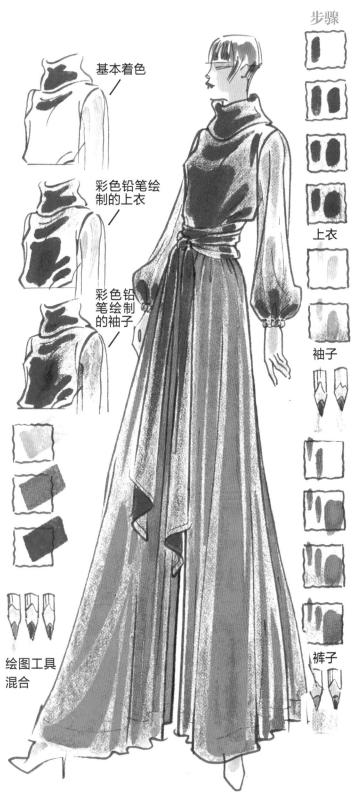

基本着色

彩色铅笔绘制的上衣

彩色铅笔绘制的袖子

绘图工具混合

步骤

上衣

袖子

裤子

这种设计是树胶水彩、彩色铅笔和铅笔轮廓的绘图工具的混合。灵感来源于条形码和彩色布料，T台姿势帮助传达出添加了有刻纹裥褶的动感。设计师为结构、布料和使用密集渲染、多种轮廓的颜色制造了焦点。

这 个设计混合使用了树胶水彩、中性笔和铅笔轮廓等绘图工具。绘制这种作品集设计师使用了放射性和蓝圈章鱼的设计灵感来表现细节，运用可选择的姿势强调特定的设计细节。人像重叠形成一个组，展示搭配、形状以及在她有表现力的绘图风格上着色并且没有牺牲渲染。

特约艺术家：Eduarda Salmi Pereira

第 **8** 章

高端渲染技巧
High-End Rendering Techniques

　　本章将绘画指导和渲染过程拆分为多个层次。描绘精致华丽的布料，绘画指导的重点在于混合使用绘图工具，而更先进的时装设计绘图的新分层步骤成为特色。每一部分提供一种搭配元素进行学习和激发灵感，比如有细节的插图、工作室棉布、《女装日报》T台摄影等作为参考示例。这些可以给您更强的背景去开发您的潜力并且推动您的渲染技巧，使各种类型的布料晋升到更高的水平。更高的水平就是自信和您可以很快开始并完成带颜色的设计草图等专业知识的汇合，能清晰地展示并传达您的想法的设计草图将赢得快速地认可和赞赏。

　　为了达成新的绘画及渲染水平，您要结合第5章学过的服装及服装细节以及第7章中的基本渲染技巧。本章是密集训练，其中包括的内容不但更有挑战，而且更有魅力，像是褶裥元素以及设计什么样的华丽布料等。面临的挑战包括如何将珠子或蕾丝边等幻想家的装饰，以及晚礼服布料中透明的、无形布料结合到您的草图中。这些可见的细微差别可以造就或毁掉一幅草图。

绘制褶边

　　褶边就是一条布料聚拢再折叠在一起，然后缝在合适位置的装饰边。与收紧边对应的是褶边的边脚。根据边脚的朝向，荷叶边朝上、朝下或者朝向旁边卷起、弯曲或张开。褶边与荷叶边的区别在于荷叶边没有收紧边。

　　褶边的布料、宽度、长度和收紧程度有很多种，因此很难准确说出每种风格的褶边在下面3种位置上（朝上、朝下、朝向旁边）的样子。下面给出几种基本类型的褶边供您练习。

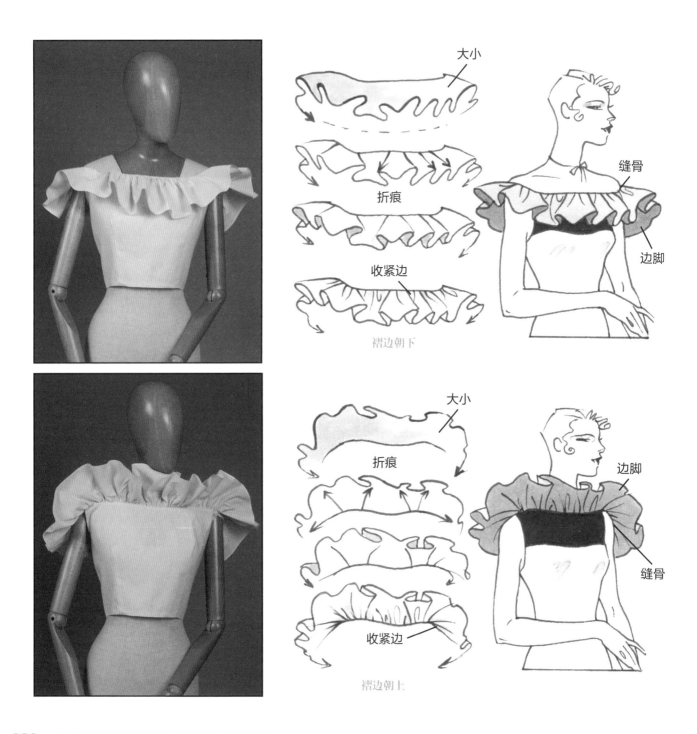

大小

折痕

收紧边

褶边朝下

缝骨

边脚

大小

折痕

收紧边

褶边朝上

边脚

缝骨

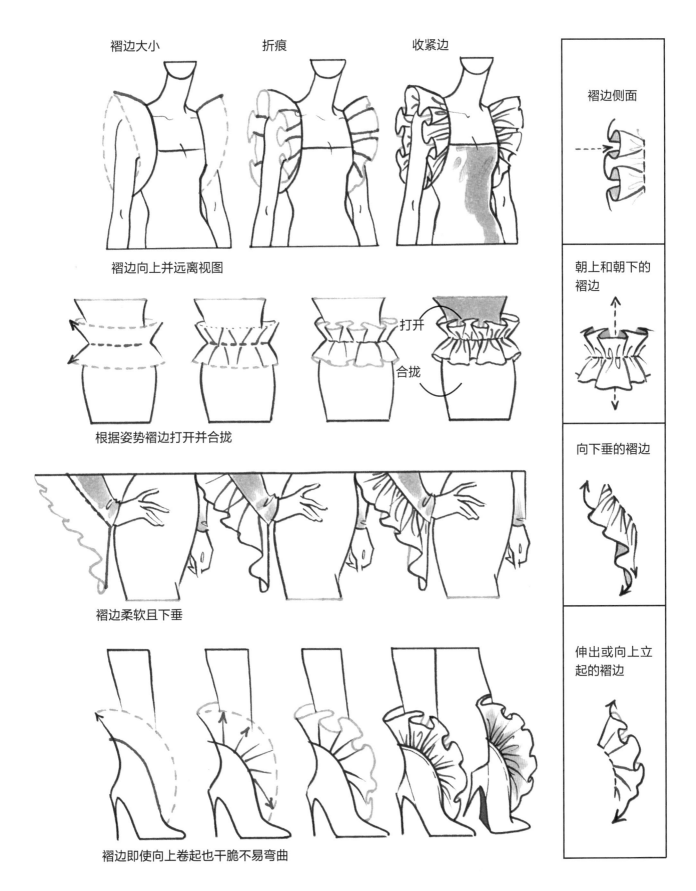

褶边大小　　　　折痕　　　　收紧边

褶边向上并远离视图

根据姿势褶边打开并合拢

打开

合拢

褶边柔软且下垂

褶边即使向上卷起也干脆不易弯曲

褶边侧面

朝上和朝下的褶边

向下垂的褶边

伸出或向上立起的褶边

绘制瀑布花边

　　瀑布花边具有相互叠加的卷曲褶皱。下垂式瀑布花边上的这种褶皱看上去非常随意，但其实它们是精心缝在特定位置上的。瀑布花边不像褶皱花边那样有收紧线，它们更有垂感，较大的、翻转的褶皱能同时显布料的正反面。瀑布花边通常是沿斜纹剪裁，以最大限度发挥其垂感。层叠的面有各种宽度、长度，而且布料类型也有很多，如柔软的或挺括的，在衣服上面缝制瀑布花边时，这些因素会增加或限制褶皱数量。

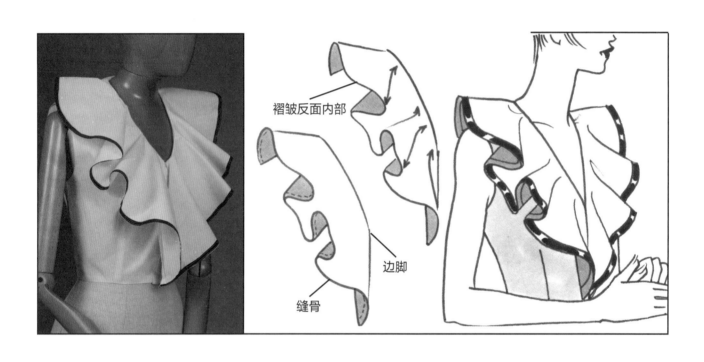

褶皱反面内部

边脚

缝骨

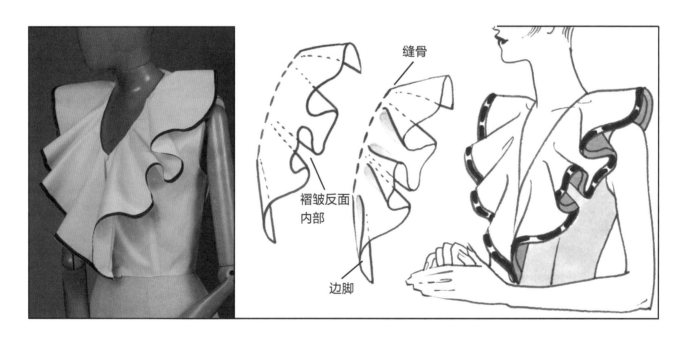

缝骨

褶皱反面内部

边脚

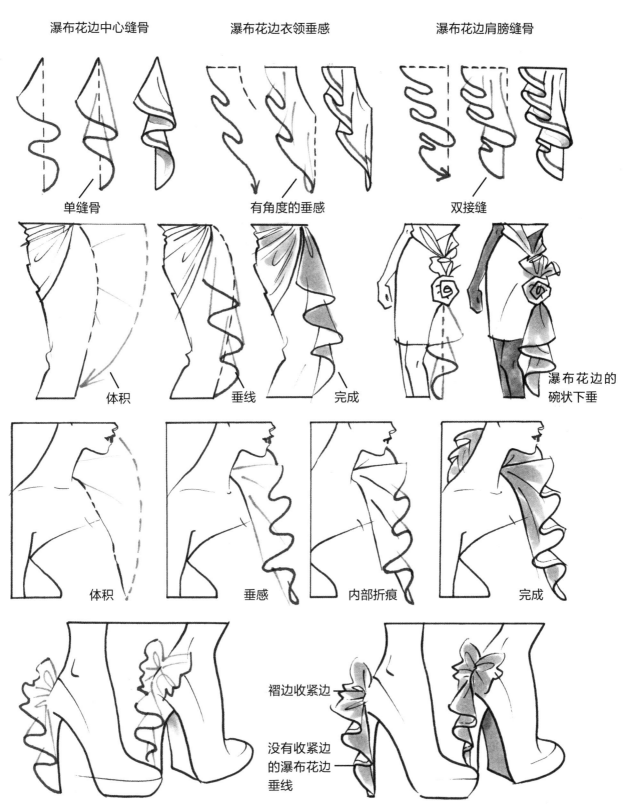

瀑布花边中心缝骨　　　瀑布花边衣领垂感　　　瀑布花边肩膀缝骨

单缝骨　　　　　　　有角度的垂感　　　　　双接缝

体积　　　　　　垂线　　　完成　　　　　　　　瀑布花边的
碗状下垂

体积　　　　垂感　　　内部折痕　　　完成

褶边收紧边

没有收紧
边的瀑布
花边垂线

褶边和瀑布花边混合

区别：褶边有收紧边；而瀑布花边没有收紧边。

绘制挂帽领

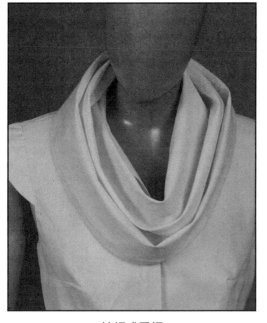

挂帽领通常需要运用明暗相间的手法以展示它们相互之间的细微褶皱类型。对于挂帽领口，使用正面中心线作为相互重叠和翻折的辅助线，从而增加正前方左右两侧褶皱的深度。

挂帽式垂领

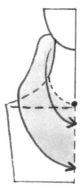

正面中心线

挂帽领大小

挂帽领下垂

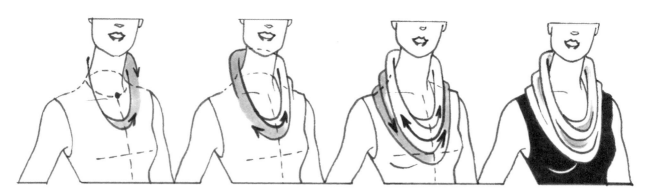

当人物侧过身时，让挂帽式领口朝正面中心线的方向折叠，同时挂帽领要顺着模型一起移动。挂帽领的侧面视图看上去就像是逐渐变小的皱褶，慢慢融进彼此下方。

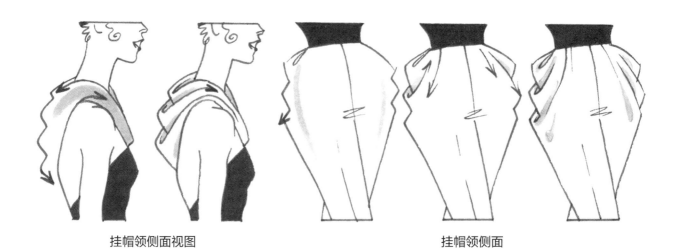

挂帽领侧面视图　　　　　　　　　　　　　挂帽领侧面

绘制抽褶和缩褶

抽褶和缩褶是通过弹力布或橡皮筋形成的褶皱类型。这两种褶的绘制方法与绘制褶边的方法类似，只是抽褶绘制为水平行线或带子，缩褶绘制为垂直嵌条。抽褶具有蓬松的边，缩褶可以非常皱。褶边有折痕。

抽褶处理

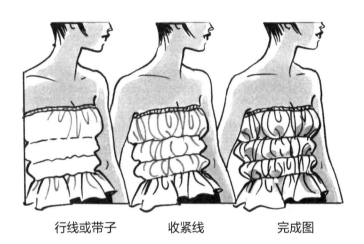

行线或带子　　收紧线　　完成图

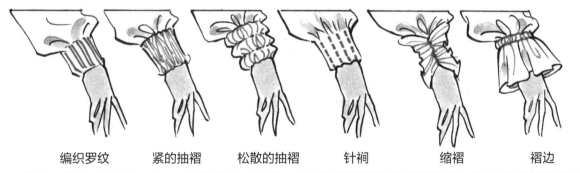

编织罗纹　　紧的抽褶　　松散的抽褶　　针褶　　缩褶　　褶边

六种袖口的处理方法中，每一个都有独有的结构，必须用不同的线条质量绘画以表达这些设计的不同。

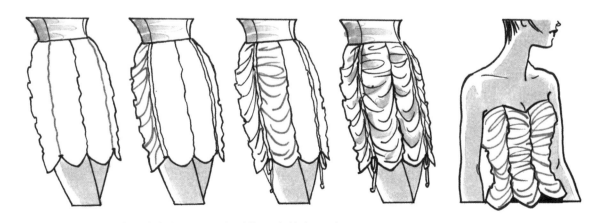

缩褶的处理方法形成一个条状图形，也叫作"降落伞图形"。

收紧线、三角布、挂帽式垂感和针裥

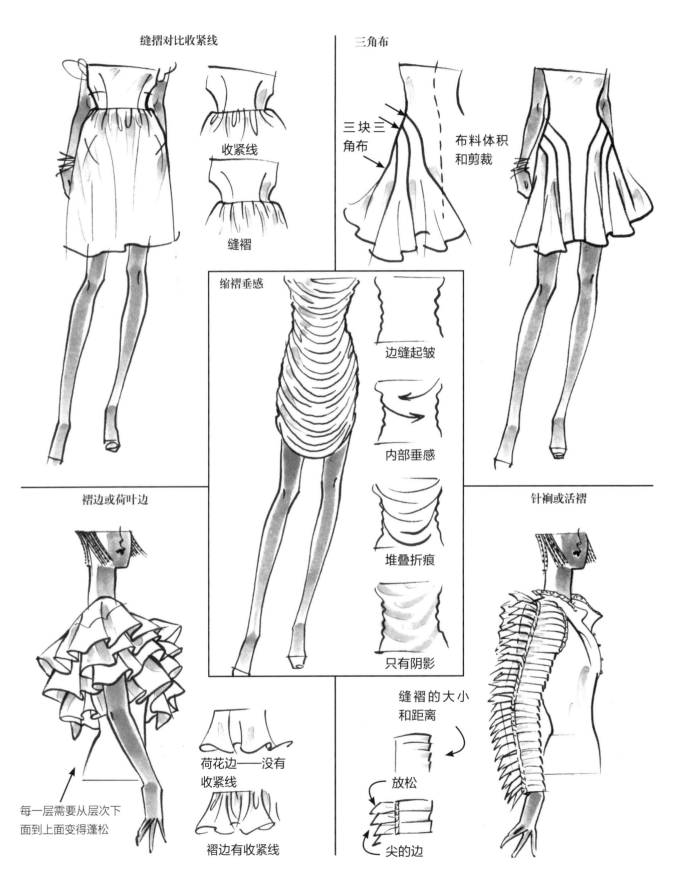

缝褶对比收紧线

收紧线

缝褶

三角布

三块三角布

布料体积和剪裁

缩褶垂感

边缝起皱

内部垂感

堆叠折痕

只有阴影

褶边或荷叶边

每一层需要从层次下面到上面变得蓬松

荷花边——没有收紧线

褶边有收紧线

针裥或活褶

缝褶的大小和距离

放松

尖的边

Alexandre Herchcovitch

Betsey Johnson

Michael Kors

Stella McCartney

Jean Paul Gaultier

收紧线对比缝摺

三角布

褶边

缩褶

针褶褶

改变比例

时装拉长将人像最大化拉长，以打造最正式、最特殊场合应有的造型。新娘可以达到无法想象的夸张。这种绘画技巧强调布料的长度和体积，突出梦幻和魅力。

这里的绘图是您可以在运动装和晚礼服之间创造的人像变化。上半身保持一致的同时，注意腿部是如何被拉长的。

> **注意：**
> 百老汇和装束设计的人像被画得更真实一些或者是平均的人体比例以更好地反映人物的形式。

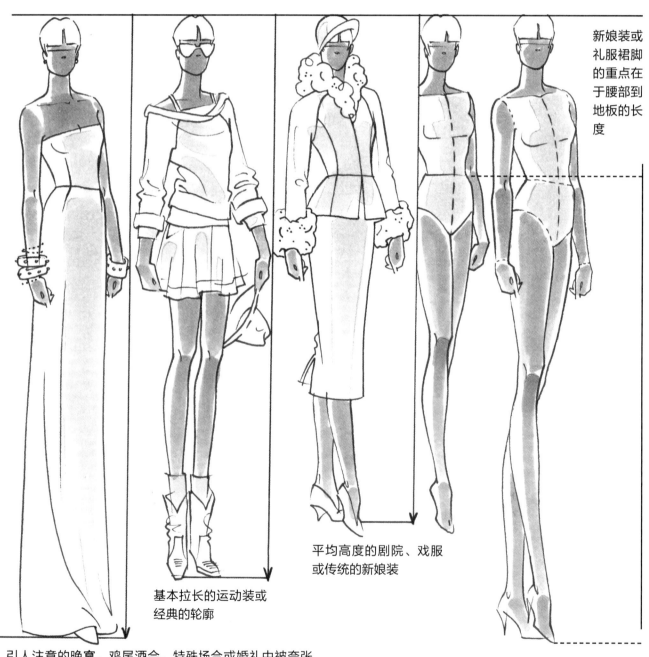

新娘装或礼服裙脚的重点在于腰部到地板的长度

平均高度的剧院、戏服或传统的新娘装

基本拉长的运动装或经典的轮廓

引人注意的晚宴、鸡尾酒会、特殊场合或婚礼中被夸张的、拉长的服装

礼服或婚纱的时装拉长是运用上衣长度对比裙子的长度。也就是说，用任何一个从腰围线到裙边到5个上衣长度对比从腰围线到肩膀线的单个上衣长度（如下图所示）。拉长礼服的腿部或者裙子都有一样的结果——一个可以展示设计、布料和着色的地方。注意时装人像拉长的同时，剧院或戏服的设计师要使用更现实的人像，因为它们穿着特定的"特征"对比时装中难捉摸的"顾客"。

注意：
1到5的比例——礼服中或婚纱的裙长——可以画成服装上衣的5倍长。

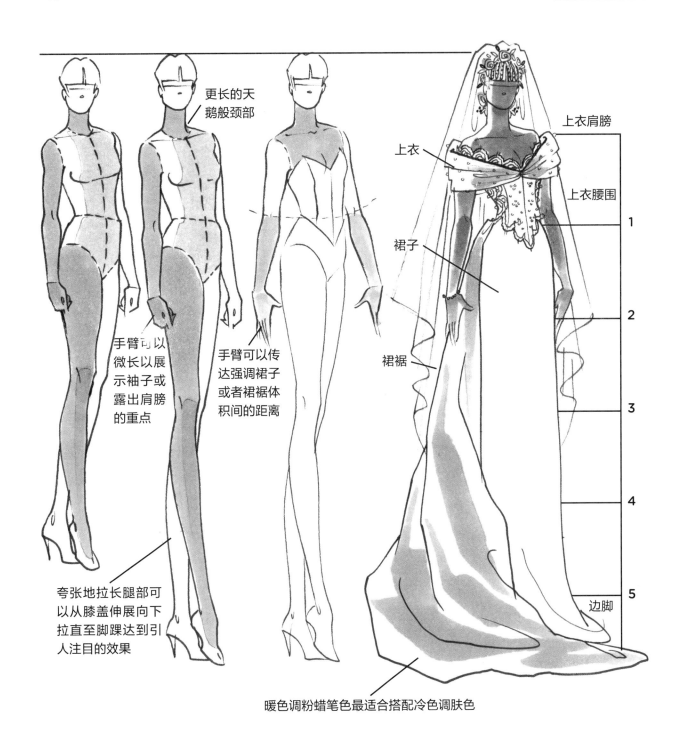

更长的天鹅般颈部

手臂可以微长以展示袖子或露出肩膀的重点

手臂可以传达强调裙子或者裙裾体积间的距离

夸张地拉长腿部可以从膝盖伸展向下拉直至脚踝达到引人注目的效果

上衣肩膀

上衣

上衣腰围

裙子

裙裾

1

2

3

4

5

边脚

暖色调粉蜡笔色最适合搭配冷色调肤色

新娘装的款式

新娘装有结婚蛋糕那样的层次和甜美的外观,而且在褶皱、花边和珠饰方面都做得精美细致。最好的绘制方法是将礼服分成几部分,这样处理起来会更简单。

线条粗细

1. 超细的笔头。
2. 一般的笔头。
3. 颜色浓度达20%的笔。

1

2

3

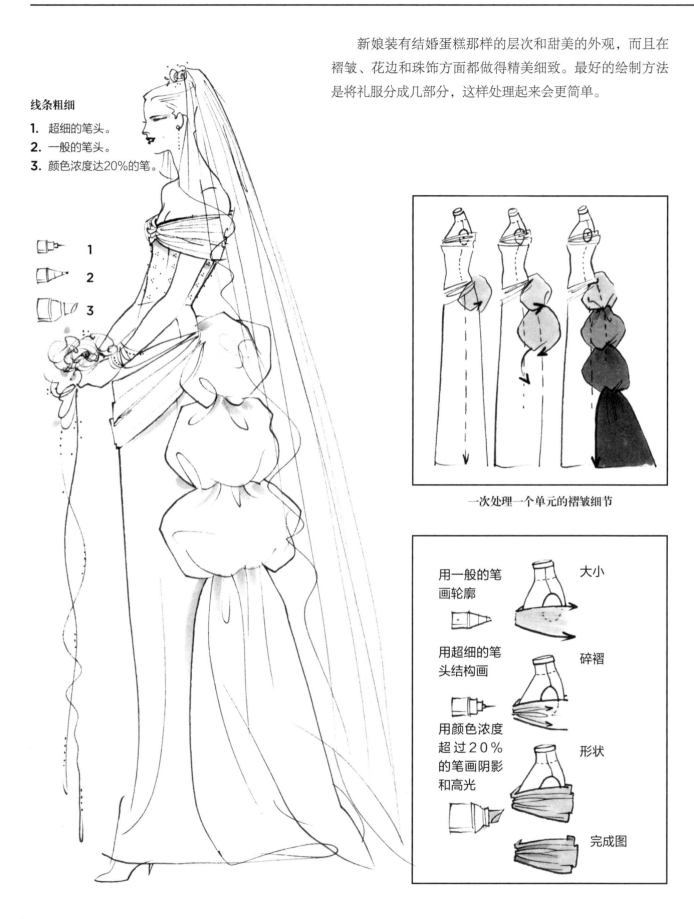

一次处理一个单元的褶皱细节

用一般的笔画轮廓

用超细的笔头结构画

用颜色浓度超过20%的笔画阴影和高光

大小

碎褶

形状

完成图

画面纱（或头饰）一般有两大难点：透明度和着色

- 透明度：勾画面纱的长度和形状
- 着色：同时在面纱上方和下方给出暗示

表现新娘礼服的线条特点：

细微控制是一方面，另一方面
是笔尖的选择

1. 用细的笔画面纱
2. 用细笔画珠饰
3. 用一般的笔画礼服

网状透明薄纱常常被扎成冠状的发饰

A. 传统样式的面纱

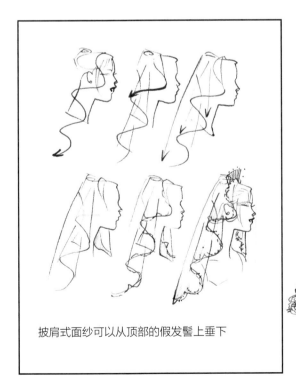

披肩式面纱可以从顶部的假发髻上垂下

B. 披肩式的带花边面纱

新娘装的裙裾

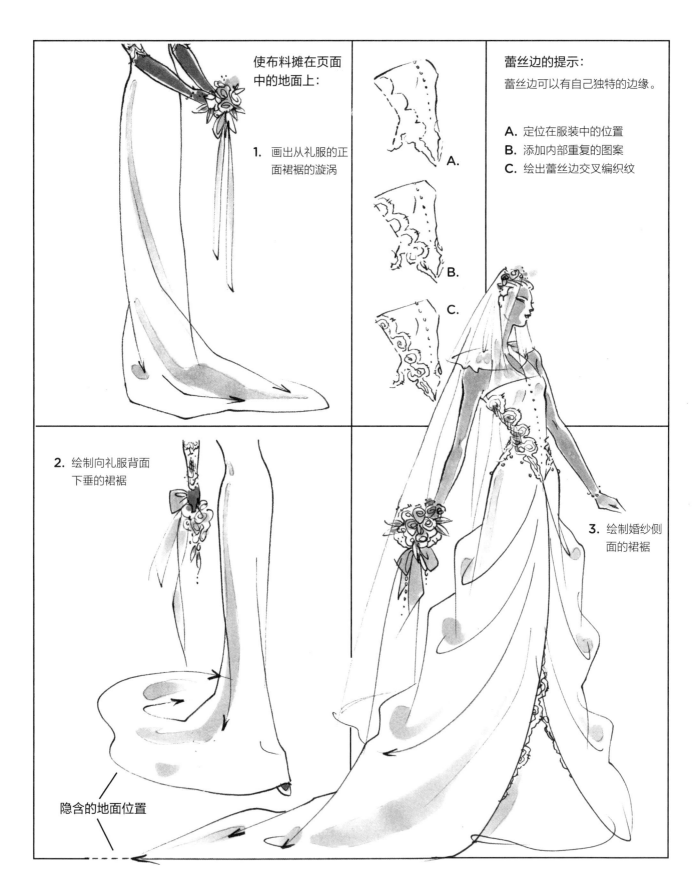

使布料摊在页面中的地面上：

1. 画出从礼服的正面裙裾的漩涡

A.

B.

C.

蕾丝边的提示：

蕾丝边可以有自己独特的边缘。

A. 定位在服装中的位置
B. 添加内部重复的图案
C. 绘出蕾丝边交叉编织纹

2. 绘制向礼服背面下垂的裙裾

隐含的地面位置

3. 绘制婚纱侧面的裙裾

婚礼礼服背面视图常常把裙裾本身作为重点。您可以把姿势两边或者在特定位置的一边的裙裾按扇形打开。

新娘裙裾创新的下垂和焦点

蓬松下垂下面的阴影

横穿垂折的阴影

注意这种裙裾最好的绘图方式是从腰围线的缝骨开始。线条从裙裾开始画起，对着裙边向下画，并且横穿页面的地面。

后面中心

阴影的强调顺着长度向下并且按照裙裾的方向拖曳到页面中的地面

地面位置

连衣裙和礼服的平面展示图

连衣裙和礼服（不管是休闲的还是正式的）都有自己的一套平面展示图要求。设计细节在平面展示图中通常表现为重叠的特殊特征和吸引眼球的兴趣点。衣服上身有不同风格的领口、衣领和袖子，以及无数沿着胸部的缝合线和褶线。从腰节到底边的裙摆上有着各种设计独特的口袋、松紧带、开衩和层次。这些大量信息要浓缩在一张平面展示图中——包括正面平面展示图或背面平面展示图。一种处理方法是将一些比较复杂的轮廓拆开，前提是不影响对整件衣服的理解。所有步骤都是为了最大限度地展示内容。不管您选择什么样的绘图工具来表现细节内容，都要确保展示图既好看又准确。

正面视图   背面视图

背面视图的裙裾
（可拆开的）

背面视图的裙边可以从正面视图改变长度

A. 不明确的、误导性的线条

B. 精准、明确的引导线

C. 按照设计曲线和结构绘图

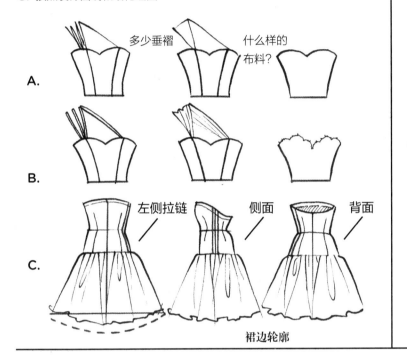

A.

多少垂褶　　　什么样的布料？

B.

C.

左侧拉链　　　侧面　　　背面

裙边轮廓

A. 每画一条线都是一个设计信息，结构要明确

B. 细节：当您画下垂时，要清晰地展示大小、形状和布料

C. 使用精确的直线和曲线传达搭配间的细微差别

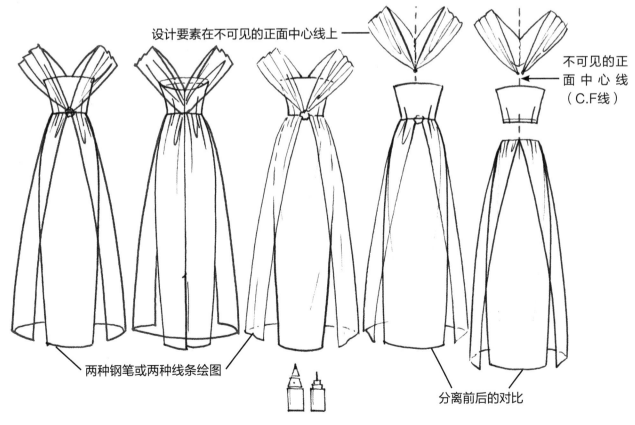

设计要素在不可见的正面中心线上

不可见的正面中心线（C.F线）

两种钢笔或两种线条绘图

分离前后的对比

垂感和大小

大小影响形状。增加形状的大小意味着绘制的姿势最大化下垂的部分。

避免硬纸板般的剪裁

玻璃格子布内部效果

潮湿的或褶皱的

几条平行线或太多在错误
位置的线会毁掉服装中的
设计重点

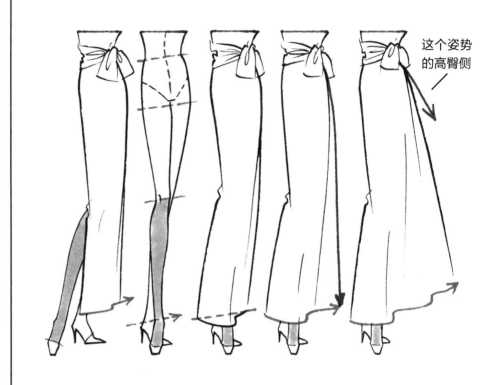

这个姿势
的高臀侧

垂褶线　　　　　　　裙边与垂褶线一致

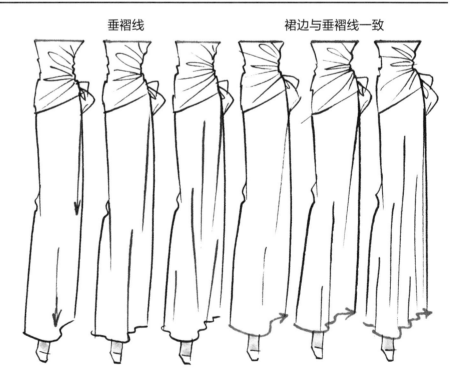

布料类型和垂褶同样影响形状。布料越轻，折痕越多；同样地，布料越
重，折痕越少。

控制线条量；形状和
垂感

铅笔

用软笔头更深的
线条绘制形状

用硬笔头更浅的
线条绘制垂感

钢笔

用中等笔头更重
一点的线条绘制
形状

用细笔头更细的
线条绘制垂感

形状：

设计轮廓

垂感：

布料类型和结构

1. 下降角度的三角布

2. 折痕塞进去并且在
   上一个折痕下面

3. 瀑布般倾泻的又脆
   又轻的布料

4. 布料从一个点拉
   出并下垂

5. 侧面挂帽式垂感的
   紧绷的褶饰

方向线隐含一个角度
上的缝褶和折痕

角度斜线被拉进或拉出

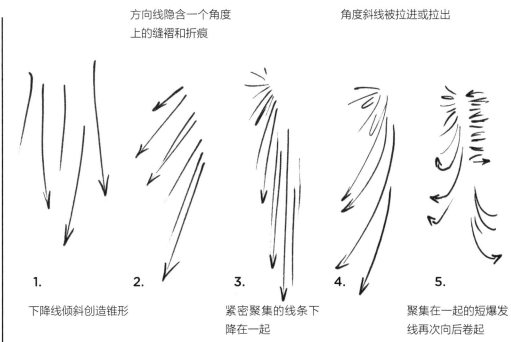

1.　　　2.　　　3.　　　4.　　　5.

下降线倾斜创造锥形　　　紧密聚集的线条下　　　聚集在一起的短爆发
降在一起　　　线再次向后卷起

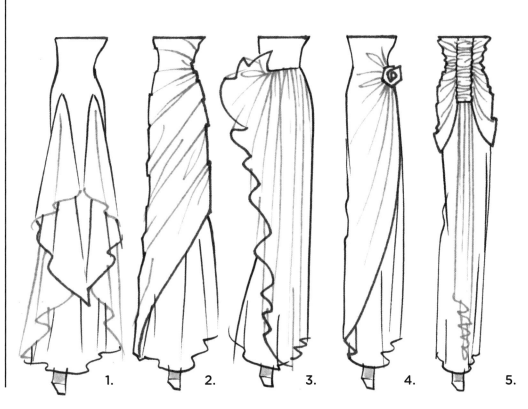

1.　　　2.　　　3.　　　4.　　　5.

垂感和大小（继续）

至于所有不同的形状和类型，您的绘图线也要在每种服装的垂感和结构间做出区分。

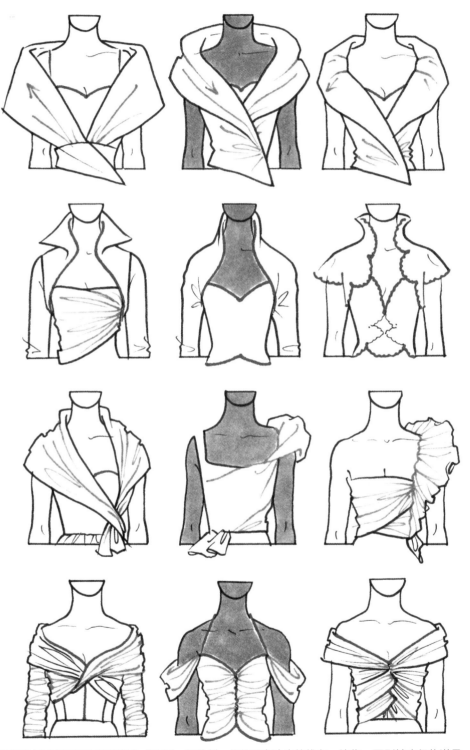

钢笔或铅笔

长线或短线

曲线或波状线

成群或成束的线

按方向扭转线条

垂褶线条同样可以和渲染颜色或阴影一起绘制，但是要有确定的线条、边缘，否则轮廓仍传递最尖锐的造型。

裙边的处理方法

- 布料在自身的上面或下面打褶
- 多个层次在互相之间呈扇形展开
- 鱼尾状的三角布进到卷起的折痕里

垂褶的处理方法

- 下降的蓬松部分互相叠在下面
- 多重的紧致圆柱形，一些针裥
- 褶边扭曲中的玫瑰形装饰或者有褶边的布料

奢华的布料渲染

钢笔

饰带

钢笔

流苏

饰带

创造一致的交叉角度。重复建立饰带"×"形的宽度和长度。

流苏

定位流苏的宽度和高度。使用同样长度的波状线填进流苏的线条中。

钢笔

薄纱

钢笔

蕾丝边

薄纱

绘制紧密的交叉线。创造极细的网状编织纹。如果薄纱是收紧边,就把编织纹的线条向上聚成一团。

蕾丝边

如果蕾丝边是扇形的,就把边缘卷起来。填入重复的图形,在图形上添加精致的、浅的且通气的编织。

用马克笔轻涂

铅笔污迹

铅笔点

005极细尖头钢笔

秃鹳羽毛围巾

钢笔

铅笔

鸵鸟羽毛

秃鹳羽毛

在马克笔的斑点上轻涂。添加柔和的不平衡的铅笔锋和污迹。用极细的线绘制柔和的部分。

鸵鸟羽毛

轻轻地表示羽毛的大小和形状。在轴线或纤管中使用铅笔或钢笔绘制。用铅笔绘制卷起的羽毛的蓬松和绒毛。

天鹅绒

从高亮的马克笔基本色开始，用铅笔污迹绘制有纹理的表面。

雪纺绸层

只用铅笔着色，这样可以有比天鹅绒更多颗粒感的形象。

天鹅绒需要长毛绒质地和浓密的着色

雪纺绸需要有纹理的造型

使用铅笔用擦洗的方法柔软地按压

塔夫绸

用马克笔开始作为基本色。用铅笔绘制绸子的图案，用中性笔强调光泽。

缎子

这种布料用马克笔着色的分层绘制。

塔夫绸看起来像是木制纹理线

先用钢笔尖，然后用又小又细的尖

用大量断开的线断裂的颜色代表光亮

锦缎

使用马克笔基本色和铅笔编织线。添加钢笔或铅笔的图案。

珠片

从更长一点儿的点开始，每一种颜色变化后点逐渐变小，然后添加高亮。

用铅笔线表示编织方向

一个珠片可以用三种颜色来表现

黑色布料渲染

Ralph Lauren

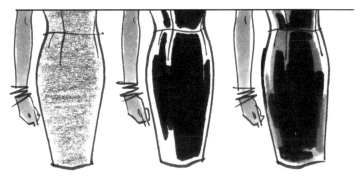

- 铅笔渲染同样代表着绉织物布料。
- 平面马克笔图看起来像是皮革制品。
- 黑色调可以让布料看起来有光泽。

 这里最大的挑战是在不失去所有基本服装细节的情况下添加颜色。渲染任何一种黑色布料要在草图中精准的颜色与结构信息间取得平衡。

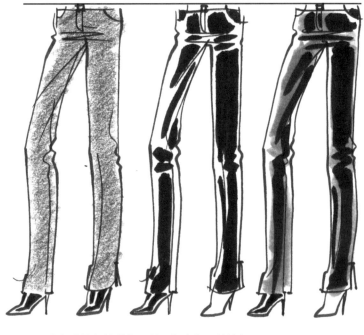

- 有角度的铅笔着色可以看起来像是斜纹布。
- 部分黑色渲染可以看起来很有光泽。
- 灰色调和黑色调可以看起来很光滑。

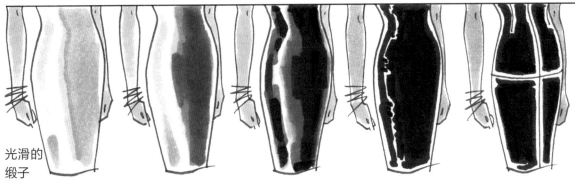

光滑的缎子

40%灰色
70%灰色
纯黑色

- 为了展现绸缎布料，用三步分层上色制造光泽
- 用一个步骤的黑色和一条闪光效果的线条绘制塔夫绸
- 用一个步骤绘制无光泽的黑色代表皮革的接缝

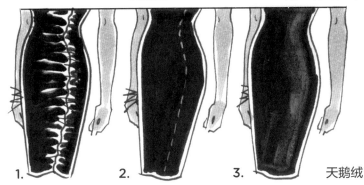

1. 2. 3. **天鹅绒**

银色或白色的铅笔污迹

1. 运用结构细节/垂褶指导着色
2. 创建一条公主线为指导形成高亮效果
3. 混合使用绘图工具，在黑色上创造不同的效果

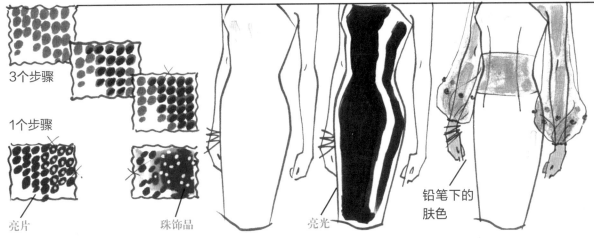

3个步骤

1个步骤

亮片   珠饰品   亮光   **铅笔下的肤色**

- 三个步骤：分层的点
- 一个步骤：黑色的点与白色中性笔中心

- 灰色基本色
- 在灰色区域绘制黑色的点
- 在黑色区域绘制白色的点

- 使用身体轮廓沿着公主线接缝表达贴身的效果

像透明硬纱般的透明可透视的布料

- 步骤1：局部绘制肤色
- 步骤2：用铅笔涂抹

黑色布料渲染（继续）

Marco de Vincenzo

Krizia

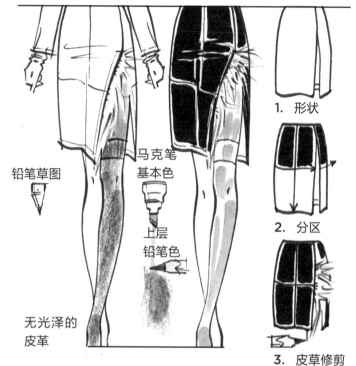

铅笔草图

马克笔 基本色

上层 铅笔色

无光泽的 皮革

1. 形状

2. 分区

3. 皮草修剪

1. 定义服装的形状及姿势。
2. 着色，但并不将所有的接缝线都覆盖。
3. 绘制对比修剪和绘图工具。

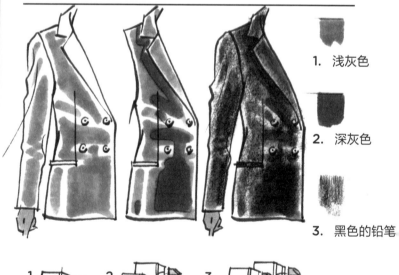

1. 浅灰色

2. 深灰色

3. 黑色的铅笔

1. 用最浅的灰色局部渲染。
2. 在基本灰色上添加更深一些的灰色阴影。
3. 用有色铅笔在分层灰色上着色以制造银黑色亮光。

Giles

Elie Tahari

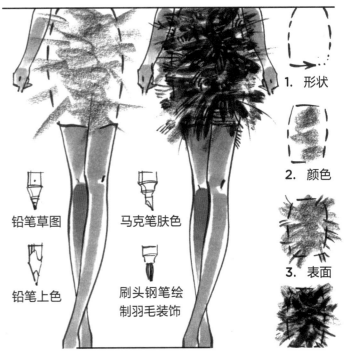

1. 形状

2. 颜色

3. 表面

铅笔草图

铅笔上色

马克笔肤色

刷头钢笔绘制羽毛装饰

1. 建立服装形状和轮廓边缘。
2. 填入肤色和基本铅笔线。
3. 用不同方向细小的钢笔线完成表面特征。在颜色最深的羽毛上添加白色的中性笔线条。

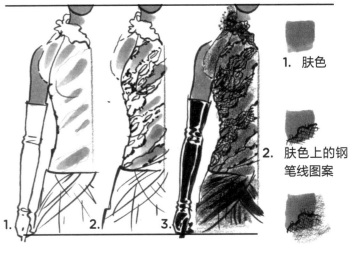

1. 肤色

2. 肤色上的钢笔线图案

3. 钢笔线蕾丝上的铅笔着色

1. 区分肤色区域。
2. 重复绘制蕾丝，并且填进图案。
3. 在钢笔线上使用有色铅笔以表现布料的透明性。

珠饰品、缎子、雪纺、水晶褶和薄纱

Elie Saab

Stephane
Rolland

Vera Wang

Christophe
Josse

Christian
Dior

精致的珠饰品

1. 肤色
2. 颜色
3. 有色点
4. 铅笔污迹

在布料着色前绘制肤色线

锋利的锯齿形着色

雍容华贵的绸缎

布料方向的有色颗粒

水彩或马克笔的基本色

在灰色基本色上绘制铅笔污迹分层

绘制水彩的步骤　1　2　3　4　5

在完成所有颜色分层前先完成肤色的提示线

铅笔线向下对着裙边

省时的渲染提示就是在粗略的草图中修剪不必要的多余色调

1.
2.
3.
4.
5.

马克笔的步骤

水晶裙

雪纺的分层

羽毛、边缘和蕾丝

- 柔和的铅笔污迹
- 锋利潦草的铅笔线

- 成排的柔和的铅笔线
- 细的铅笔线，磨损的边缘

- 锋利的铅笔羽毛
- 精致的铅笔边缘

Naeem
Khan

Alexander
McQueen

Jean Paul
Gaultier

Dolce & Gabbana

Brood

- 在绘制蕾丝图案前绘制两种不同的肤色
- 一个肤色有两种方法：一致的和断开的，在绘制图案前先绘制肤色
- 在肤色上用白色中性笔渲染

铅笔图案

- 透明布料可以用布料和肤色上下位置的颜色处理方法展示它们可透视的特点。

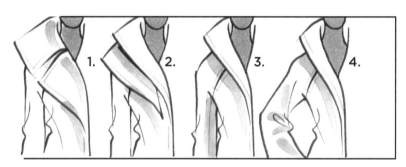

添加阴影可强调：

1. 大小或功能
2. 传达或展示分层
3. 分离肢体在造型中的位置
4. 在姿势中显示折痕和弯曲

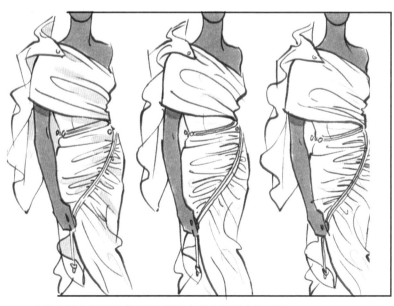

- 白色布料上的阴影或高亮可以比灰色有更苍白的色彩。

这种晚礼服的设计可以用于展示让设计充满动态的特定元素的相互作用。这三种元素就是人像的姿势、服装形状和布料颜色。使用衬托的姿势好于服装的形状。设计服装轮廓间的对比以便图形被夸张，而不是被减弱。区分布料颜色，这样吸引眼球扫过整页，而不是偏向一边。均衡这三要素可以像和设计者一起做画一样使视觉特征最大化。她的设计处于平衡的话，迷人指数会变得非常高，而非被隐藏起来。

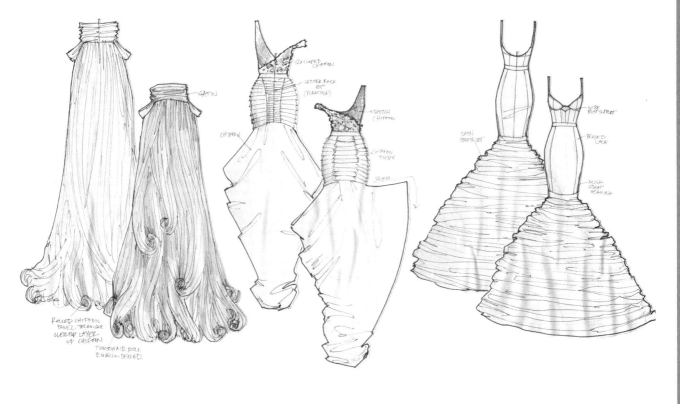

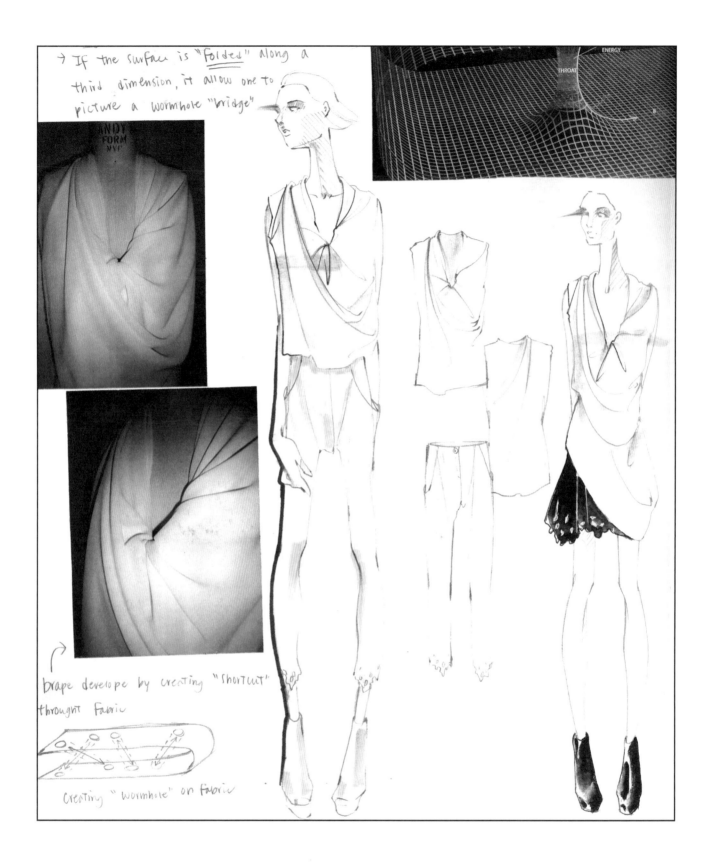

这种设计是在书本形式的螺旋线圈绘画版中使用水粉颜料和彩色铅笔线的混合。第一幅（设计师的这幅作品有两个）是草图阶段。为了探索创意选项，她在模特、平面展示图和人像绘图上直接结合了垂褶。这样通过颜色、纹理和激光切割驱使，提供了解顾客和风格的感觉。

特约艺术家：Chi Lo

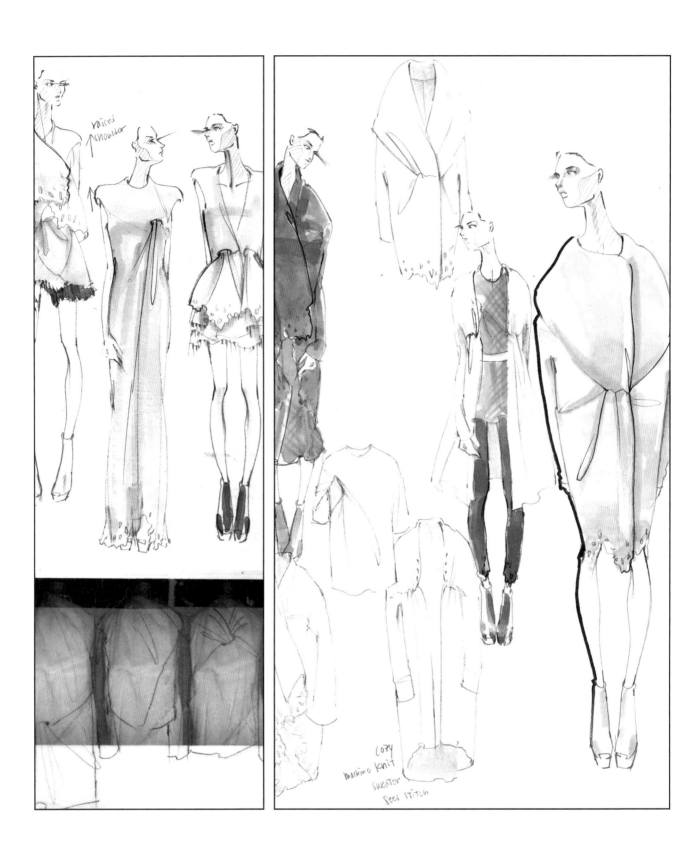

　　这种设计是水粉颜料和彩色铅笔草图的结合。仔细研究她的草图可以洞察设计师如何编辑草图。她选择了最强的设计轮廓、挑选了这种服装最好的姿势并且在一组人像上绘制这些设计特点，从而最大化作品集的潜力。

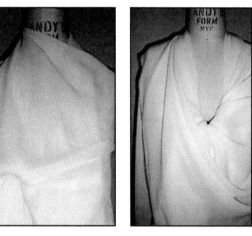
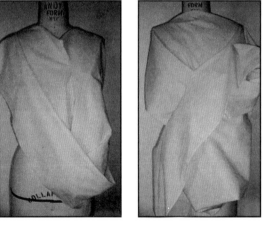
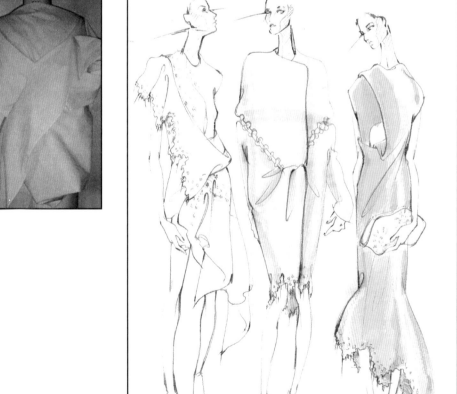

特约艺术家：Chi Lo

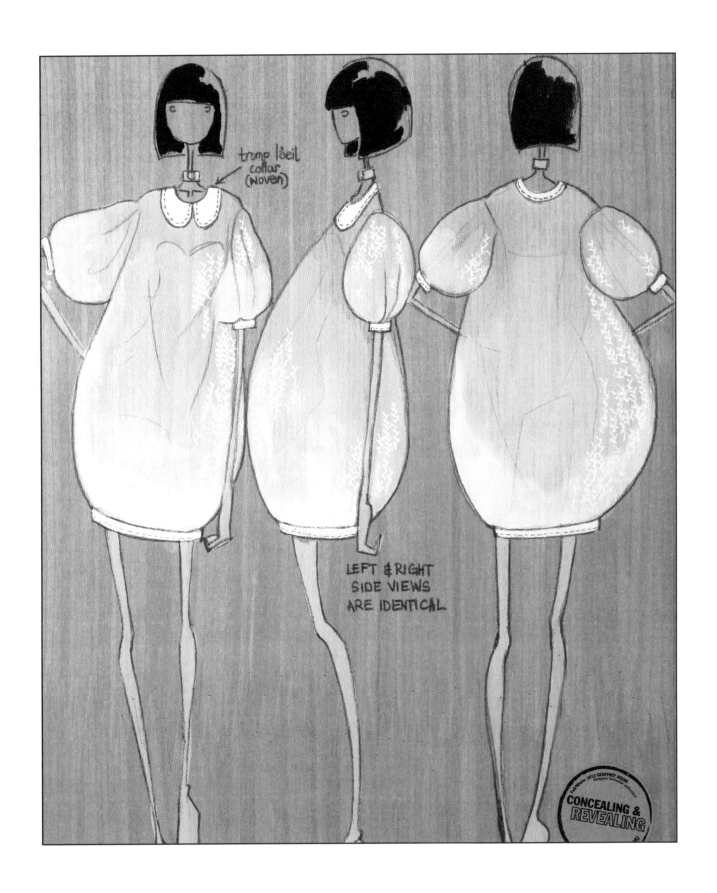

左页中是绘图工具：木质纸张、水彩颜料、超白色和铅笔的混合。右页中的作品使用卡森纸、水彩颜料、马克笔，以及纸张上的烧痕。这两种方法传达设计方向和阐明发展绘画风格的广阔基础价值，以再造时装特征。

这种设计是水彩颜料、钢笔和铅笔（描图纸上的人像草图）的混合。这位设计师创造力的多样性是非常广泛的。她的方法之一是探索将想象力和结构一体化的概念；她在裙子上使用棉布作为灵感，并且用下垂的方法作为艺术形式，让这些步骤影响她的设计风格。

特约艺术家：Carmen Chen Wu

第9章

绘制针织衫
Drawing Knits

本章将介绍绘制、实现风格和渲染女性、男性和儿童针织服装的细节。手工织的或者机器织的针织衫是时装界中永恒的经典，不管它的材料是纤维的还是纱线的，也不管是什么季节的针织衫都是如此。针织衫会一直"存在"。它们应该成为您绘图练习的一部分。

本章将介绍一些为针织服装设计微妙表面特征和创建复杂立体印花的基本要点。这些基本绘制技巧的学习是从罗纹开始，然后是绘制纹理和印花图案草图。本章还将涉及一些最常用的术语。本章不仅介绍有关针织物技术方面的知识，还将告诉您如何绘制针织物。

本章还会介绍一些针法、织物和绣花渲染技术。有关针织服装款式的练习做得越多，您知道的也会越多。完成本章的学习时，您一定会对针织衫充满了好奇，会对它们的制造工艺进行研究。关于如何编织有一些精美的指导手册，它本身就是一门工艺和艺术。将您的绘画技能与您对针织衫和织法的研究结合起来，帮助您开发出具有自己风格的视觉图像，以此展示当今针织服装市场中令人难以置信的千变万化。

针织纹的基本要素

线条类型和线条关系是针织服装图样中的基本要素。内部和外部线条类型定义了编织针法的类型和图案设计的多样性与变化情况。线条中的关系意味着编织针法和图案设计的纱线类型。设想一下您会如何绘制用较细的纱线类型和较粗的毛纱做成的同一款毛衣；一种毛衣款式，但使用两种不同的绘图和渲染技巧；一件平滑，另一件粗糙。下面介绍如何解决这些绘制差异问题。

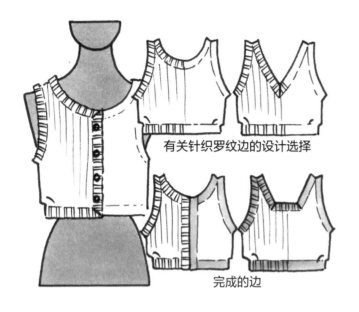

有关针织罗纹边的设计选择

完成的边

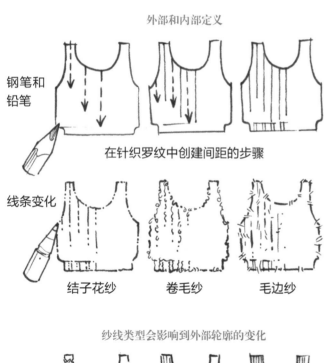

外部和内部定义

钢笔和铅笔

在针织罗纹中创建间距的步骤

线条变化

结子花纱　　卷毛纱　　毛边纱

纱线类型会影响到外部轮廓的变化

抽针　　辫子花　　爆米花图案

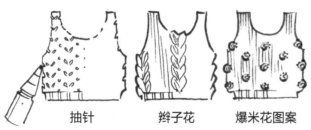

针织衫设计图样传达出了纱线类型或编织针法中的维度和纹理

紧的　　　　　宽松的

开口的编织纹

　　一种可以被渲染成针织物或者梭织物。两种方法具有同样的视觉效果。下面这幅图看上去非常线条化，比一般的罗纹行更像网格。这种线条依赖于您相同的线条粗细以及这些线之间的距离。

刺绣　　　　　饰带　　　　　流苏　　　　　钩边

极细笔尖的铅笔或钢笔：

四种草图都适用

0.005微米

钩针编织品、刺绣、嵌花

细笔尖的钢笔或铅笔：

罗纹及略涂边缘

处理方法

　　很多处理方法可以用于修饰针织设计图形。这里展示的四种类型，每种都用了不同的线条造型。

选项

　　下面这个例子说明了如何在草图中表现出三种创造统一外观的处理方式之间的区别。您必须学会如何绘制这三种类型——能够定义这些变化，以此清晰地展示创造这种图案的形象和技巧。

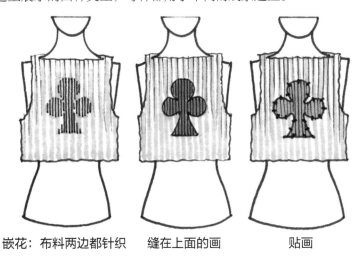

嵌花：布料两边都针织　　缝在上面的画　　贴画

画针织衫平面展示图

正如您在第6章学到的那样，平面展示图是时装绘制技巧中不可缺少的一部分。平面展示图是一种脱离模特展示服装的方式，它以真实的方式表达大小、款式和比例。要绘制出可提供所有结构细节的平面展示图，最好使用素描人体模板或网格。素描图提供了缝合线供参考。网格提供了参数来设定平面展示图的形状。这两种方法都非常有用，特别是对于画那些比梭织物平面展示图具有更多细节的针织衫平面展示图而言。这是因为针织衫总是拥有更具体的内部或外部信息，最基本的就是罗纹边或光边。基于上面所描述的，本页中所有的平面展示图都是同一尺寸，绘图记述的是关于比较这些设计图形互相间的区别。

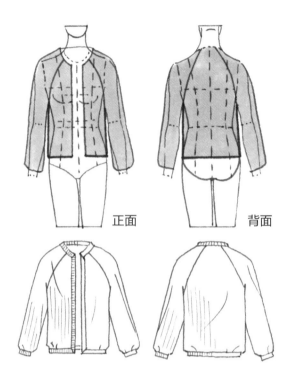

正面　　　　　　　　　　　背面

平面展示图模板

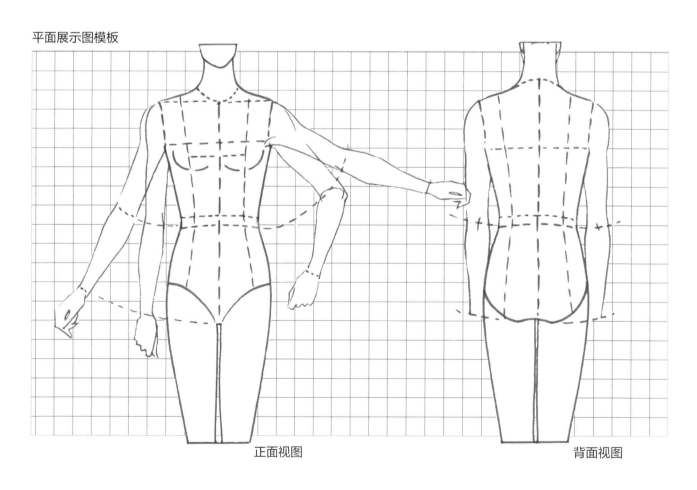

正面视图　　　　　　　　　　　　　　　　背面视图

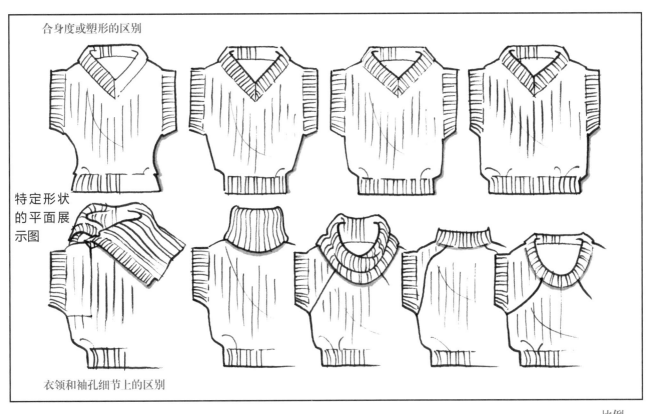

合身度或塑形的区别

特定形状的平面展示图

衣领和袖孔细节上的区别

比例

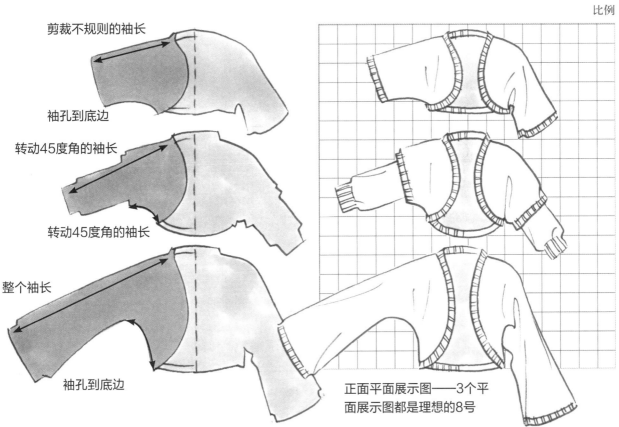

剪裁不规则的袖长

袖孔到底边

转动45度角的袖长

转动45度角的袖长

整个袖长

袖孔到底边

正面平面展示图——3个平面展示图都是理想的8号

基本编织针法

针对针织衫的基本渲染技巧是通用的：使用不完整的行绘制，即用浅色的虚线来表示。针法方面的变化（如下图所示）则可以通过展示内在的编织类型的多样性的各种技术显示出来。虽然有这些多样性，但是针织衫的基本渲染方法是一样的。下面的草图是为了让您知道，这是一件针织物，不管是纱线类型的还是用特定针法织成的都是如此。您要练习绘制这样的虚线，以免让针织面料看起来像条纹布。

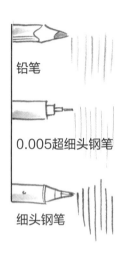

铅笔

0.005超细头钢笔

细头钢笔

间距

交错行

"V"字形或人字形图案

粗编织针、粗纱和粗短的编织针法需要对更宽的罗纹针织进行渲染。要模拟这种粗短针织法的外观，画呈小嫩芽似的"V"字形或人字形图案的交错线。

另一种平面展示图：
画得像一只袖子或一根管子，穿上时衣服会贴合人的体型

有型平面展示图：
一件完全时装化的针织衫，提前表明了它穿在身上会是什么样子

重复的罗纹条带（如下面的3×3罗纹）很容易渲染。不过，如果衣服画得太小，这些罗纹就很难定义，或者如果衣服穿在模特身上太紧，这些罗纹也很容易变形。一定要练习画不连续的罗纹行，以便画出的线条表示的是针织布而不是条纹布。

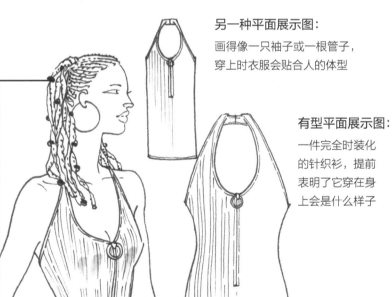

重复图案

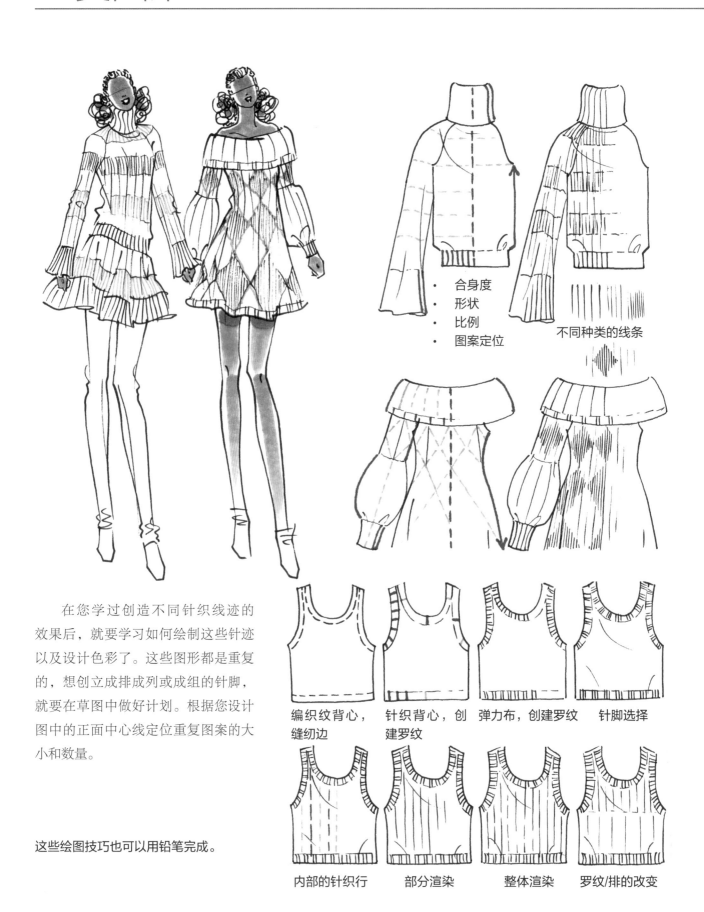

· 合身度
· 形状
· 比例
· 图案定位

不同种类的线条

编织纹背心，缝纫边

针织背心，创建罗纹

弹力布，创建罗纹

针脚选择

内部的针织行

部分渲染

整体渲染

罗纹/排的改变

在您学过创造不同针织线迹的效果后，就要学习如何绘制这些针迹以及设计色彩了。这些图形都是重复的，想创立成排成列或成组的针脚，就要在草图中做好计划。根据您设计图中的正面中心线定位重复图案的大小和数量。

这些绘图技巧也可以用铅笔完成。

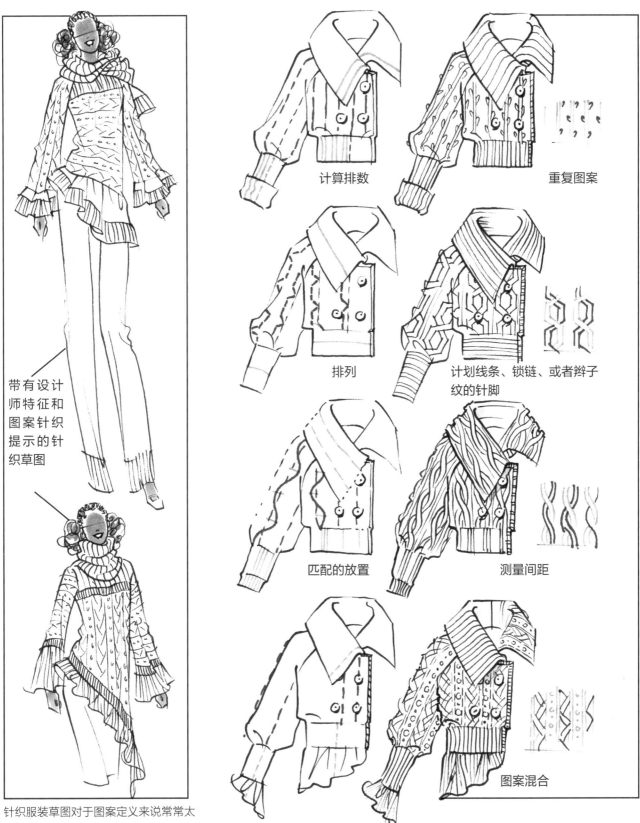

带有设计师特征和图案针织提示的针织草图

针织服装草图对于图案定义来说常常太小，所以它们应该有印象派的细节。

计算排数

重复图案

排列

计划线条、锁链、或者辫子纹的针脚

匹配的放置

测量间距

图案混合

重复图案（继续）

罗纹包围	内部	完成草图
方向和种类	针织缝线的款式	平面展示图中的绘图技巧

垂直的

这种缝制类型的基本建立是根据它们的宽度和互相之间的距离确定行数。

水平的

同样的，通过彼此的高度建立线条的排。如果衣服有袖子，那么您需要根据手臂的姿势绘制线排的方向。

网格的

这次计划建立水平和垂直的混合线条，从而创建您重复图案的基本线条或网格。

斜纹的

这里您需要绘制重复图案穿过针织品移向旁边的角度线或斜线。

菱形的

这是网格的另一种形式。由于在服装两边肩膀或者裙边的视觉冲击，因此图案所在的位置可能更重要。

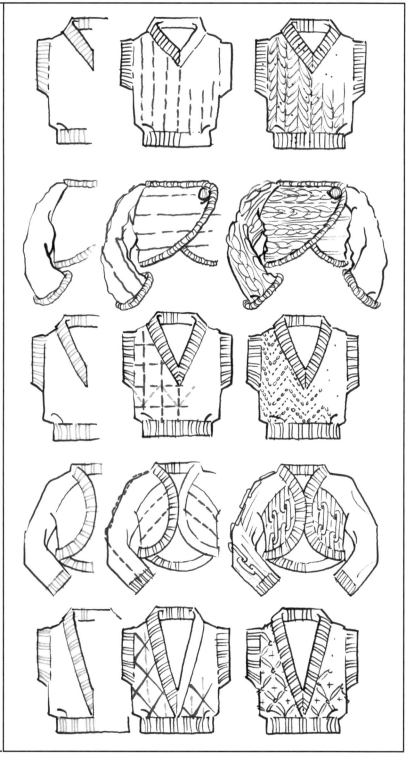

这种针织渲染类型可以随手用任何绘图工具完成，比如钢笔或铅笔等。

每个方格里的线条组种类展示另一种要练习的针织渲染技巧。这种线条的任何一种组合都可以被用作纺织的花样针织缝线。

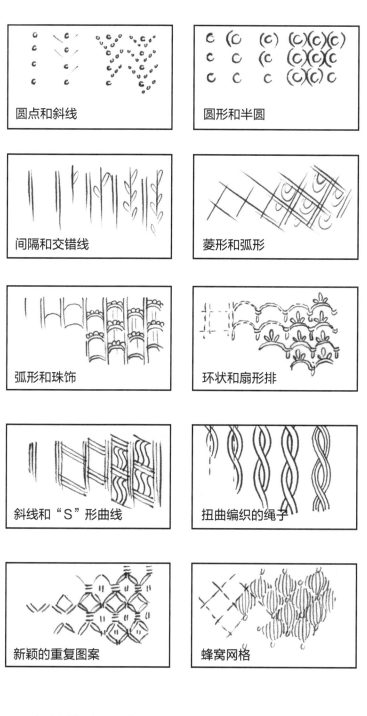

圆点和斜线	圆形和半圆
间隔和交错线	菱形和弧形
弧形和珠饰	环状和扇形排
斜线和"S"形曲线	扭曲编织的绳子
新颖的重复图案	蜂窝网格

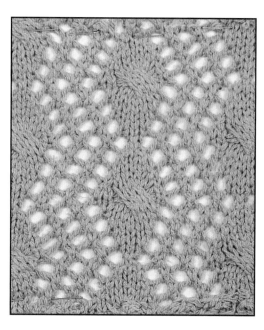

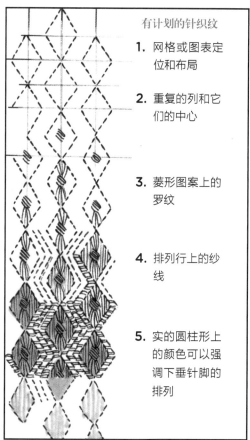

有计划的针织纹

1. 网格或图表定位和布局

2. 重复的列和它们的中心

3. 菱形图案上的罗纹

4. 排列行上的纱线

5. 实的圆柱形上的颜色可以强调下垂针脚的排列

有计划的针织渲染是为了当您需要绘制特定的针织纹时可以精确地解释顺序或者精准地绘制重复图案。这是为了生产的"真实"针织纹和为了设计的"印象派"针织纹的对比。

绳索和结合

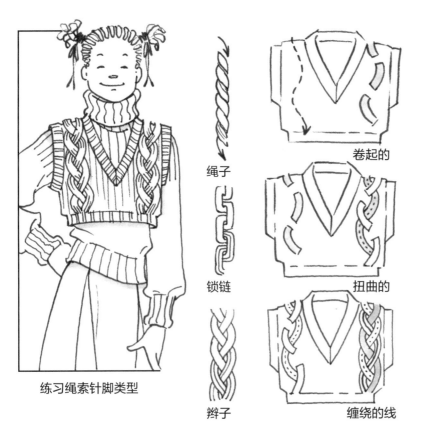

练习绳索针脚类型

绳子

锁链

辫子

卷起的

扭曲的

缠绕的线

绳索是重复的针脚，结合调整成一个圆柱形，通常是平行排列。重复图案是图形的多次出现。间距是绳索或图案在服装上有多大空间。放置是在服装上的位置，比如正面中心线。

绳子是绳索图案最简单的形式。它像是一个卷起的线条，弯曲、倾斜并且扭曲成一个圆柱形。

锁链看起来更像是在圆柱形中交叉连接或者彼此锁住。

辫子绳索的样子是在圆柱形中三股或更多股饰带缠绕在一起编成辫子。

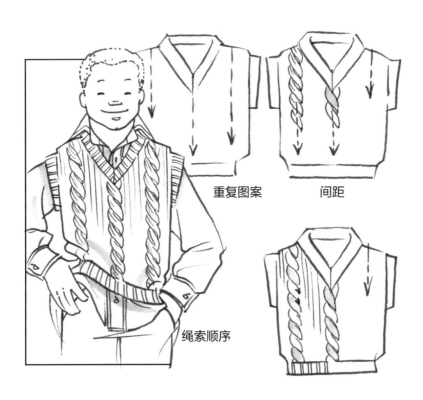

重复图案

间距

绳索顺序

绳索可以用三个或者更多个步骤完成图案或图形的渲染。在服装上定位重复图案的数量和位置。建立宽度并且计算绳索。在绳索周围可能的地方添加罗纹。

集中的袖口　　针织的袖口　　未处理或滚　　摇床（宽行）　　1×1的罗纹　　2×2的罗纹　　3×2的罗纹
　　　　　　　　　　　　　边的袖口　　　针织　　　　　针法　　　　　针法　　　　　针法

齿形边缘　　　钩边边缘　　　鞭针　　　　　锁边　　　　　穗边　　　　爆米花绣　　　网眼（漏针）

传统网球衫　　　　　　　　　　渔网结（重布线）　　　　　　　基本套衫

费尔图案　　　　　　　　　　菱形花背心（简化模式）　　　　　嵌花工艺
（重复印花模式）　　　　　　　　　　　　　　　　　　　　　（超大非重复印花）

字母毛衣（19世纪50年代复古）　　开襟羊毛衫（毛衣）　　　两件套（有内衣的开
　　　　　　　　　　　　　　　　　　　　　　　　　　　　襟衫）隐含配套件

复杂的针织纹

　　这里的示例在基本的毛线衣图形上计划复杂的混合针脚的针织草图提供一个指导。像任何一种图案一样，它在您开始渲染前先帮助您通过计算和计划针织图案的重复定位贯穿服装。

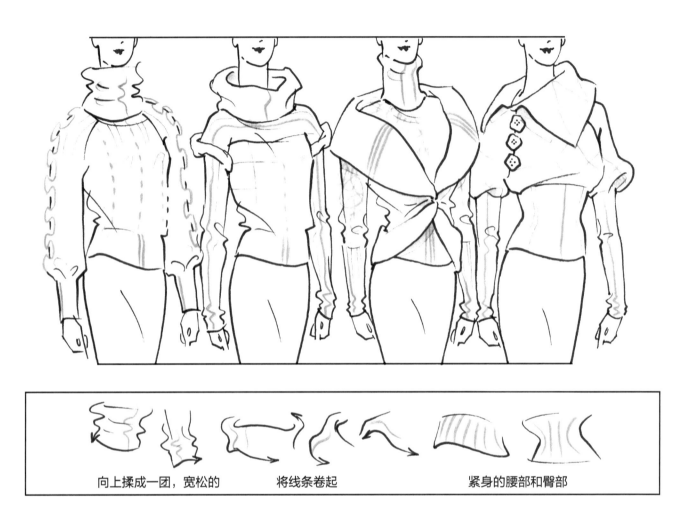

向上揉成一团，宽松的　　　　将线条卷起　　　　　　紧身的腰部和臀部

为了表示拉伸的要素，针织衣服的衣领有柔软的圆形边。

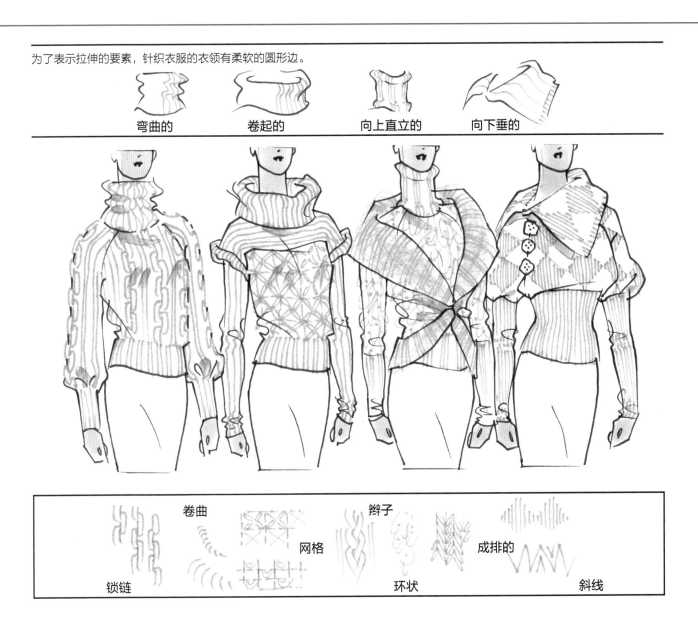

弯曲的　　　　　卷起的　　　　　向上直立的　　　　　向下垂的

卷曲　　　　　　辫子

锁链　　　　　　网格　　　　　环状　　　　　成排的　　　　　斜线

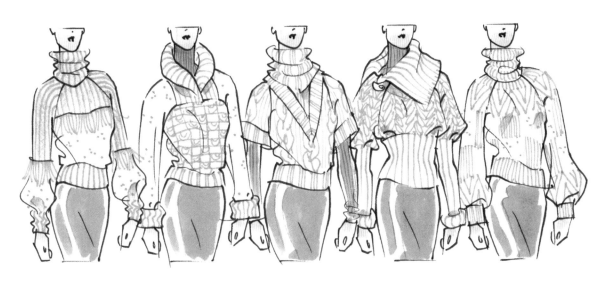

复杂的针织纹（继续）

针织罗纹

- 计划高度和宽度
- 重点在于针脚的计算
- 绘制间距平均的重复罗纹

 1x1
 2x2
 3x2

特殊的处理方法

- 定义绘图技巧
- 定位放置
- 在身体轮廓上完成以强调拉伸和贴身度

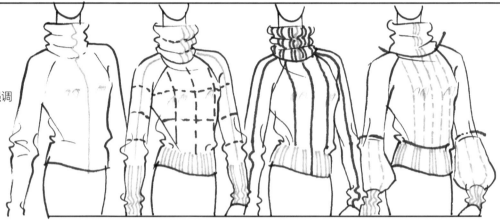

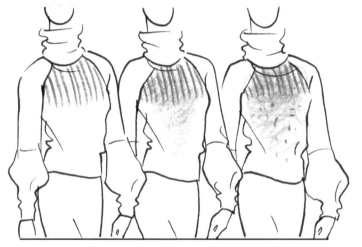

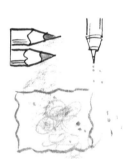

- 铅笔尖
- 针织排
- 铅笔侧面
- 纱线类型

装扮衣领

- 到下巴
- 穿过颈部
- 在正面中心线向下

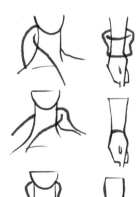

装扮腰部

- 环绕手臂
- 盖住手腕
- 向下滑到手部

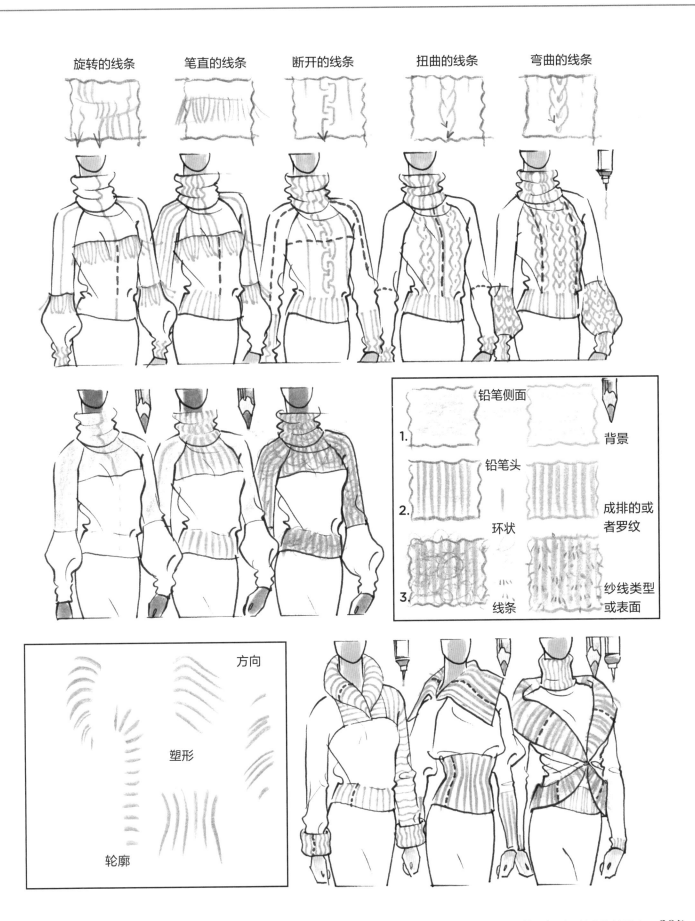

旋转的线条　笔直的线条　断开的线条　扭曲的线条　弯曲的线条

铅笔侧面
背景

铅笔头
成排的或者罗纹

环状

线条
纱线类型或表面

方向
塑形
轮廓

《女装日报》照片参考

Escada

Sacai

Vanessa
Bruno

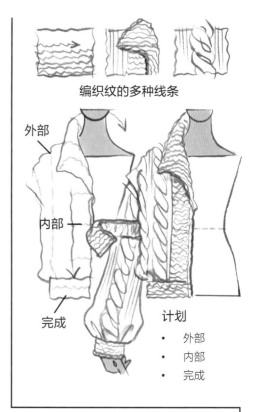

编织纹的多种线条

外部

内部

完成

计划
- 外部
- 内部
- 完成

线条样子和种类

表面类型和纱线纹理

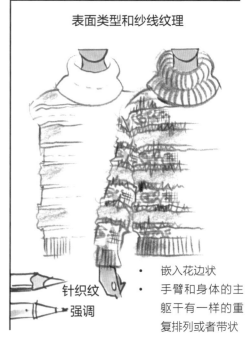

针织纹

强调

- 嵌入花边状
- 手臂和身体的主躯干有一样的重复排列或者带状

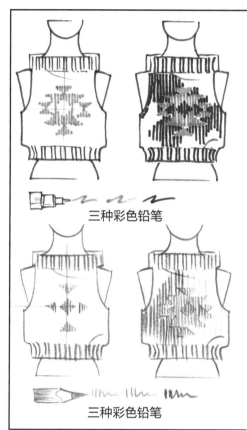

三种彩色铅笔

三种彩色铅笔

嵌花图案

嵌花针织纹创造一种单一图形的形象。它通常不以费尔图案那样的方式重复。嵌花图案常常过大,因为这种图案有"浮纱";也就是开始和停止轻纱对比在图形中改变颜色的连续图案。

正面

背面

多色菱形花纹

多色菱形花纹针织所有图形相互重叠的菱形网格,包括在主要的网格上交错的角度中的单色线以完成图形。

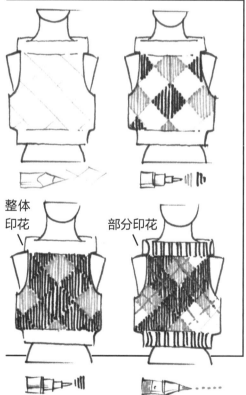

整体
印花

部分印花

混合=铅笔、钢笔和中性笔

Fishermans cable
knits
Feminized.

Cable
forms
sweater
(super
Size)

hand
Knit
fisher
mans
cable
Skirt

　　　　计师的这件作品展示的是编织复杂的样子以及看起来聪明、新鲜、年轻的时装态
设度。他的风格品位在草图和完成图中都显而易见，因为在两种绘图方法中的时装
态度都保持一致。当您在本页中看到他画的签名时装面部时，他选取了从最小化到最大化的
风格要素。绘图的区别可以被定义为粗略图（不精确的概念上的草图）和完成图（更精确的
有计划的人像）。

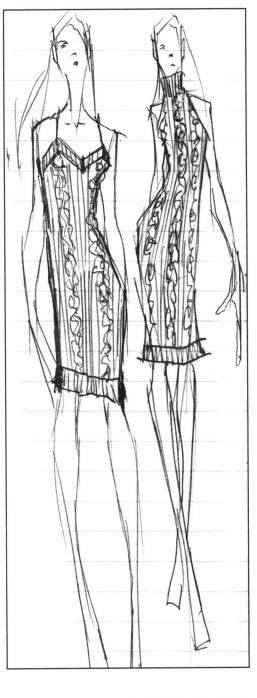

设计师的这组作品可以用于研究精致的渲染。观察她使用的色调范围、单一的海军蓝的微妙变化。这组时装是基于一个特定的时装种类，在时装的上下两端间将不同类型分开，最大化时装样式。这种时装样式轮廓的成功很大程度上是依靠清晰地渲染结合精准地绘制线条。设计师面临了两个挑战——密集着色和运动服的分层。研究她的解决方法。她可以在设计组中贯穿所有服装一次完成一套衣服或者一次完成一种布料。就像插图中完美的展示一样，两种方法都可以成功。

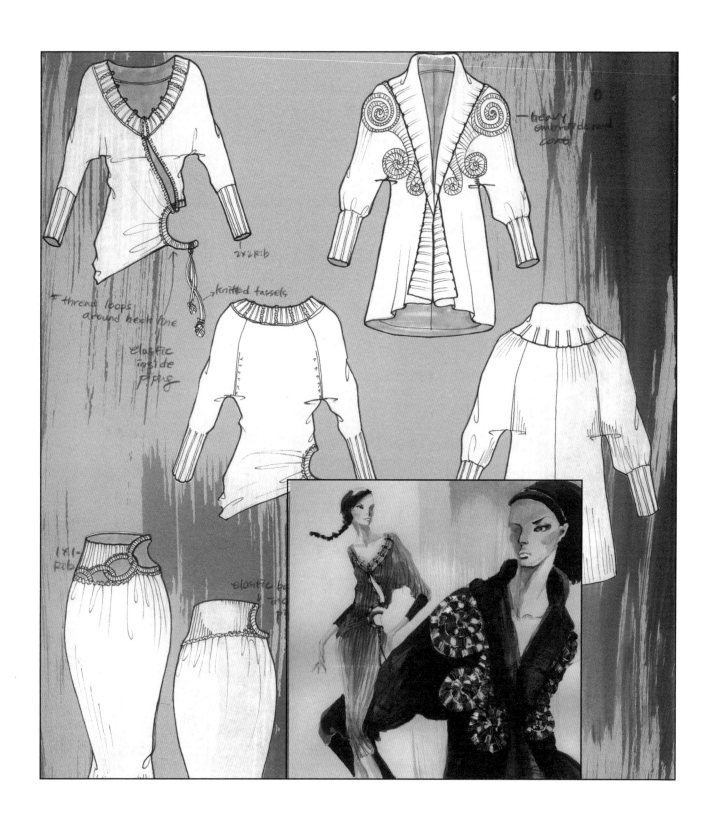

　　把本页的设计与前两页的针织服装作比较。注意第一层展示的是关于设计师的人像设计，以及平面展示图作为支撑。第二层，将以人像为重点的平面展示图作为支撑。两层都是有效的。你选择的那个可以基于时装焦点。例如，第一层的焦点可以是谁穿这件衣服或者如何穿。这里的焦点应该是服装的结构、形状和细节。一直都要为您的绘图或设计展示选择一个焦点，这样可以和这件艺术作品一样大胆且直接。

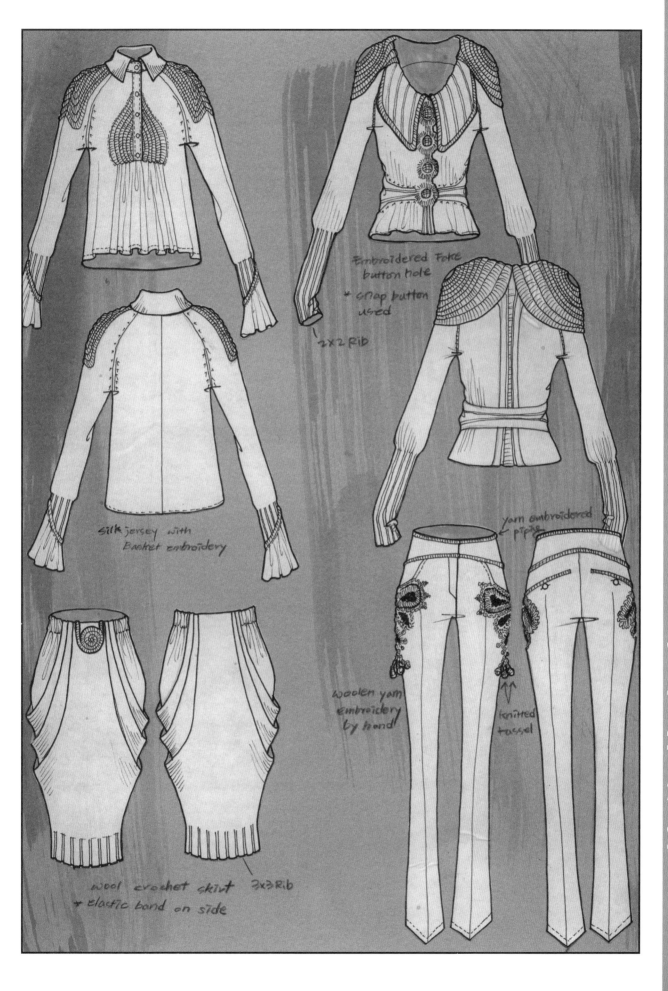

Embroidered Fake
button hole

* snap button
used

2X2 Rib

silk jersey with
Basket embroidery

wool crochet skirt 3x3 Rib
+ elastic band on side

yarn embroidered
piping

woolen yarn
embroidery
by hand

knitted
tassel

这件设计是马克笔和彩色铅笔的混合。从烟雾中获得灵感，这个复杂且精致的针织品运用不同宽度的线条来绘制针脚的处理。像这些详细的绘图在视觉传达上非常重要。他的绘图过程清晰地展示了设计意图。

特约艺术家：Joseph Singh

这件设计是水粉颜料、马克笔和彩色铅笔的混合。灵感来源于珊瑚和手工折纸，这位设计师的针织物作品将形状和垂感的细微差别及不同图形和纹理的结合放在一起。表面特征的多样性在本页丰富的颜色以及渲染细节的意图中变得活灵活现。

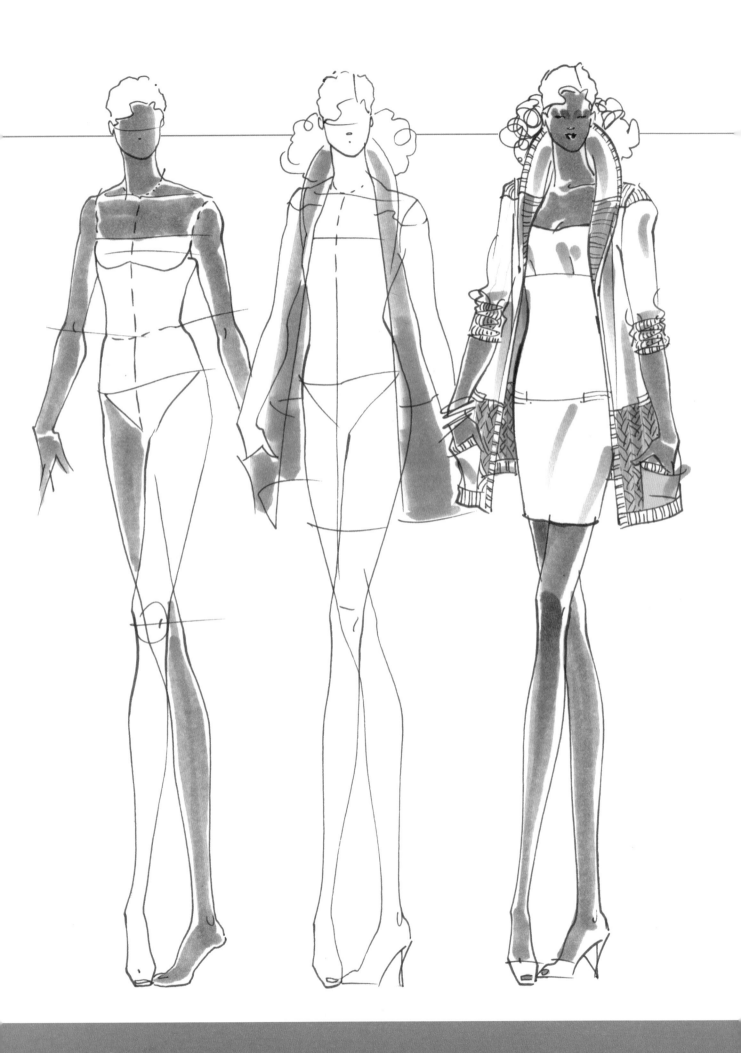

第 10 章

设计的焦点与布局

Design Focus and Layout

布局和设计焦点的组成一样有概念性。两者结合的美感是您如何在视觉冲击和时装信息间建立平衡。设计师具有丰富的创造力和多样的设计。布局基于艺术以及个人的品味和风格控制着设计。结构可以在设计理念中将潜力最大化。它可以在很大的空间中将多重图像聚拢在一起或者在很小的空间中创造强调重点。有很多因素都对您设计分配和展示的成功起到重要的作用。

本章将通过轮廓细节和绘图示例解释初级阶段的一些简单的设计展示格式。还会将设计重点带到基本结构中，为形成时装人像、平面展示图和配饰等混合形象，展示从您创造的布局中大量的选择模板。在本章的最后，您将可以更好地理解如何协调时装设计的结构和布局。

设计方向

下面是一些时装插画绘制要点，可用在时装行业的所有方面。这些要点包括视觉方面的和语言方面的。视觉方面也就是指图像；语言方面是指图像的商业价值。视觉和语言将您的时装设计个性（消费者）与颜色、面料和款式结合在一起，这种结合就被称为设计方向。设计方向利用视觉和语言提高您在工作或面试时的时尚焦点表现——语言完善了图片。

在下面列出的要点，练习将设计方向通过有关款式的对话表达出来。仔细了解后面小节中介绍的特约艺术家。您认为他们如何描述其插图的设计方向？

A. 目标消费者形象：描述您是为谁设计的。

1. 谁会穿您设计的衣服……示例……高管

2. 她为什么喜欢您的款式……示例……独立/干练

3. 她会在什么场合穿这件衣服……示例……会议室

4. 她是在哪儿买的这件衣服……示例……高级商场/专卖店/自有品牌电子商务（商业）

1. 性格特点："我的目标消费者非常聪明、自信和优雅。"
谁会穿您的衣服（例如高管）：列出时装特点，使用鼓励性的话语以及商业化的态度和图像。

2. 原因："她想打扮成干练时尚的样子。"
她为什么喜欢（表现）您设计的款式（口味）（例如，独立、干练）：使用表达生活方式、收入和时尚焦点的词语。

3. 生活方式："她是一个精力充沛的高管，喜欢城市生活。"
她会在什么场合穿这件衣服（例如，会议室）：您可以具体说出一天的什么时候，如晚上、周末等。描述一下相关的职业、旅行和社交活动。

4. 购物习惯：她是在哪里买的这件衣服（比如高端设计师订做，或者是在专卖店、精品店或时装店、网站上等）。

5. 家：她住在哪里（家是个性的延伸）：
- 家——大城市的公寓或郊区的家（或者城市郊区都有住处）
- 装修风格——后现代或怀旧
- 所处地段——快节奏的都市或者悠闲的乡村

6. 年龄组：年龄永远不会具体化："永远年轻。"
目标消费者形象通过风格反映出来：冲突在混搭设计中是固有的。
- 消费者/主题——当摩托女郎与名媛相遇
- 布料/轮廓——皮夹克和雪纺裙子
- 设计类别——都市风格的分体式休闲套装/秋季
- 调色板——大胆的亮色和甜美的彩色
注意：价位表现在面料和结构细节方面。衣服的价格是一个可选项。

B.**设计理念**：将您的主题、前提和灵感转化为语言。

1.说明设计方向、想法和重点。

a. 流行趋势——对您工作的启发和影响。

b. 研究——设计开发和想法应用。

c. 消费者和定价——设计动机。

2.描述调色板或颜色"方案"；以及将颜色和面料结合起来的相关主题。

a. 流行趋势——利用"颜色预报"实现颜色关联。

b. 研究——颜色名称的历史或文化诉求。

c. 季节——反映天气或地区着色方面的细微变化。

3.讲述有关纤维（比如棉花）和织物（比如锦缎）的面料"方案"。

a. 面料的类型（名称）、配料、混合的面料种数。

b. 功能或技术要素——参见设计类别，了解面料类型转换（例如制造运动服装的高科技弹力面料）。

c. 特殊的设计特点——装饰物和小饰品（例如纽扣或拉链等）。

4.描述形状和大小或者轮廓的"方案"。

a. 服装的剪裁——如何穿着它们来展现一种风格。

b. 这一组或者一系列作品中的结构或褶皱因素。

c. 受服装轮廓范围影响的设计类别。

5.选择设计种类。

a. 女式贴身内衣裤（内衣）：胸衣、睡衣、居家服。

b. 大衣（外衣）：夹克、雨衣（随季节而变）。

c. 分体式运动装：职业的、周末的、运动服。

d. 连衣裙：休闲款、职业款（一个吊牌、一个价格标签）。

e. 新娘装：新娘母亲的、伴娘的、新娘派对的。

f. 特殊场合：套装、燕尾服、礼服、舞会装。

g. 泳装和抹胸：轻便服、度假服（随季节而变）。

h. 专业的服装：针织服装、牛仔服、衬衫。

C.**设计的影响**：将您的设计市场化；这来源于设计理念、灵感和主题。

1.流行趋势——这些总是新潮的，基于以下几个方面。

a. 来自音乐、电影、好莱坞、名人和演员的流行文化影响力。

b. 艺术、电影、时事、科技。

c. 过去和现在的时装，摩登和复古风，街头的和网上的。

d. 面料和纤维的技术革新；颜色与外观特点的流行趋势。

2.目标消费者——谁穿什么类型的衣服、有什么样的态度和形象（永远年轻）。

a. 经典、干练、职业女性。

b. 中学生、赶时髦的人、俱乐部小孩。

c. 现代的、前卫的都市女孩。

d. 前卫的、具有挑战性的波西米亚女孩。

e. 自成一派的坚强、时尚的独立女性。

3.季节——虽不重点说明但仍要提到（分区域）。

a. 春季/夏季：一个季节最多可以"提交"7种造型。

b. 秋季/冬季：面料相同，所以一样（秋季面料比春季的更贵）。

c. 第五季度假胜地(季节性的)：全年服装都使用轻便的面料。

4.设计市场——如何定价时装款式。

a. 白天穿的服装：$10000（专用设计师）。

b. 白天有一半时间穿的服装：$5000（更年轻的市场，有设计师标签）。

c. 设计师设计的日装：$3000（有确定的名称或品牌）。

d. 年轻设计师设计的日装：$1000（有确定的名称，正在成长的品牌）。

e. 过渡性日装：$500（副线品牌"保护伞"标签）。

另请注意：私人标签、现代的、更好的、年少的、温和的种类。大品牌有独立的标签、价格划分、范围或款式。

5.销售渠道——出售设计作品的地方。

a.设计师自有的商店、企业内部电子商店网站。

b.百货商店，所有商品都明码标价。

c. 精品店、生活方式专卖店、产品目录、互联网。

另请注意：设计师、品牌名称、独立商业网站。

造型中的态度

传达信息/发表声明

态度是沉着的表现，达到形象与感觉的平衡。怎么穿衣服就像穿什么衣服一样重要。就像这些示例展示的一样，造型中的态度传递出一种时装观点。

1. 窄小的静态造型：
   受控、经典

2. 紧身的曲线造型：
   性感、考究

3. 大胆的更开放的造型：
   自信、轻便

4. 另一种开放的造型：
   年轻、顽皮

1. 经典保守   2. 端庄考究   3. 轻便有活力   4. 顽皮时尚

A. 这个造型看起来顽皮吗？

如果这个搭配的设计种类应该是顽皮的，那么这个造型就有悖于这个信息。

B. 这个造型看起来运动吗？

一个紧身的曲线造型不能完美地表现运动服装的感觉和态度。

C. 这个服装看起来经典吗？

自信并不违背经典，但是放在好胜心更少的服装中可以体现得更好一些。

D. 这个造型呈现出盛装出席的感觉了吗？

宽口的衣服在特定场合中不能胜过紧身的撩人时装形象。

A. 过于保守——
不顽皮

B. 过于考究——
不运动

C. 过于运动——
不保守

D. 过于顽皮——
不端庄

设计重点

时装设计的一个目标就是最大限度提高视觉冲击力，让服装的设计焦点能突出它的特点——衣服的剪裁、大小、形状或面料。这种强调常常表现为夸大或提高一系列设计作品或一件衣服的时装表现力。一种实现这种强调的方法是将人物模型与平面展示图结合起来。另一种方法是夸大细节。

同一套装的正面平面展示图和背面平面展示图所突出的细节重点

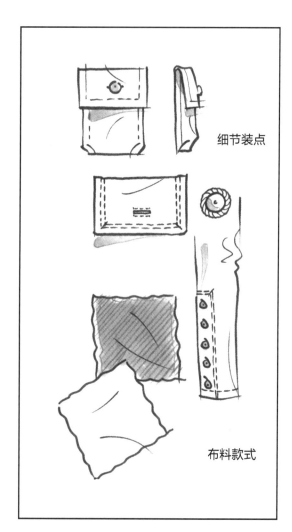

细节装点

布料款式

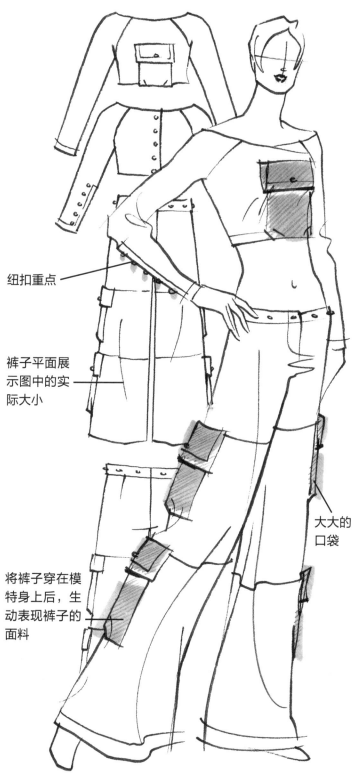

纽扣重点

裤子平面展示图中的实际大小

将裤子穿在模特身上后，生动表现裤子的面料

大大的口袋

强调裤子的大小、垂褶和非常大的口袋

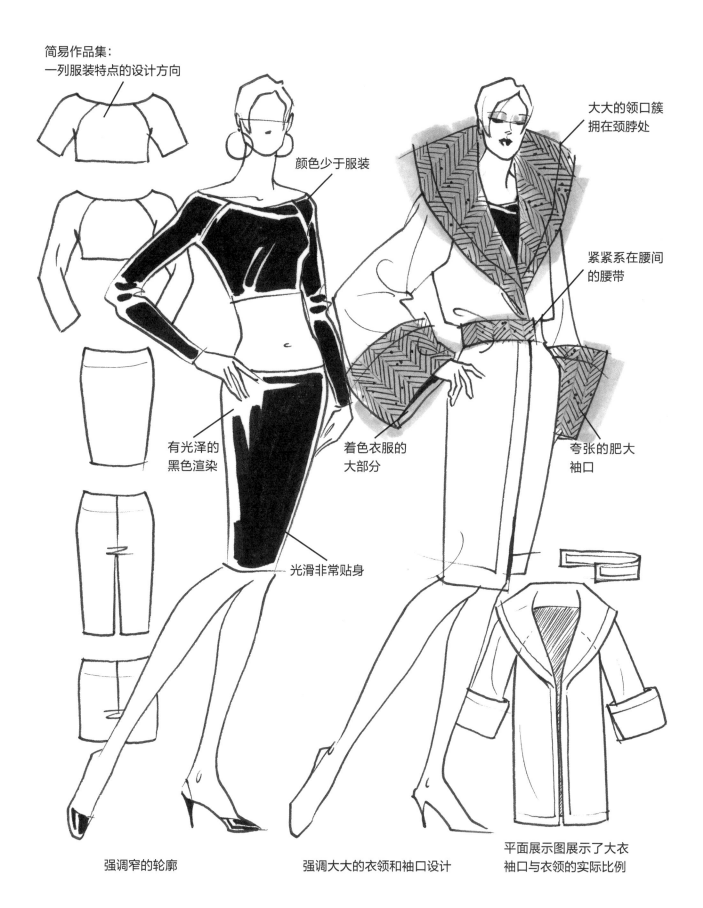

简易作品集：
一列服装特点的设计方向

颜色少于服装

有光泽的
黑色渲染

着色衣服的
大部分

光滑非常贴身

大大的领口簇
拥在颈脖处

紧紧系在腰间
的腰带

夸张的肥大
袖口

强调窄的轮廓

强调大大的衣领和袖口设计

平面展示图展示了大衣
袖口与衣领的实际比例

设计风格

 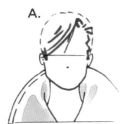  

选择：　A. 头部：小一些，轮廓不太分明，少一些俏皮，非彩色的。
　　　　B. 头部：大一些，更俏皮，更强调面部特征。

绘图风格可以为其本身带来影响时装造型的因素。

考究的风衣

款式在态度和姿势之上，可以设计出不同的有精致头部和渲染选择的造型。

> **注意：**
> 比较线条的深浅。一条紧密干净的线条可以设计出与宽松自然的线条不同的方案。

> **注意：**
> 比较颜色的选择。一件外衣的两个示例都是部分渲染，但是得到的造型却是不同的。

设计师草图：

- 自然的颜色
- 简约的脸部
- 深色，但宽松的轮廓
- 简化的姿势
- 引人注目的形状和贴身度

面部选项

只有眼睛——只有鼻子——只有嘴巴/所有面部特征在一起

肤色

把颜色向下拉

布料

将颜色呈扇形散开

将同样的外衣画两次以反映现实的与印象派对比的绘画类型

两个都画：

- 一样的钢笔线
- 马克笔颜色
- 马克笔和钢笔尖的粗细
- 一样的肤色和发色

这幅图和左页中的绘图相比，看起来更年长还是更年轻，还是同龄？

哪一种绘图类型更适合您的造型设计？

设计目标

基本的正面视图姿势是主要的造型选择，这个姿势简单、直接，而且更容易绘制和装扮。

在基本与引人注目之间的造型是T台造型。不华丽，但是可以创造更多的式样。

夸张的姿势创造更多的视觉动态，添加更多引人注目的光芒和复杂感。

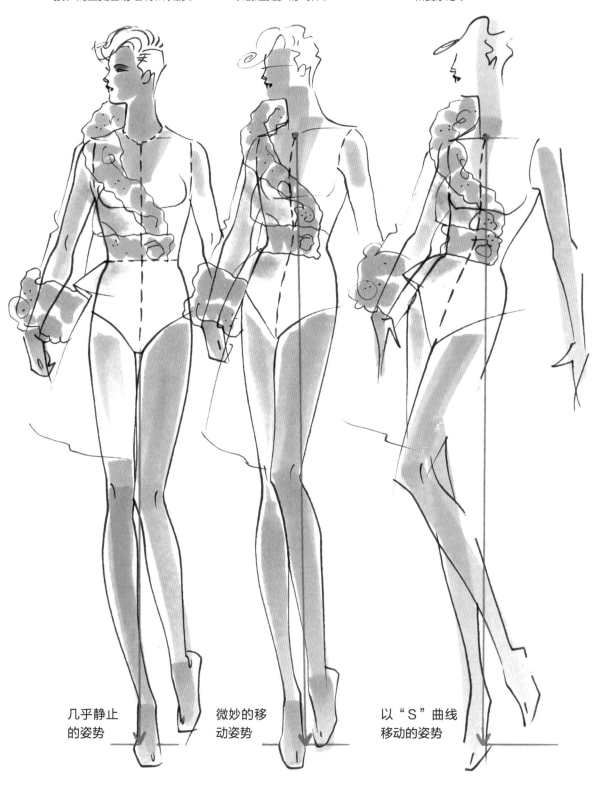

几乎静止的姿势

微妙的移动姿势

以"S"曲线移动的姿势

1. 这幅草图很有教育性，它综合了位置及焦点的所有重要细节。

2. 这幅作品是编辑过的。它更引人注目；不太精准并且更多的是显示它的时装声明。

突出这幅草图
的焦点：
更紧密的渲染，设
计细节更精确。

突出这幅草图
的焦点：
松散的渲染，更闪
耀，更夸张。

设计目标（继续）

　　时装绘图的目标是展示您的想法，交流设计理念。让您选择的姿势达到平衡，从而绘制您已经设计好的形状和结构细节。设计优先于姿势，并且要确保您的姿势不会妨碍服装特征。

不可以——
过分地摆姿势
失去焦点，并
且过于夸张
服装的设计图
形，太花哨。

不可以——
姿势太过保守
在这个设计
中，这件服装
的形状和功能
失去了焦点。

不可以——
过分地绘图
过于强调绘
图工具，而
不是设计。

和前一页说明的例子相比，这是更好一些的草图。这幅绘图清楚地传达了所有的设计方案。渲染方法虽然是松散的，但是仍然很充实。

好的——
平衡的展示
T台造型对于任何搭配来说常常都是最好的选择。基本的正面姿势保持设计的焦点和形状及布料的准确度。

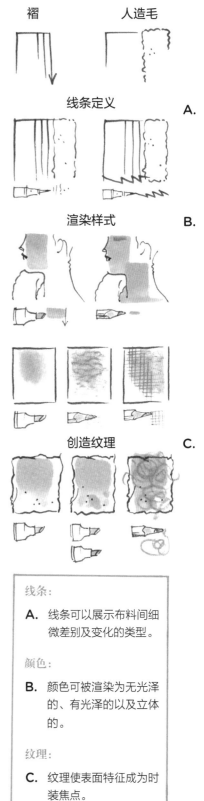

褶　　　　人造毛

线条定义　　　　A.

渲染样式　　　　B.

创造纹理　　　　C.

线条：

A. 线条可以展示布料间细微差别及变化的类型。

颜色：

B. 颜色可被渲染为无光泽的、有光泽的以及立体的。

纹理：

C. 纹理使表面特征成为时装焦点。

设计日记页

一本时装设计素描书是设计理念的视觉讲述。它包括了叫作"方案梗概"的设计方向拼贴。

理念
设计灵感；时装计划中您想法的一个所有有创造力的元素原始拼贴。

消费者轮廓
可选择的是基本；每一个新的设计理念中目标客户或观众不可拆分的成分。

设计方案
归类并且结合所有设计理念元素及设计试验，创造一个设计方案。

设计种类
时装项目中特定的划分、线条或者组群将根据您的设计理念被创造出来。

布料方案
建立您设计理念的样子将在选择好的设计种类中被构造、展示。

颜色方案
将布料选择整合为一个紧密结合且协调的颜色搭配，这将成为您设计中的调色板。

小装饰和概念
实际的或装饰性的都与设计种类中的设计外形、合身度、剪裁及功能有关。

注意：
设计作品集/设计列/设计组——关键元素
比例和合身度/结构细节或细节设计/特征关键点。
与消费者设计风格、态度和可能的价格点（市场）结合起来。

时装人像和平面展示图——艺术设计焦点
绘图和渲染技巧重点在于强调消费者的风格和态度。
人像——艺术认可结合时装界标准的大信息量绘图。
平面展示图——精确、精准且无需说明的绘图。可能与人像绘图结合起来，也可能分离开来。

作为个人设计历程的素描簿
记住这是一个专业的设计工具，必须以敬畏之心对待。
这个素描簿是您"工作"的一部分，并且作为您时装才能的延展和展示。

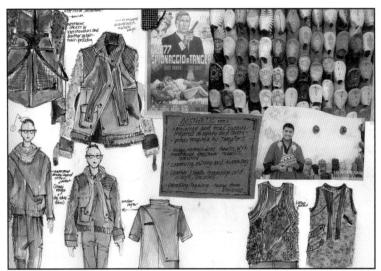

本页展示了这位设计师为一件单品标记出的一些时装日记页（素描或粗略的草图）

在这件作品中，粗略的草图和照片研究结合文字注释将她的创意过程最大化。

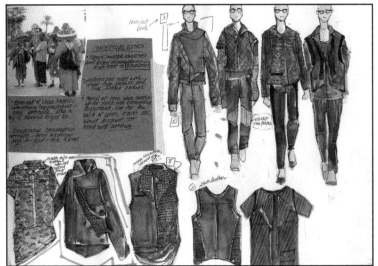

这位设计师使用了正在行走的T台造型，并且混合了整体渲染平面展示图以强调布料和设计的细微差别。

Andrea Tsao的作品

设计日记小样绘图

　　作为一位设计师，发展一种概念就是绘出您的想法，常常混合了最初的覆盖技巧、研究或电脑操控。您需要像本页展示的那样，通过绘图展示您的想法。这一步和最后一步一样在您创意过程中至关重要——在您的时装秀前为您的设计在正确的地方画下最后一笔。（见下一页）

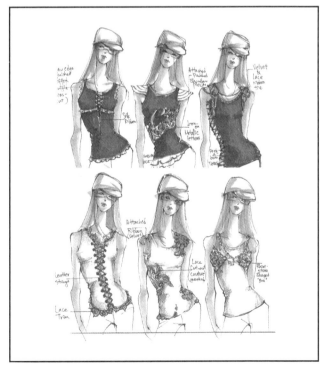

《女装日报》设计师搭配时的照片

Roberto Cavalli

Michael Bastian

Derek Lam

Chanel

最大化设计冲击力

在设计群组中将人像和平面展示图混合可以得到双倍的时装潜力。

A. 分身/平面展示图

平面展示图与人像身上穿着的衣装分离可以定义新的衣服或在展示身体上衣物的背面视图。

B. 搭配/人像

人像定义消费者、服装贴身度和形象；服装是如何穿在身上的以及颜色与布料的相互作用。

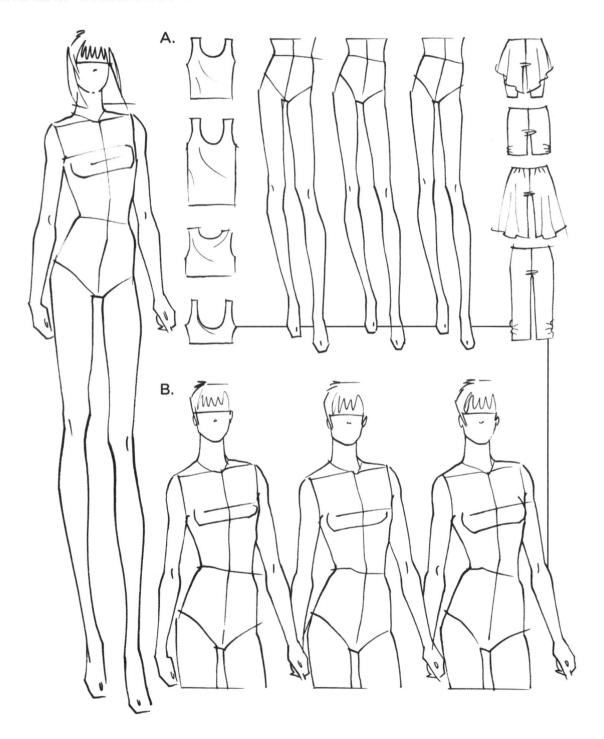

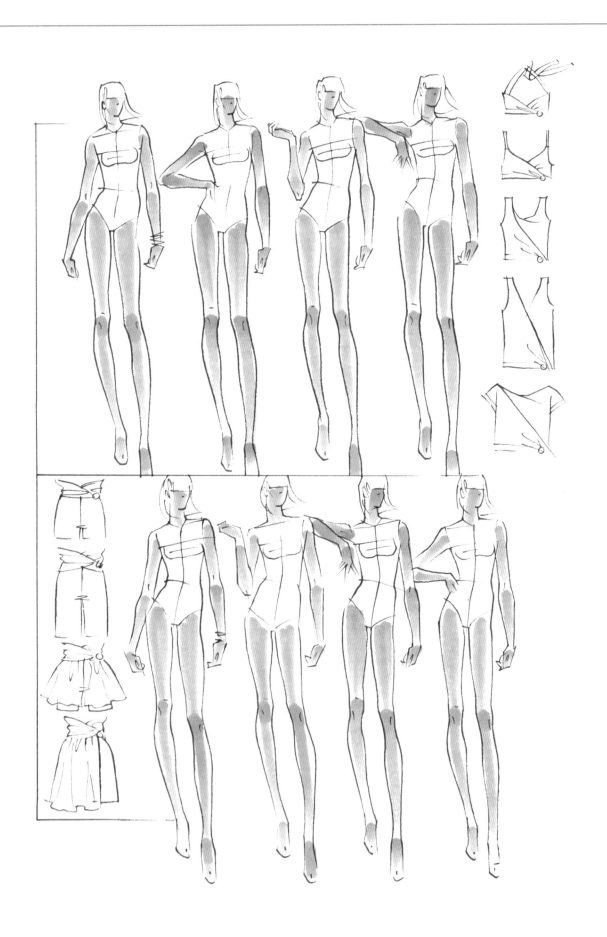

布局构图

布局构图意味着拥有一个焦点，显示特征，采用能提高您的艺术水平和宣传您设计内容的绘图策略。提前计划一下布局可以让一张纸上的所有表现元素汇聚到一张表现力更强的图片上。构图是设计草图成败的关键因素之一。下面给出了一些理由，说明布局为什么会帮助或破坏图片的视觉效果。

布局焦点

- 传达您设计理念的优势/概念
- 在布局中组织优先级/特征
- 增强草图的视觉吸引力/突出风格

布局特征

- 简明扼要、有个性地表达您的想法
- 设计类别、目标消费者、季节和定价之间要有关联性
- 设计过程 详细突出结构和焦点
- 在有关图示与表达技术和技巧方面取得平衡

布局策略

- 设计方案——表达信息
  1. 主要轮廓——特征元素或设计焦点
  2. 主导形状或大小方案——视觉重点
  3. 主要结构因素或特征——详细透明地阐明
  4. 一个系列中的混搭（也可能不是很配）服装——展示颜色、材质和线条类型

- 颜色方案——在图中实现颜色平衡的策略
  1. 主要面料——重点强调面料
  2. 主导颜色——最显眼、用量最多的颜色
  3. 主要印花或图案——色调变化和定义
  4. 材质混合——不同的设计方面运用不同的线条类型

布局缺陷

- 将各种元素混合在一起，有时可能会失去焦点
- **重叠太多，这样会掩盖细节**
- 有一些太过微妙的细节很难表达出来
- 空白空间太多，这会削弱视觉冲击力
- 磨毛、起皱的面料看起来不新
- 展示的资源太多，反而掩盖了要表达的信息
- 设计创意太多了，反而显得有点过
- 过度使用图像会影响设计信息的清晰度

将相关的图示组合成复杂的布局意味着要在内容上实现平衡。各图示分布在纸上各处，此时便要通过颜色、线条和形状来实现平衡。构图可以分为几部分。平衡的分布便赋予了布局以美感，即一种节奏感。

布局　　　分解

构图　　　　　　分区　　　　　　节奏

组合人体

居左　　　　　　　　　　　　　　居中　　　　　　　　　　　　　　居右

　　在一张纸上布局一个人体，就是相对人物身体周围的空白空间设定人物的有形或固定形式。身体组织就被看做是正空间，即固定形式。这个固定形式周围的空白空间就被看做是负空间。在一个布局中，固定形式不会改变，但它周围的空间会改变。您可以通过将任务模型放在纸张中心（称为居中）来让布局实现平衡。还可以通过将人物移到左侧或右侧来营造一种失衡效果，这会不均匀地分割纸张，从而实现一种视觉冲击力。视觉冲击力是所有布局的目标。选择正确的布局会增强设计和图示的视觉冲击力，选择错误的布局则会削弱视觉冲击力。

　　在一张纸上布局多个人体所遵循的原则相同，只是在不同人物模型之间增加负空间。这里主要是确定需在每个身体之间留出多大的空间。下面的示例使用5个人体摆出了6种不同的布局。稍后，这些选项将会在时装设计过程中设定更多的形状和颜色。

聚集在一起　　　　　　　　　　　　　　　　+5

在紧密的设计群组中的5个人像都暗示了"时装"联系和用于春季造型中浅一点的图形是最佳的。

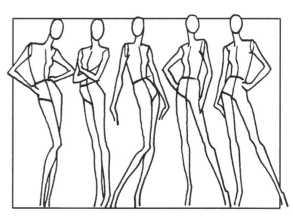

分散开　　　　　　　　　　　　　　　　+5

宽松的设计群组中的5个人像（分散开来）表达连通性和用于更重的轮廓和秋季造型是最佳的。

选项

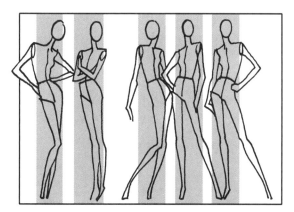

2+3

这种布局将人体分成两个单独的部分。这两个组之间具有最大的负空间。

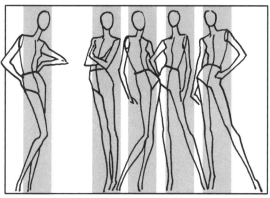

1+4

这种布局将一个人体单独分到了一边，这是另一种双单位布局模式。

1+3+1

这种布局由3部分组成。第一个和最后一个人体被从中间的大组分离出去。这得到了两个更大的负空间，而不是一个。

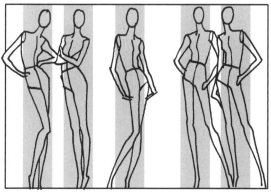

2+1+2

现在布局完全改变了。中间这个单独的人体与两边的人体组分离开来，这样纸张中间附近的负空间就加倍了。

组合人体（继续）

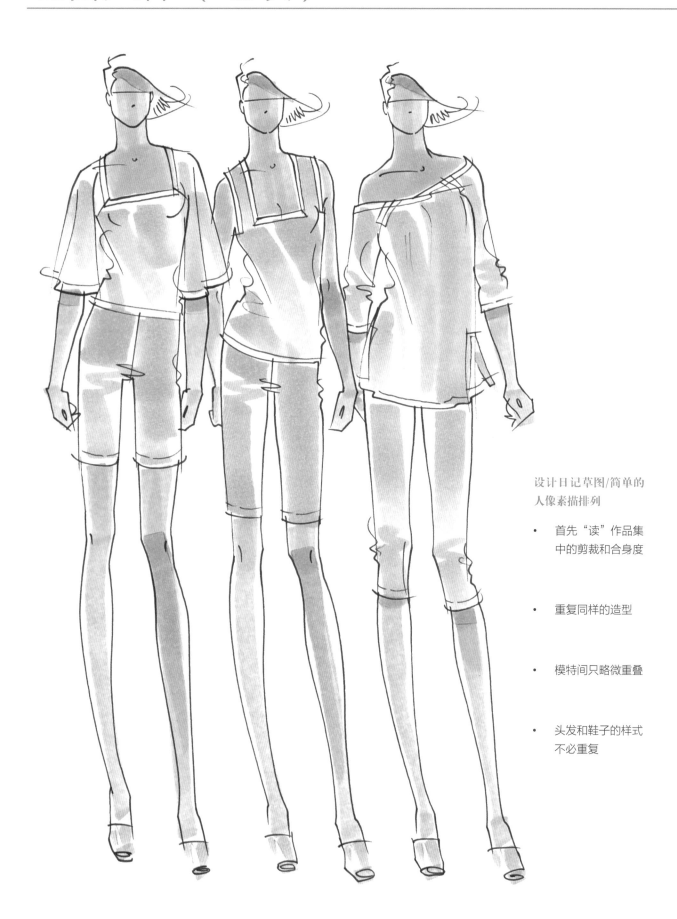

设计日记草图/简单的
人像素描排列

- 首先"读"作品集
  中的剪裁和合身度

- 重复同样的造型

- 模特间只略微重叠

- 头发和鞋子的样式
  不必重复

时装设计的组合人像通常在"一排"（作品集的另一个术语）展示一个作品集或一组服装。这个人像组合意味着每个姿势都是被选择过的，以及每件服装之间都互有联系。

在这些示例组合中，人像间都互有联系，通过时装设计而连接在一起并产生相互作用。

每个示例的布局中，许多姿势都是重叠的，覆盖上了下一个人像的一些部分。这些组合都可以运用轻便的布料和简单的轮廓，特别是休闲度假或春季作品集。但是由于服装的层次、厚重的布料和复杂的轮廓用于秋季服就有点困难了，这些因素都可能被太多的姿势重叠而湮没。

有时候创建一个作品集最好的解决方法就是像对开页中展示的那样建立一个边缘重叠的重复姿势。这种组合作品可以用于任何季节，而且仍然蕴含设计间的联系，这种方法比所有的姿势都绘制成不同的要快得多。

布局或排列

为了将您作品集中的设计潜力最大化，自然造型对比有结构的或组合造型是绘制群组人像的选择。

左边的是自然的造型组合。它们可以是相同大小的，也可以是不同大小的，这样可以在搭配上更好地突出重点。右边的组合可以在分开的造型中更好地突出重点。

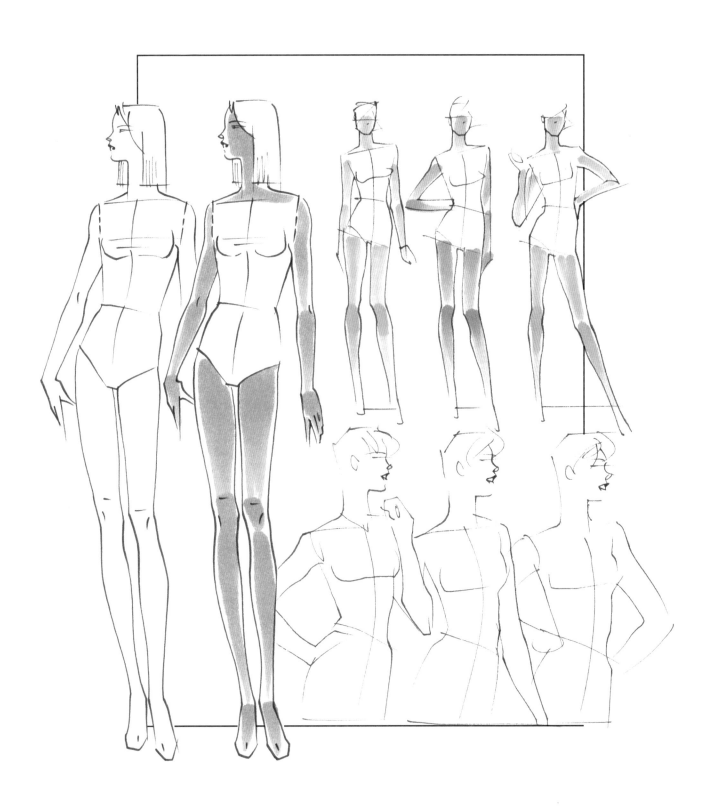

布局或排列（继续）

你选择的布局可能会包括以下几点。

- **服装细节**：强调您设计组合的剪裁和合身度。
- **调整**：最大化设计元素或者只是构建使用。
- **引领时尚**：在作品集中突出主要的形状或设计轮廓。
- **消费者**：有时情绪、态度或设计类别，像是海滩装对比外套那样，将表述出不同的布局。

注意：

这组中的着色平衡是在人像间保持相等的间距，这样焦点就保持在夹克上。

铅笔、钢笔或者颜料——这些渲染技巧适用于所有的绘图工具选项。

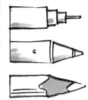

根据您选择的绘图工具，一个组合中的渲染的平面展示图可能需要额外的几个步骤：

1. 6H铅笔画出的图形作为草图；
2. 泼洒的颜色和纹理；
3. 在特定内部绘制细节的钢笔和铅笔将不会被弄脏。

部分渲染

形状
泼洒颜色可以强调服装轮廓的边界线。

形状

方向
将颜色涂进折痕和姿势的弯曲处里面。

方向

垂褶
将颜色向下拉进布料中。

垂褶

结构
将颜色的重点放在细节设计上，并且画出剪裁和塑形以强调样式间的细微差别。

结构

设计特点、特殊的处理，或者修剪可以增加任何一种布局的视觉冲击力。

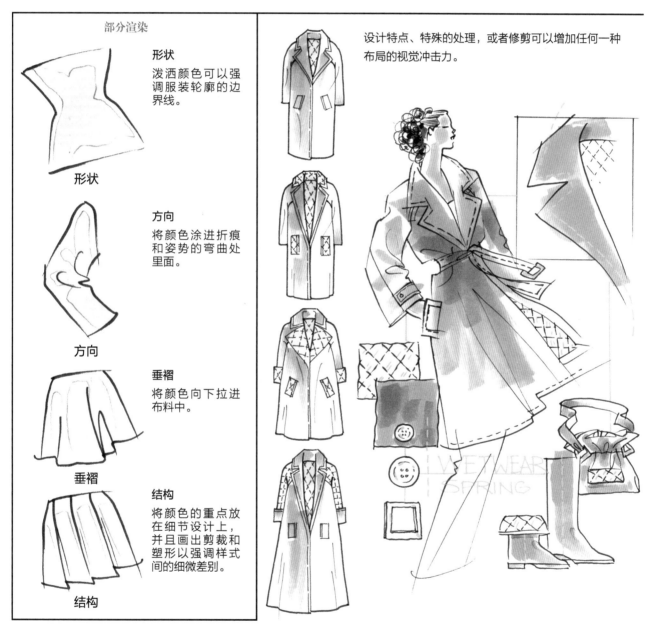

注意：

渲染印花、图案或纹理可以用同样松散的、局部渲染技巧完成。使用这里展示的同样类型的基本色塑形作为您的指导线。

这件设计的绘图工具是在牛皮纸上使用水粉颜料和铅笔的混合。作品传达出设计轮廓与设计灵感的捆绑。他的人像页面的完成图主要表达了作品集的主导形状、布料和色彩设计。他的灵感页展示了他的灵感来源、研究以及作品发展。他巧妙地运用文字建立他创造力的注解。

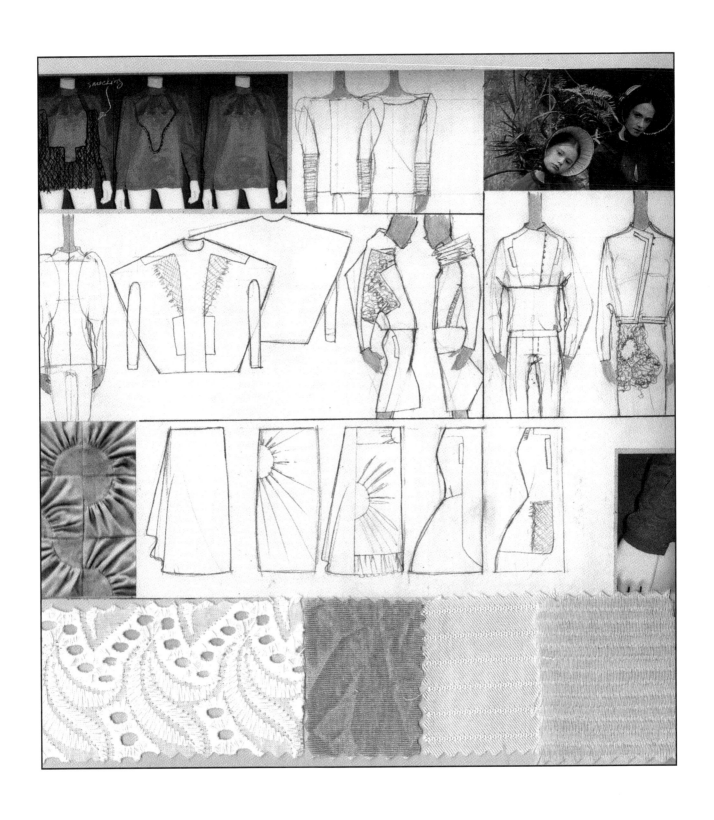

　　本图绘图工具混合了多种研究和资源的照片拼贴。设计师将拼贴页与素描绘图和考究的垂感结合，展现出视觉的清晰度及高焦点的设计结构。他编辑过的人像页完成图传达了作品精致的时装艺术以及同样微妙的时装创意。

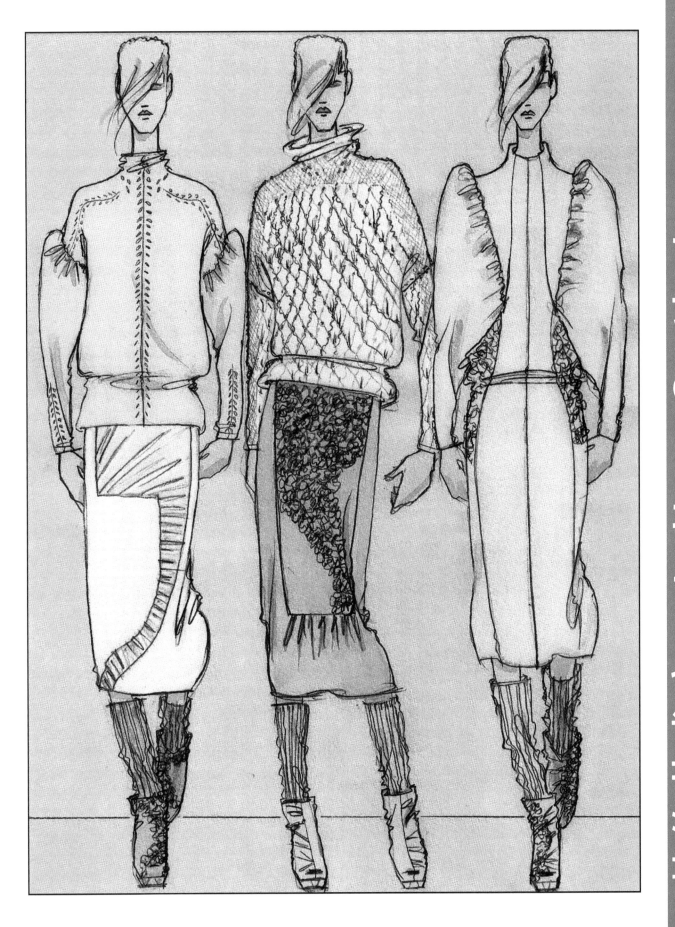

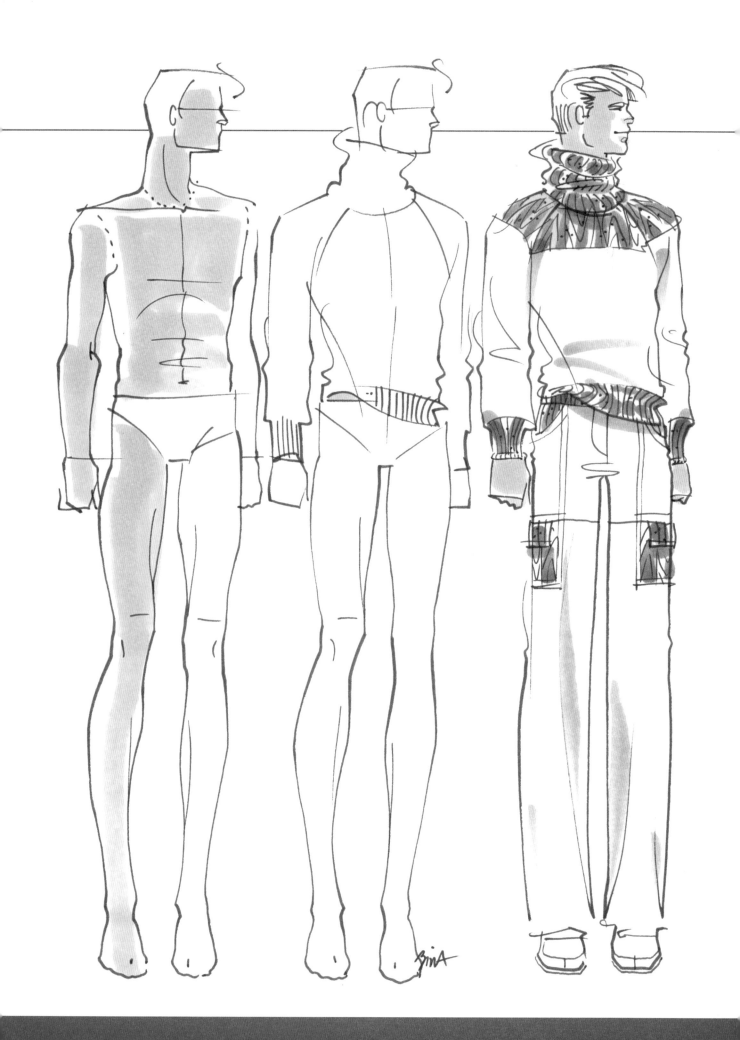

绘制男性

Drawing Men

本章会引导您注意男性人像服装的比例和结构。另外，将简化男性人体的绘制以及服装设计的过程，目的是帮助您掌握最基本的要素。学完这些基础知识后，您就能自己创建男性人体了。

与之前绘制女性人体一样，绘制男性人体也要使用理想化的身体。并且男性人体也夸大或模拟了人体，同时摒弃了一些自然人体的特征。学会如何针对时装来绘制和创作一般类型的男性人体后，就能绘制出符合您需求且更逼真的人体了。您应该通过现实人物的复杂真实性和风格化人物的时装简单化这两方面来考虑绘制。做到这一点后，就可以用更具体化的风格创作出属于自己艺术版本的人体了。

本章展示了来自于《女装日报》中的男性人像造型和服装轮廓的T台照片以及展示间中的照片。这些图形可以为你起笔绘图提供另一种图像来源。

男性人体的基本要素

与女性人体非常类似的是，男性人体也要运用夸张手法绘制，这两种形体都要被拉长和理想化。因此，它们不够真实，更多的是风格化。

男性人体的胸腔相比女性而言，更像一个"V"字形。他的颈部要粗一点，肩膀也更宽，但臀部要窄一些，没有在女性时装人体上绘制的那种曲线。

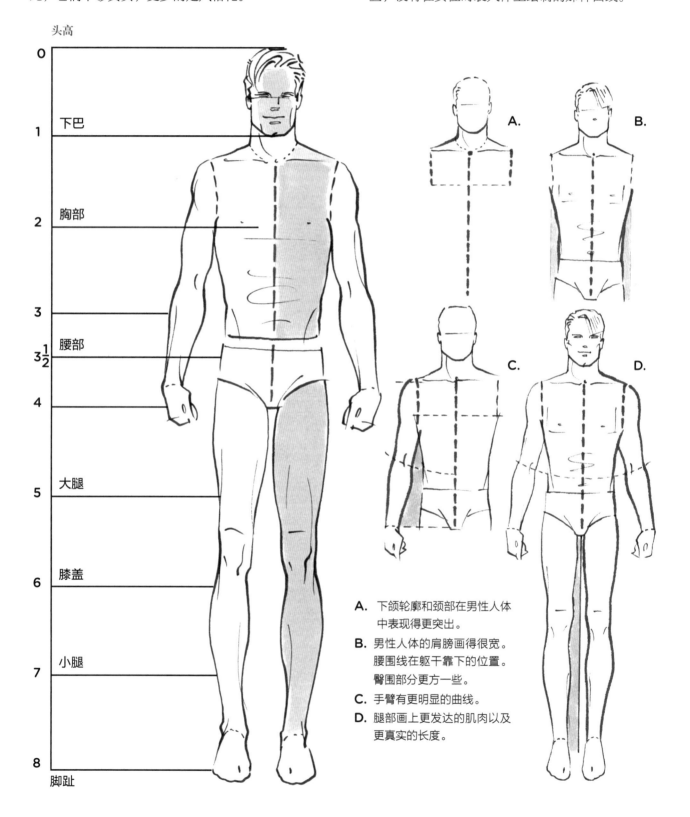

头高

0	
1	下巴
2	胸部
3	
3½	腰部
4	
5	大腿
6	膝盖
7	小腿
8	

脚趾

A. 下颌轮廓和颈部在男性人体中表现得更突出。

B. 男性人体的肩膀画得很宽。腰围线在躯干靠下的位置。臀围部分更方一些。

C. 手臂有更明显的曲线。

D. 腿部画上更发达的肌肉以及更真实的长度。

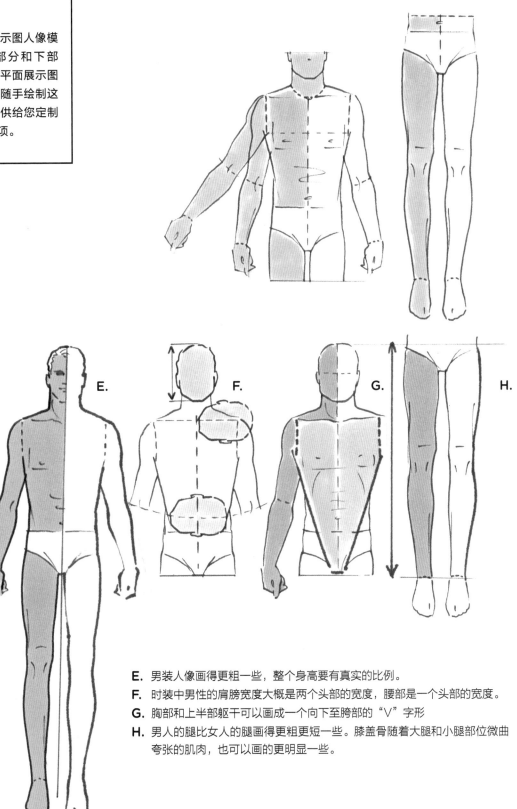

男装分离的平面展示图模板

注意：
男装的平面展示图人像模板可分为上部分和下部分，就像女装平面展示图中画的那样。随手绘制这些模板可以提供给您定制手臂图形的选项。

E. 男装人像画得更粗一些，整个身高要有真实的比例。

F. 时装中男性的肩膀宽度大概是两个头部的宽度，腰部是一个头部的宽度。

G. 胸部和上半部躯干可以画成一个向下至胯部的"V"字形

H. 男人的腿比女人的腿画得更粗更短一些。膝盖骨随着大腿和小腿部位微曲夸张的肌肉，也可以画的更明显一些。

男性人体的基本要素（继续）

    在草图中，利用头高规则可将人物模型分为多个更容易绘制或研究的部分。将模型拆分后，学习如何再将这些部分构建成一个整体模型。学习这个过程会提高您的绘画能力，直到您有足够的信息独立（不借助规则）绘制出整个人物模型。另一方面，您还可能形成自己的一套人物模型绘制规则。

    在下图中，右边的示例是直接将模型对半分。如果将模型在躯干末端（即胯部，模型的一般处）折起来，脚恰好触到头顶。

    中间的人物模型是三等分的，而且不像绘制女性模型的规则那样是在身体自然弯曲的部位定义的。可以在胸腔、骨盆和腿处标记三个等分点。

三个人像规则准则——一样的规则；一样的比例

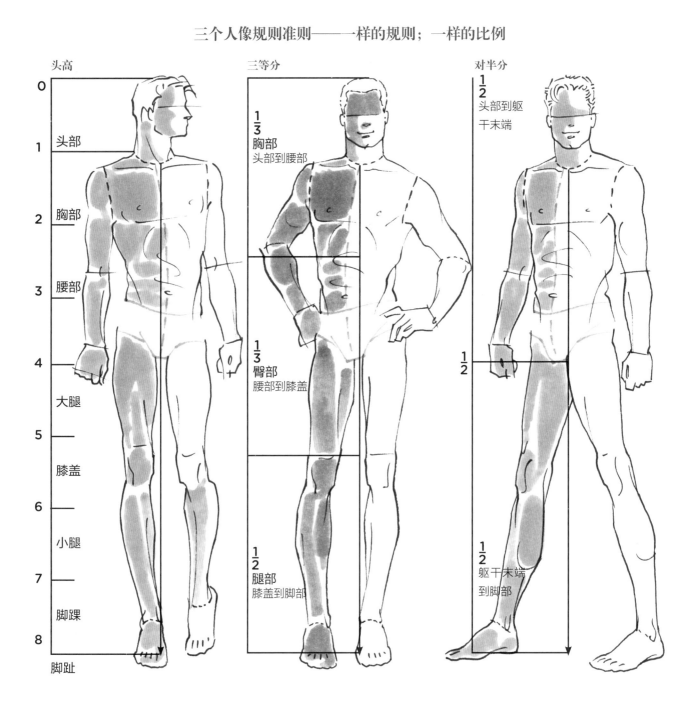

本页中的男装造型分成三步以展示这些造型中的前中线是如何变成身体的。前中线是一条为了绘制服装细节的一条很重要的线，并且可以帮助您完成您的设计草图。

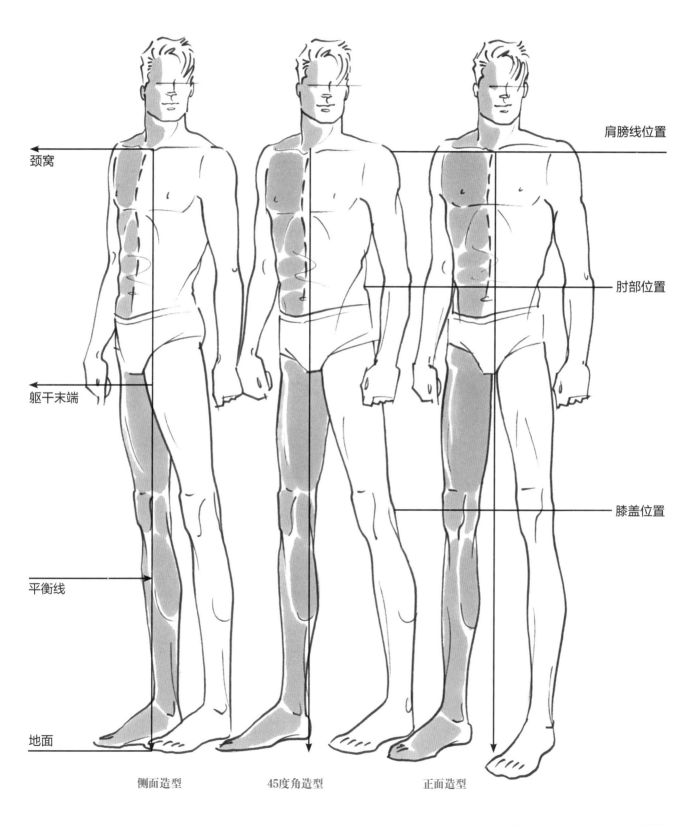

肩膀线位置

颈窝

肘部位置

躯干末端

膝盖位置

平衡线

地面

侧面造型　　　　　　45度角造型　　　　　　正面造型

男性人体比例

在时装界中,男性人体通常不像女性人体那样被拉长。男性的脖子更短、更粗,肩膀更宽。他的手臂和腿也显得更有肌肉感。相比女性形体的时装效果图而言,男性脚踝正上方的区域更加明显,也不会拉得那么长。

在男性(除了那些充满活力的运动服)身体中,造型的角度更加微妙。低肩膀和高臀部一点也不明显,但是仍然存在。正面中心线和背面中心线对于造型中的运动仍然非常重要。支撑腿和平衡线保持人物能站立在地面上。

更小的造型草图

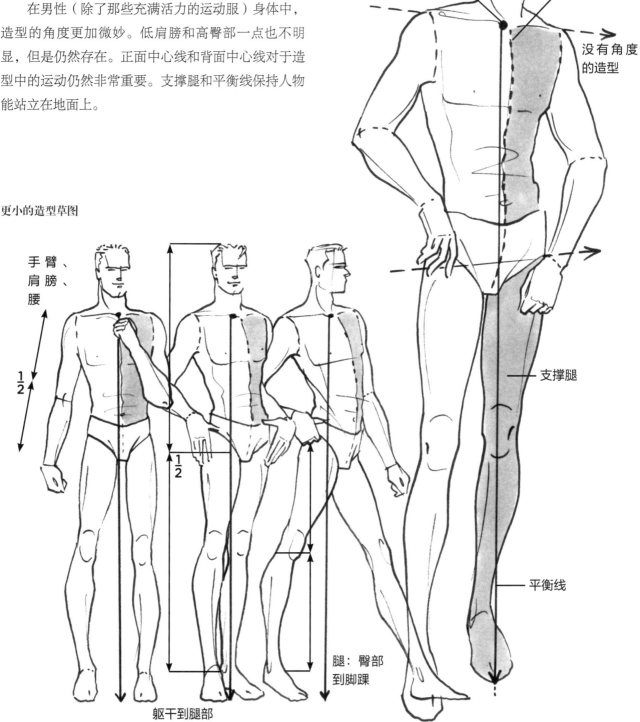

平衡线

正面中心线

没有角度的造型

支撑腿

平衡线

手臂、肩膀、腰

$\frac{1}{2}$

$\frac{1}{2}$

躯干到腿部

腿:臀部到脚踝

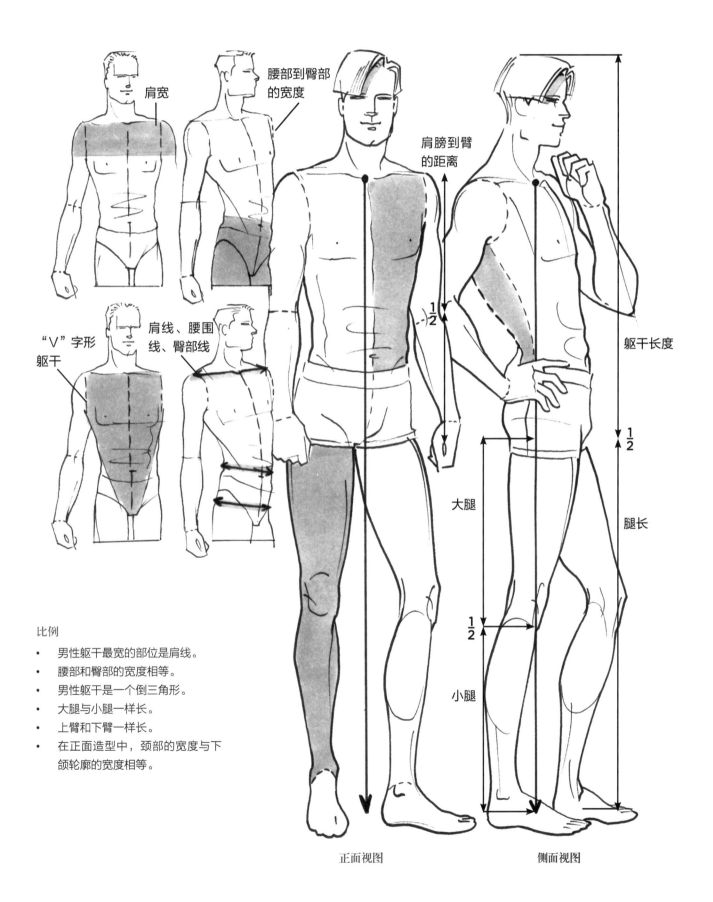

肩宽

腰部到臀部
的宽度

肩膀到臂
的距离

$\frac{1}{2}$

躯干长度

"V"字形
躯干

肩线、腰围
线、臀部线

$\frac{1}{2}$

大腿

$\frac{1}{2}$

腿长

小腿

比例

- 男性躯干最宽的部位是肩线。
- 腰部和臀部的宽度相等。
- 男性躯干是一个倒三角形。
- 大腿与小腿一样长。
- 上臂和下臂一样长。
- 在正面造型中，颈部的宽度与下
  颌轮廓的宽度相等。

正面视图

侧面视图

男人的T台造型

男性的T台造型是比较圆滑的。他们可以被放在一起用，并且能让造型看起来足够不同。这是一些创造人像的初级步骤。

A. 和**B.** 在完成建立头部大小、颈部和肩宽以后，完成胸部。

C. 臀部成方形，并且画出胯部，这样你就可以完成躯干了。

D. 画出手臂。他们的长度和躯干一样。肘部在手臂的中间。

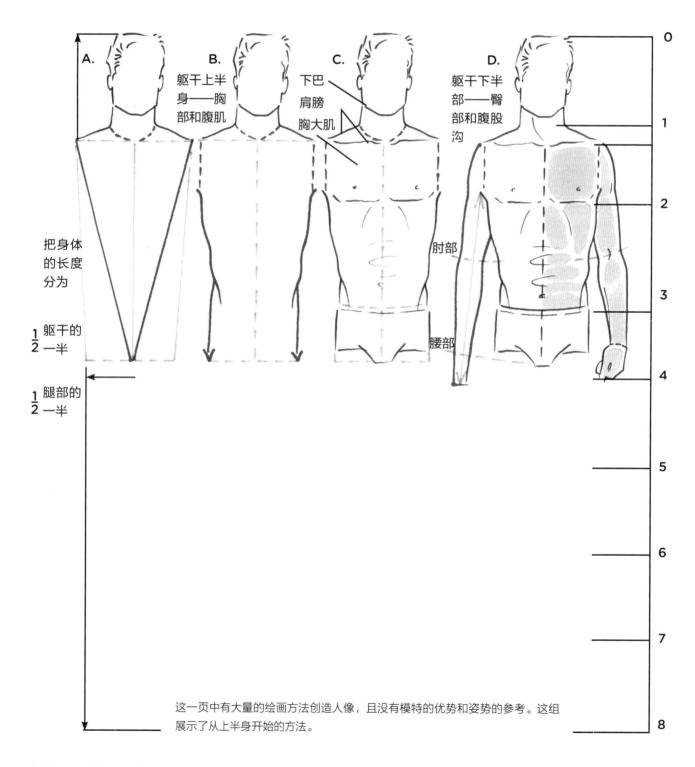

这一页中有大量的绘画方法创造人像，且没有模特的优势和姿势的参考。这组展示了从上半身开始的方法。

E. 腿部的长度要和头部到胯部的长度相等。从没有弯曲的支撑腿开始画。

F. 下一步是行走中的、向后拉的、弯曲的腿部,这条腿画得要比另一条腿微弯一些。

G. 完成人像,它的高度应该接近8个头高,这样可以非常容易的达成比例。

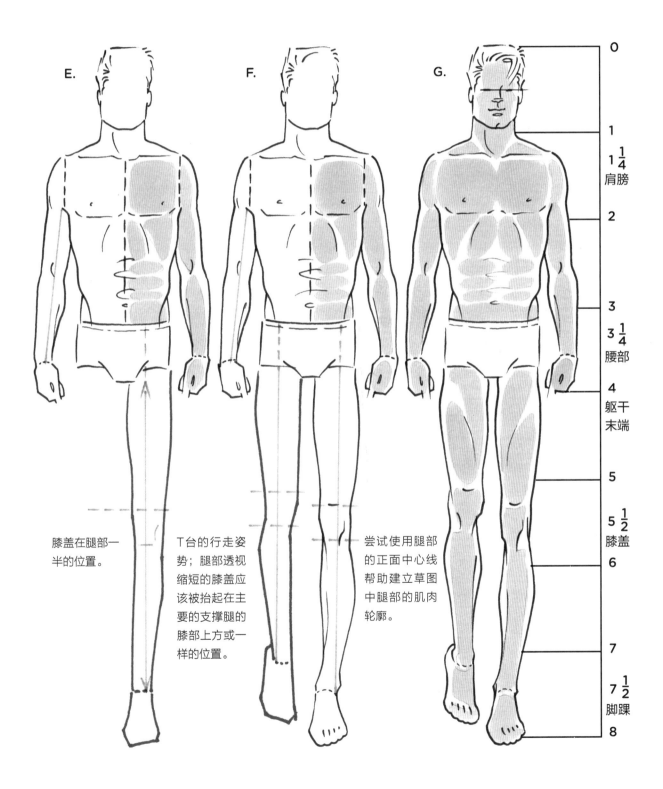

E.

膝盖在腿部一
半的位置。

F.

T台的行走姿
势;腿部透视
缩短的膝盖应
该被抬起在主
要的支撑腿的
膝部上方或一
样的位置。

G.

尝试使用腿部
的正面中心线
帮助建立草图
中腿部的肌肉
轮廓。

0

1

1 1/4
肩膀

2

3

3 1/4
腰部

4
躯干
末端

5

5 1/2
膝盖

6

7

7 1/2
脚踝

8

男性的拉伸

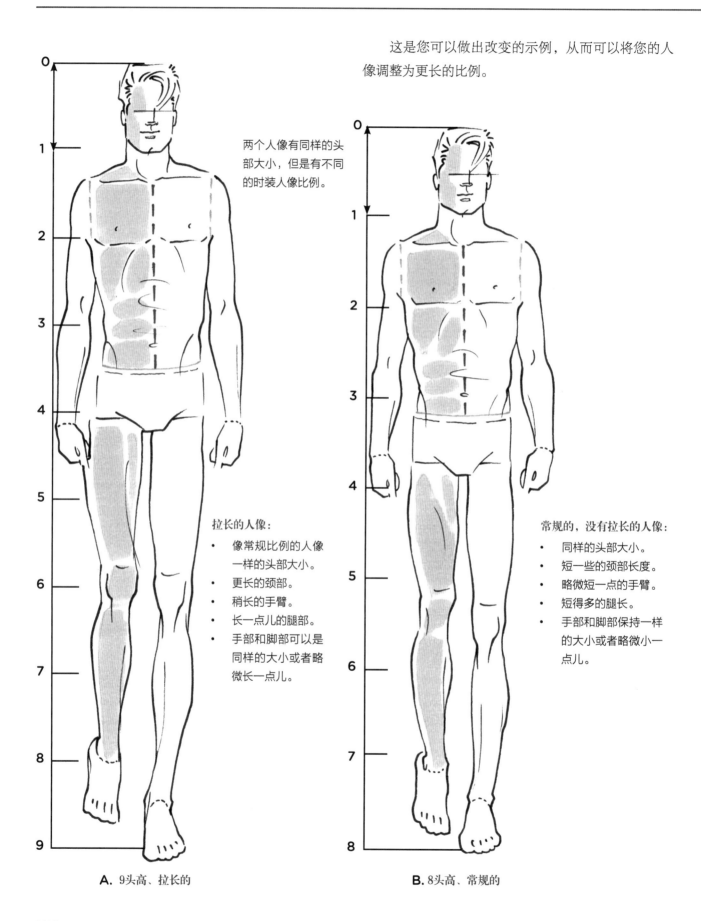

这是您可以做出改变的示例，从而可以将您的人像调整为更长的比例。

两个人像有同样的头部大小，但是有不同的时装人像比例。

拉长的人像：

- 像常规比例的人像一样的头部大小。
- 更长的颈部。
- 稍长的手臂。
- 长一点儿的腿部。
- 手部和脚部可以是同样的大小或者略微长一点儿。

常规的，没有拉长的人像：

- 同样的头部大小。
- 短一些的颈部长度。
- 略微短一点的手臂。
- 短得多的腿长。
- 手部和脚部保持一样的大小或者略微小一点儿。

A. 9头高、拉长的

B. 8头高、常规的

改变

更长的人像胸部长一些，并且
有更长的腿部和手臂

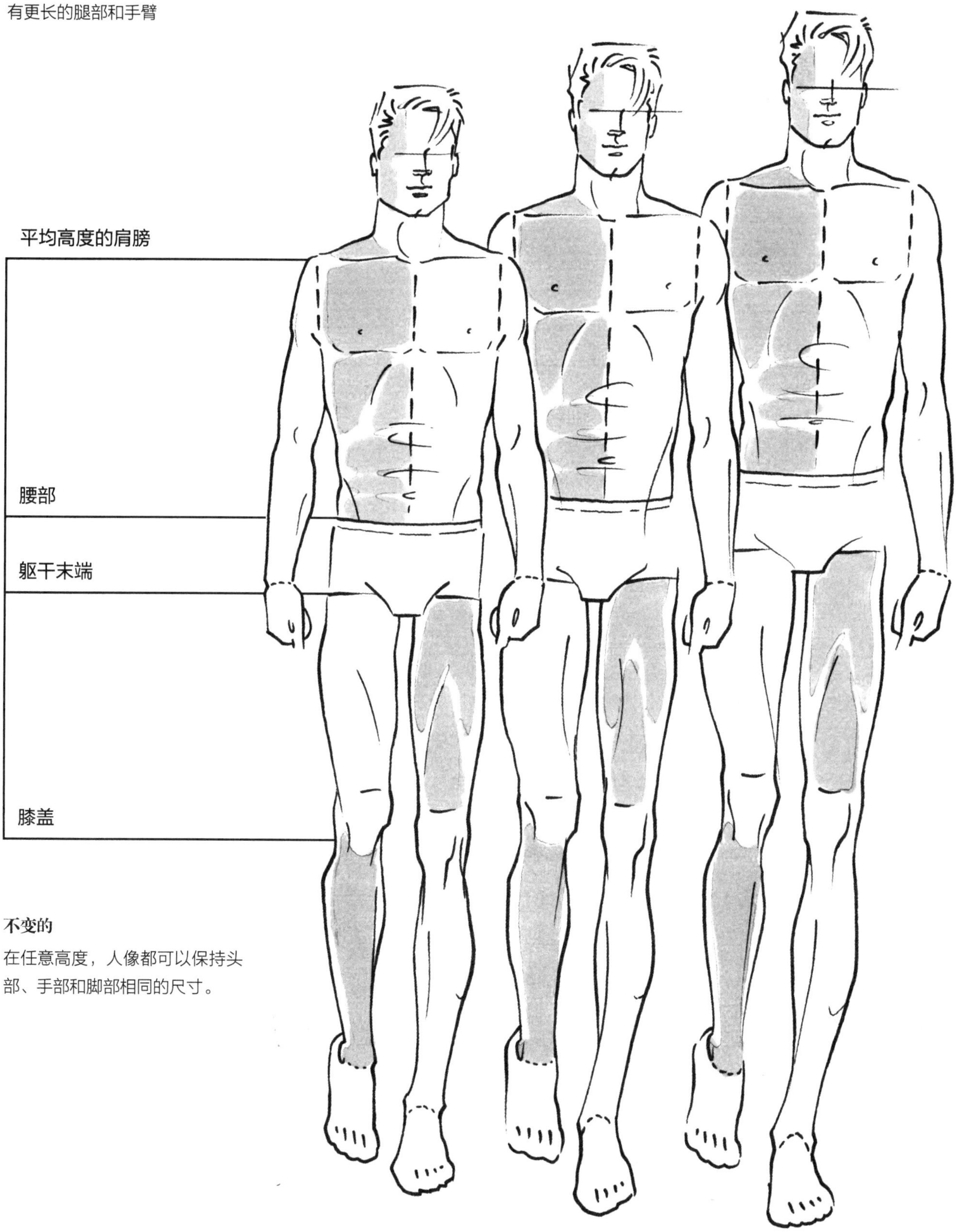

平均高度的肩膀

腰部

躯干末端

膝盖

不变的

在任意高度，人像都可以保持头
部、手部和脚部相同的尺寸。

绘制男性的腿部

男性人体腿部的基本结构遵循对半分这个规则，即大腿（或者说腿的上半部分）与小腿（或者说腿的下半部分）一样长。宽度则基于大腿比小腿粗的原则。膝盖和脚踝都要突出显示，以表现有男子汉气概的腿。

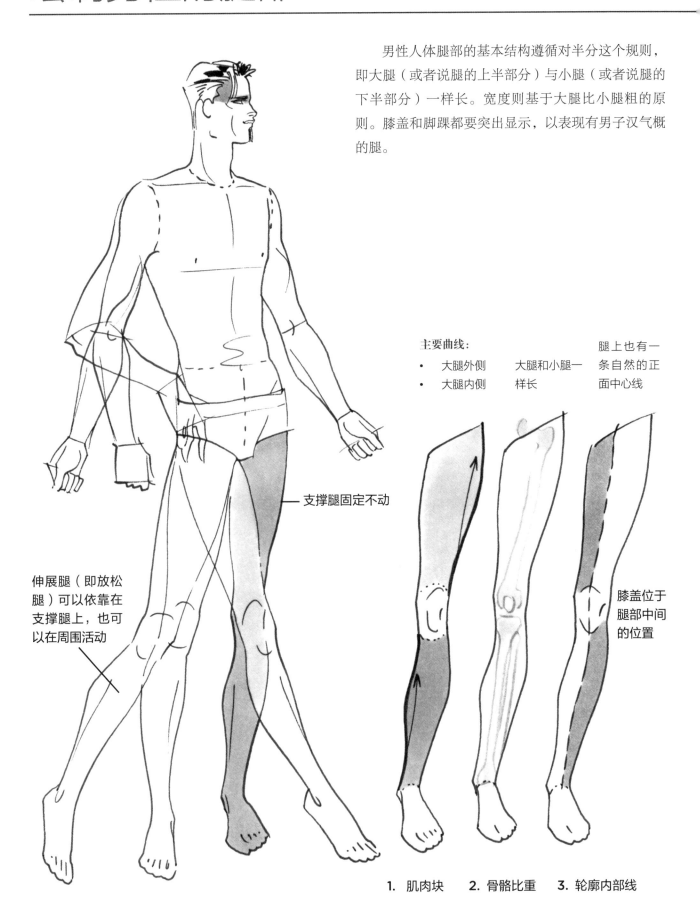

支撑腿固定不动

伸展腿（即放松腿）可以依靠在支撑腿上，也可以在周围活动

主要曲线：

- 大腿外侧
- 大腿内侧

大腿和小腿一样长

腿上也有一条自然的正面中心线

膝盖位于腿部中间的位置

1. 肌肉块　　2. 骨骼比重　　3. 轮廓内部线

脚部：

使用同样的基础三面视图绘制脚部，男性脚部的这些造型可以被简化。

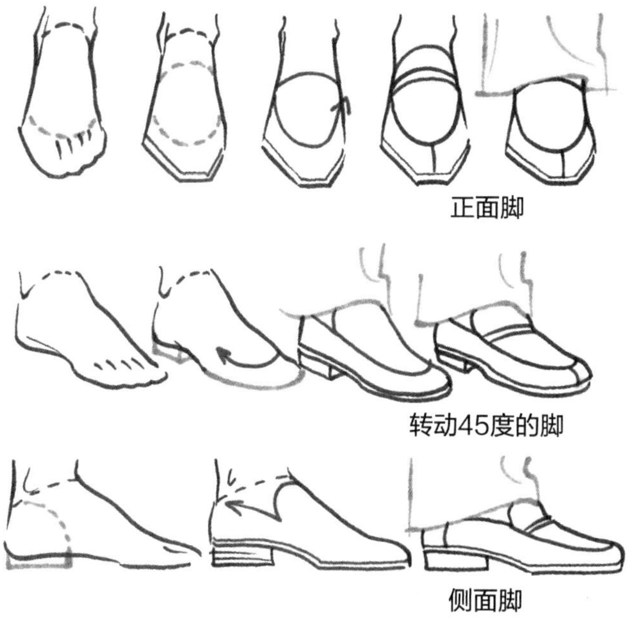

脚在鞋里

正面脚

转动45度的脚

侧面脚

腿部：

大腿、膝盖和小腿的轮廓随着腿部的转动会有清晰的曲线

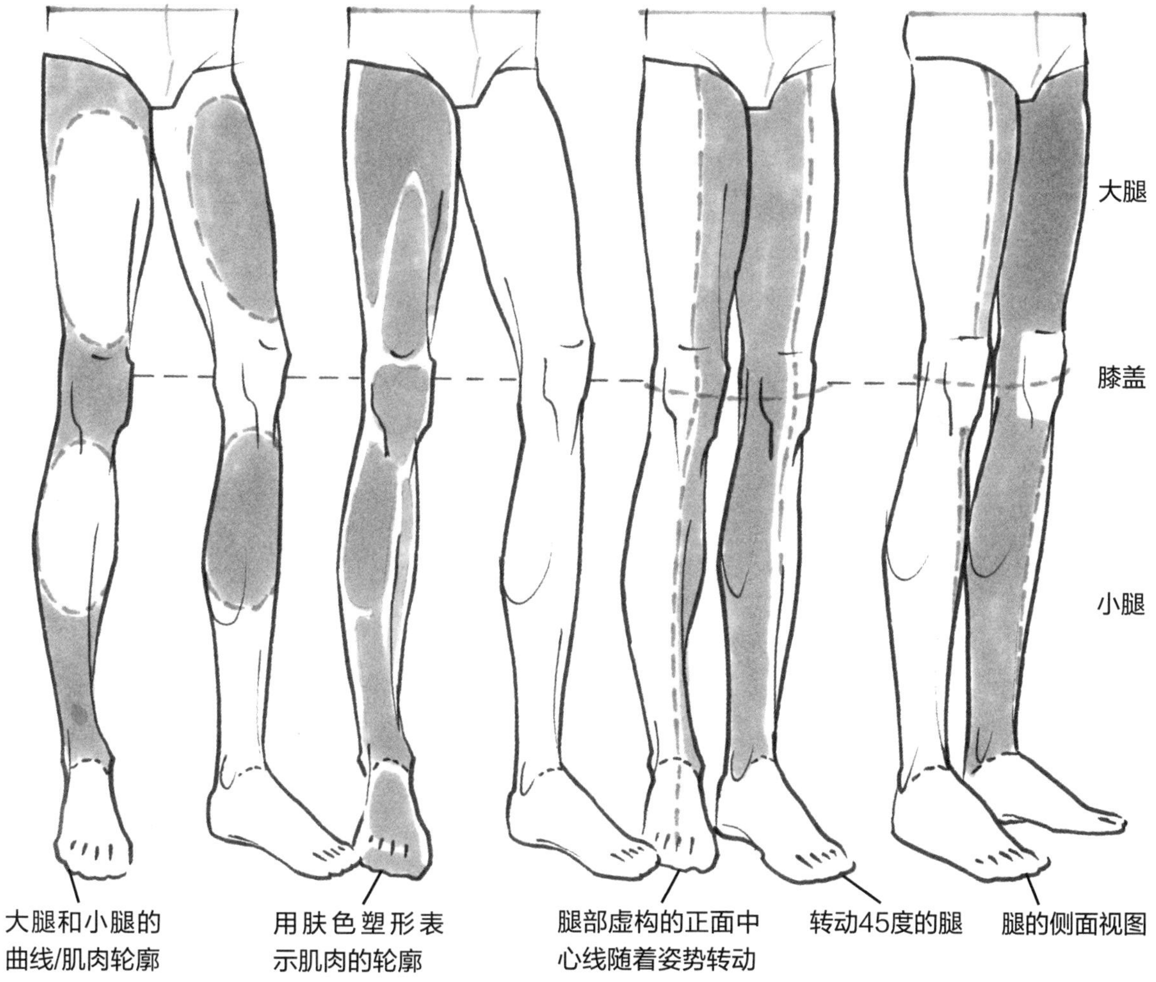

大腿

膝盖

小腿

大腿和小腿的曲线/肌肉轮廓

用肤色塑形表示肌肉的轮廓

腿部虚构的正面中心线随着姿势转动

转动45度的腿

腿的侧面视图

绘制男性的手臂和手

男性手臂要画得比女性手臂强壮且短一点。不管在什么时候画这样粗壮的手臂，都应该强调外部轮廓的肌肉感。

在练习绘制手臂的上半部分曲线和下半部分曲线的时候，一定要记得从肩膀开始。首先绘制上臂，在肘部停止，然后继续向下一直绘制到手腕。

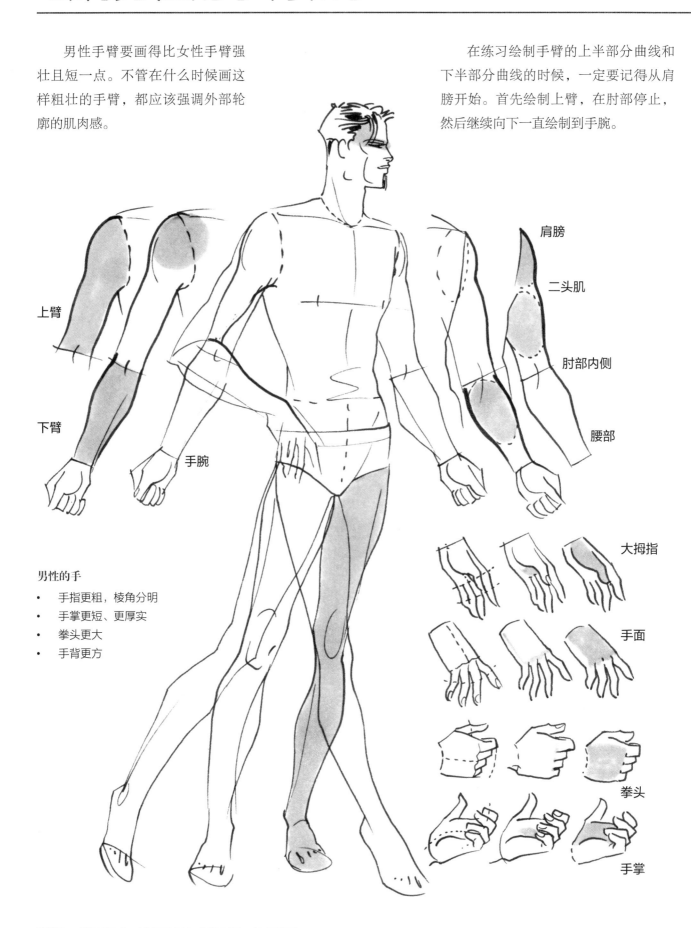

上臂

下臂

手腕

肩膀

二头肌

肘部内侧

腰部

大拇指

手面

拳头

手掌

男性的手

• 手指更粗，棱角分明
• 手掌更短、更厚实
• 拳头更大
• 手背更方

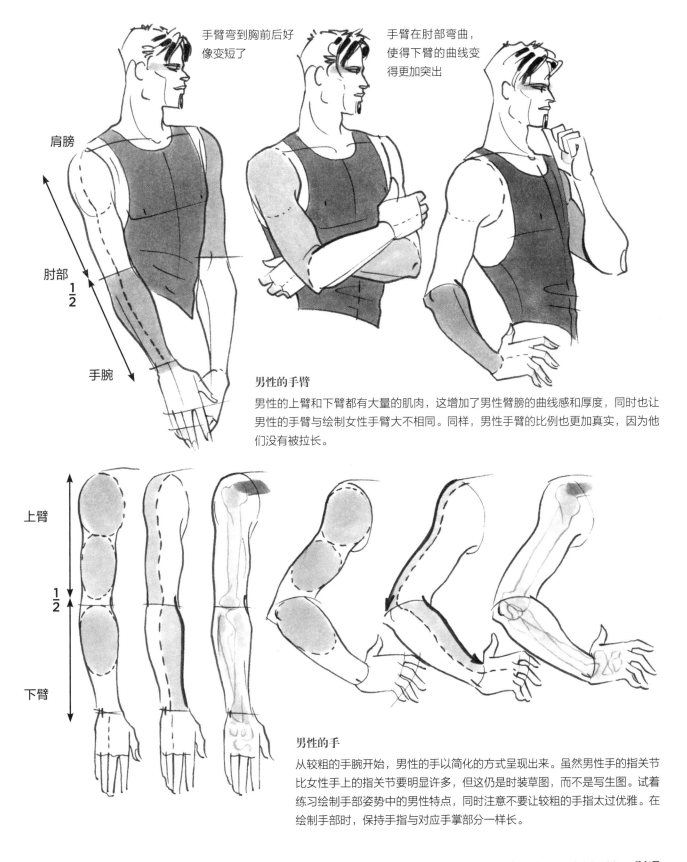

手臂弯到胸前后好像变短了

手臂在肘部弯曲，使得下臂的曲线变得更加突出

肩膀

肘部 $\frac{1}{2}$

手腕

上臂

$\frac{1}{2}$

下臂

男性的手臂

男性的上臂和下臂都有大量的肌肉，这增加了男性臂膀的曲线感和厚度，同时也让男性的手臂与绘制女性手臂大不相同。同样，男性手臂的比例也更加真实，因为他们没有被拉长。

男性的手

从较粗的手腕开始，男性的手以简化的方式呈现出来。虽然男性手的指关节比女性手上的指关节要明显许多，但这仍是时装草图，而不是写生图。试着练习绘制手部姿势中的男性特点，同时注意不要让较粗的手指太过优雅。在绘制手部时，保持手指与对应手掌部分一样长。

绘制男性的头部

　　绘制男性人体的头部时，可以运用画女性人体的头部时所用的风格化和简化的方法。在男性人体的头部中，下颌轮廓通常更宽，而且会突出显示下巴的轮廓。男性的眉毛画得离眼睛更近，鼻子变得更明显，同时嘴巴更丰满但非常微妙。面部平面和阴影有助于突出男性特质。时尚潮流引领着发型和造型的变化，例如，当谈到什么看起来随意而什么看起来正式，这都与服装设计类别（例如，运动服装与职业服装）有关，因此您要决定什么样的外观适合您定的绘图风格。学习头部的3种基本造型：正面、转动45度角和侧面。

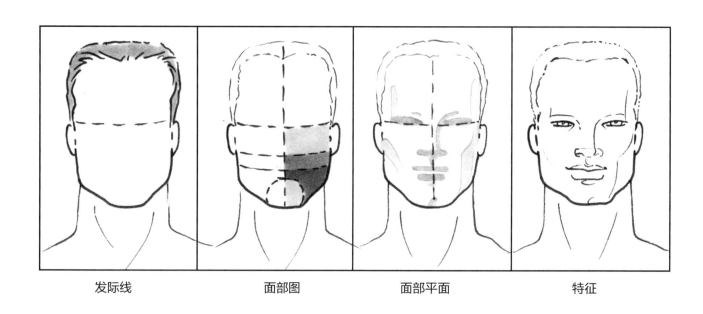

发际线　　　　　　面部图　　　　　　面部平面　　　　　　特征

* 发际线
* 前额
* 太阳穴
* 眼睛
* 鼻子
* 面颊
* 嘴巴
* 下巴

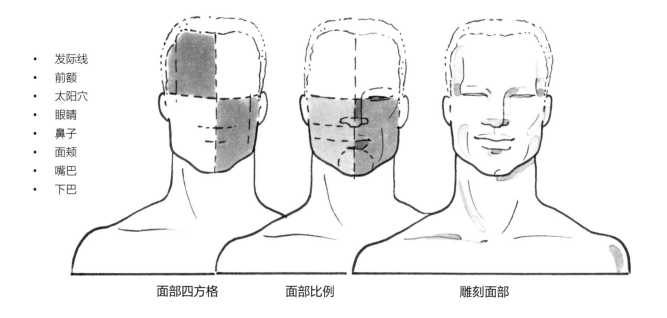

面部四方格　　　　　面部比例　　　　　　雕刻面部

绘制男性的头发

与时装界的所有事物一样，男性的发型也是紧随潮流变化的。某个时期时兴留长而杂乱的头发，之后一段时间它又变得不流行了。鬓须从耳朵上方变到耳朵周围或耳朵下方去了。您要自己确定最适合男性人体的发型，当然也可以留光头或者刮干净胡子。对于大部分时装画而言，头发不是重点，所以它常常被风格化或非常简单。头发可以画得几乎没有任何锐度，只使用几条线；或者画得比较真实，使用大量具有方向性的细节。不管怎么画，只要发型与绘制风格相配，效果就会看起来不错。

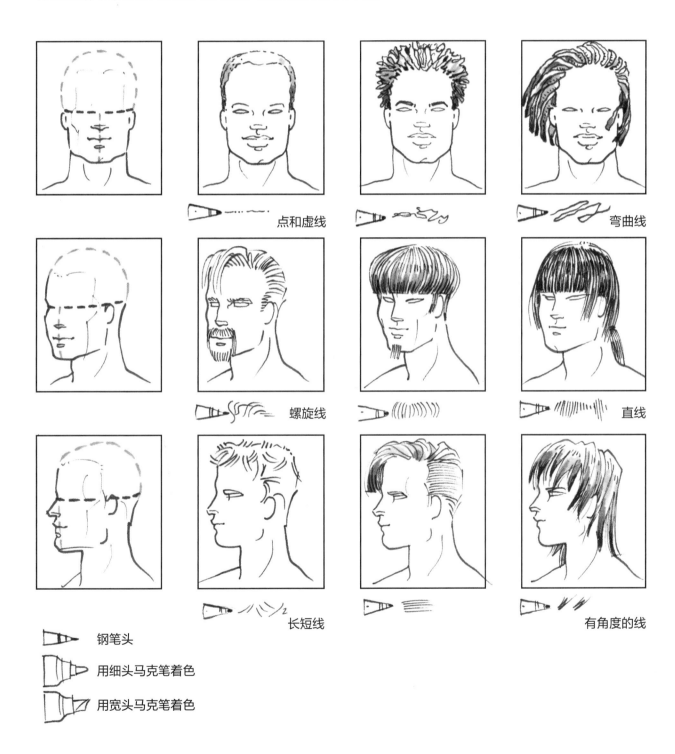

点和虚线

弯曲线

螺旋线

直线

长短线

有角度的线

钢笔头

用细头马克笔着色

用宽头马克笔着色

为男性人体设计服装

设计一张成功的男性草图需要3个基本条件：

A. 比例： 为目标消费者创建正确的高度和宽度。

B. 姿势或造型： 选择最能显示服装特点的人物造型，确保造型、比例与服装相符合。

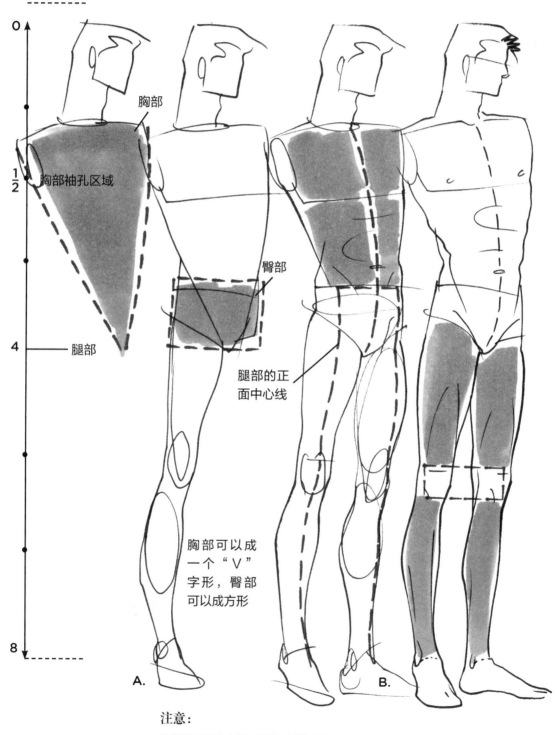

0

1/2
胸部袖孔区域

4
腿部

8

A.

胸部

臀部

腿部的正面中心线

胸部可以成一个"V"字形，臀部可以成方形

B.

注意：

腿部的正面中心线可以帮助增加裤子线条

C. 比例同样运用于身体的服装上，它们必须可以反映造型的动作。

D. 造型结合了人像和姿势来展示服装的最佳特点。

注意：

平衡线保持人像不会过于倾向页面的某一侧。

男裤

　　绘制男裤是一件比较复杂的事。因为男性人体的腰围线与臀部的平坦轮廓是均匀相连的，因此很难确定腰部到底从哪里开始。一个技巧是考虑肘部与其躯干相触的点，依据这个点找到腰围线。时装流行趋势不停地在改变腰围线的位置，这使得腰围线更难画，不过也比较有趣。

短裤

短裤的裤裆线一般很低，因此比较宽松，穿起来很舒服。口袋这一设计特征是草图中最引人注目的地方。

长裤

长裤，不管是休闲的还是流行服饰，裤腿通常是直筒的，而且有点宽。裤头处通常会有一个活褶延伸至裤腿中间的压褶。根据裤脚的长度，裤腿可能会在鞋面处有轻微折痕。

牛仔裤

牛仔裤有许多流行的裤腿样式。绘制合身裤子的方法是裤腿要收紧、收拢。膝盖处要画出布料的折痕，而且脚踝处的裤脚线也要画出褶皱。

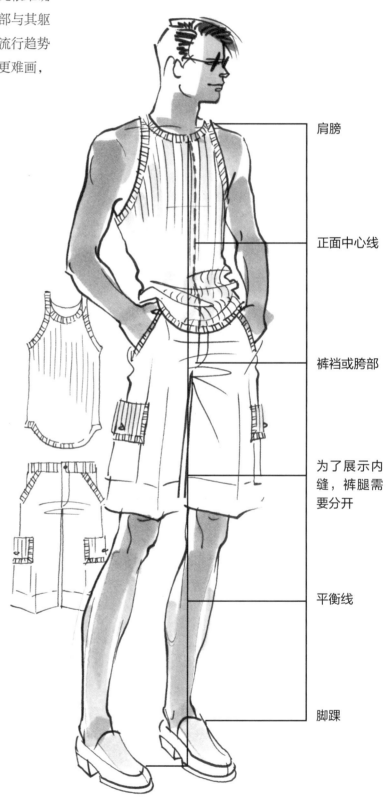

肩膀

正面中心线

裤裆或胯部

为了展示内缝，裤腿需要分开

平衡线

脚踝

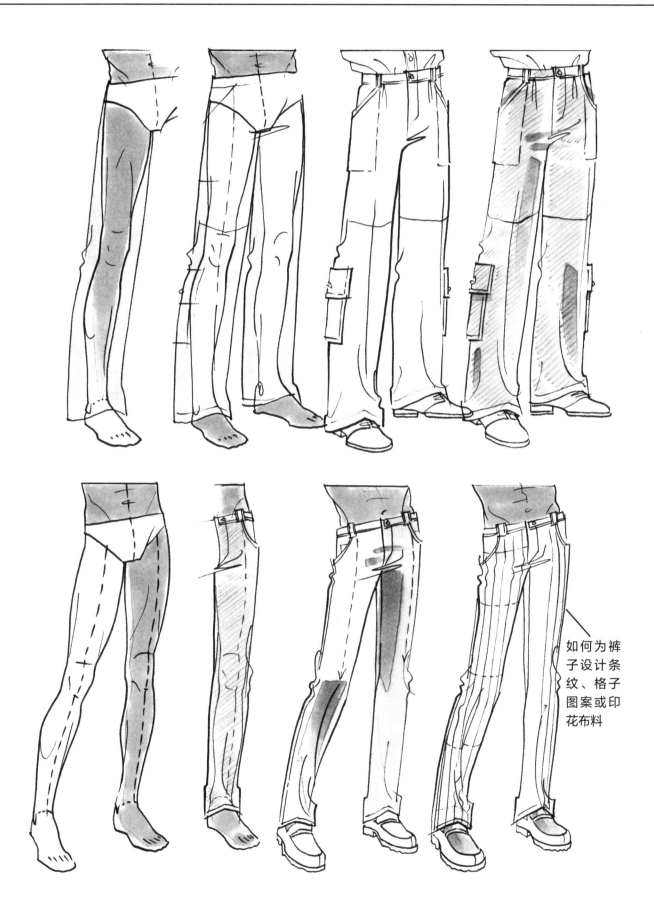

如何为裤子设计条纹、格子图案或印花布料

男士上装

针织上衣

有弹性的针织衫更能体现造型中身体的轮廓。在绘制袖孔时要特别仔细。袖孔缝合处的缝合线可以围绕着肩膀，也可以紧贴锁骨和胸部轮廓。

梭织上衣

挺括的衬衫布料很少是贴身的，但它们会在身体造型的尖角处出现折痕和弯曲。尽量让这些折痕最少，不要让衣服显得太皱。

夹克

在草图中，穿在衬衫或针织衫外面的任何夹克或运动外套都是另外的一层织物。最简单的处理方法是加宽肩部，以容纳夹克的宽度，同时还要在草图中为织物留出更多的空间。

为了展示服装层次或布料的厚重感，要给身体增加比重。

更宽的肩膀，特别是男人的外套

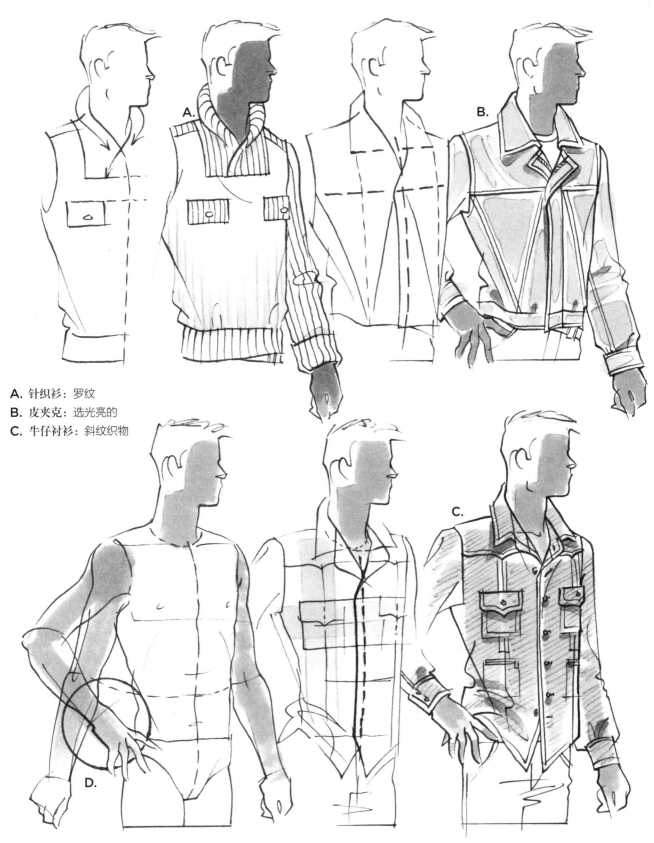

A. 针织衫：罗纹
B. 皮夹克：选光亮的
C. 牛仔衬衫：斜纹织物

D. 腰部的位置对展示袖口细节很重要

绘制套装草图

在您绘制草图以前，先要弄清楚自己想要的到底的什么样的效果。设置一个目标并预先在纸上规划。例如：设想一个穿着西装的男人。西装的布料看起来不呆板但很挺括。这是因为西装布料轻柔地在人像身体的两个地方摺叠：腰部的右上方，以及相反的膝盖背面的右下方。自然的折痕最小化地避免了看起来褶皱的造型。其他小的样本在分层、将服装细节更进一步，以及如何将复杂的轮廓最大化放在重点展示。

注意：

至于西装造型中有一些活动的清晰线条，要画在人像弯曲的手臂或腿部相对的方向，这样造型就不会看起来太乱或太褶皱。

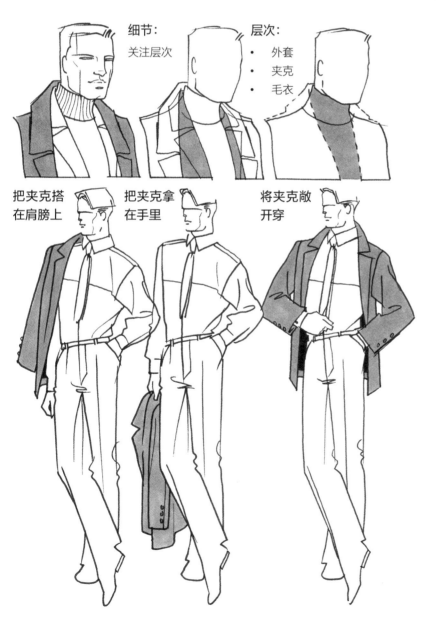

细节：
关注层次

层次：
- 外套
- 夹克
- 毛衣

把夹克搭在肩膀上

把夹克拿在手里

将夹克敞开穿

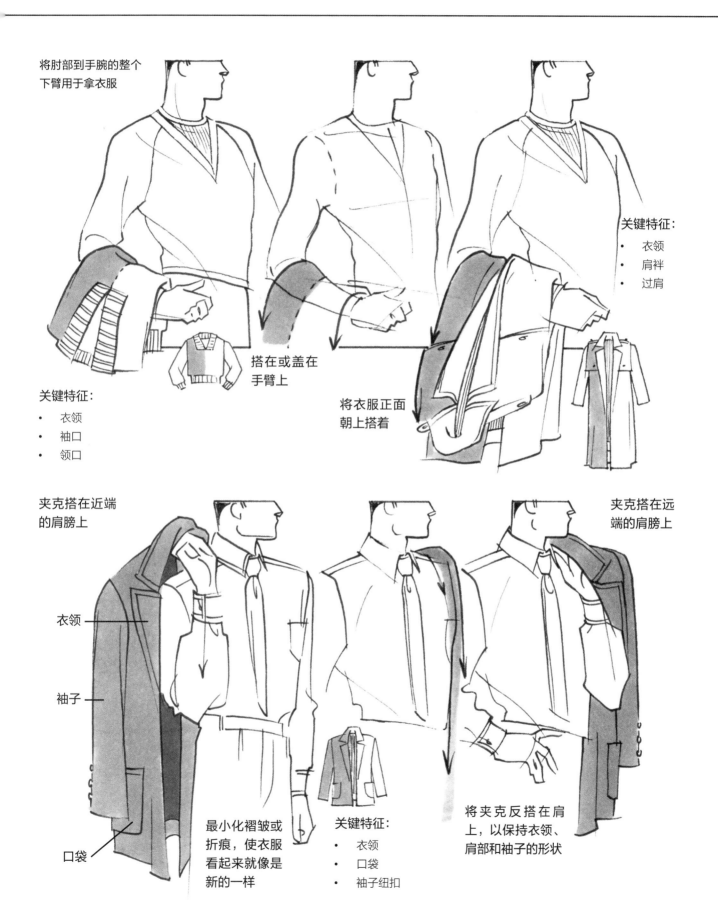

将肘部到手腕的整个
下臂用于拿衣服

关键特征：
- 衣领
- 肩袢
- 过肩

搭在或盖在
手臂上

将衣服正面
朝上搭着

关键特征：
- 衣领
- 袖口
- 领口

夹克搭在近端
的肩膀上

夹克搭在远
端的肩膀上

衣领

袖子

口袋

最小化褶皱或
折痕，使衣服
看起来就像是
新的一样

关键特征：
- 衣领
- 口袋
- 袖子纽扣

将夹克反搭在肩
上，以保持衣领、
肩部和袖子的形状

男装平面展示图

　　绘制男装平面展示图意味着您需要一套新的比例，即专门用于男装平面人体（也称为素描图）模板的比例。您可以使用本书334页展示过的同样的方法绘制这种平面人像。只需将身体的宽度和重量改为符合男性体形即可。这意味着与女装人物模板相比，男装人物模板的颈脖要更粗，肩膀更宽阔，腰围更粗，臀部也更窄。

男装平面展示图模板

1. 绘制平面人体模板时，首先将一个网格分为几部分，每部分与人体（从躯干到腿）上的自然弯曲部位对应。
2. 如"平面展示图的人物模板"一节所述，试着先绘制人物的一边。按角度或实际轮廓绘制从部分头部到脚趾之间的所有部位。
3. 绘制手臂，开始在躯干上填充一些内部缝合线。
4. 描摹已经完成好的那边，得到两个完全一样的半边，即通过镜像一边得到一个完整的人体。您也可以徒手绘制整个任务模型，不借助描摹。但要记住，在绘制时要保持左右两边的大小和造型相互匹配。

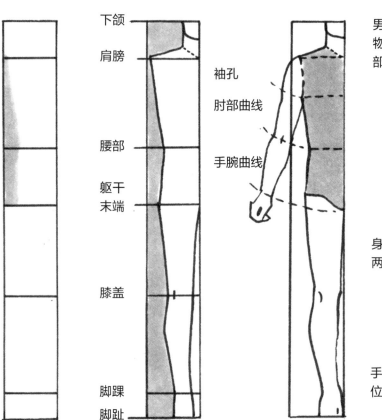
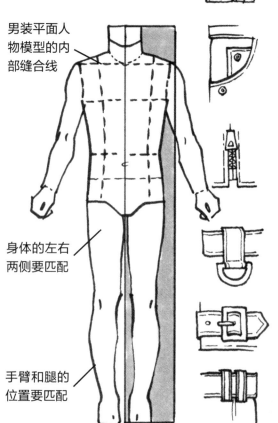

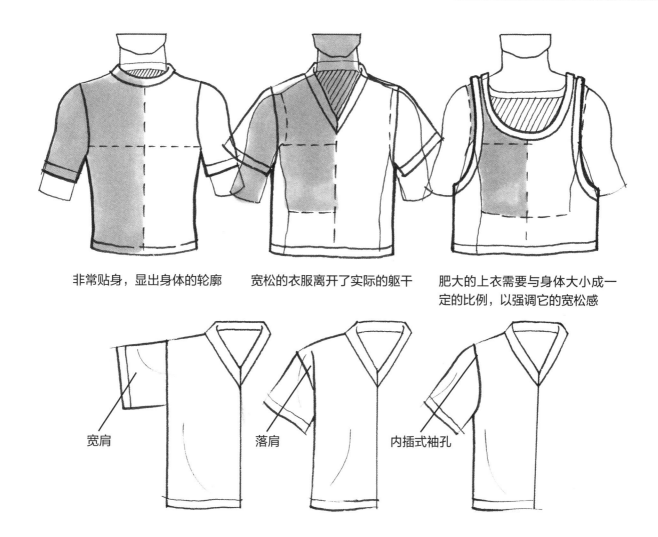

非常贴身，显出身体的轮廓　　宽松的衣服离开了实际的躯干　　肥大的上衣需要与身体大小成一定的比例，以强调它的宽松感

宽肩　　落肩　　内插式袖孔

在平面展示图中表现多少细节或如何表现特定细节有很多种方法。这些细节包括结构、功能或褶皱。下面的示例展示了表现一个功能性细节——一段可拆卸裤腿的一系列方法。下面3种方法都是可行的。使用符合您需要的那种方法即可。

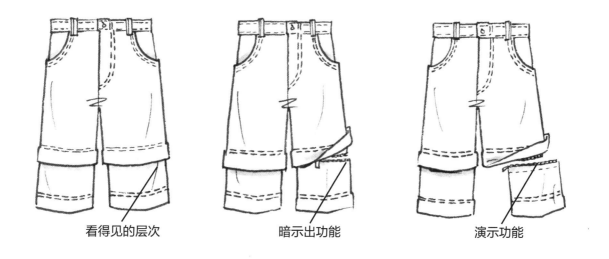

看得见的层次　　暗示出功能　　演示功能

男装平面展示图（继续）

当您随手绘制男装平面展示图时，如果您使用一个人像模板作为参考会更精准一些。您自定义的模板应该包括正面视图和背面视图，以及一些可选择的手臂位置。下面的示例提供了绘制基本平面展示图造型的绘图工具和形状选项。

手绘平面展示图模板

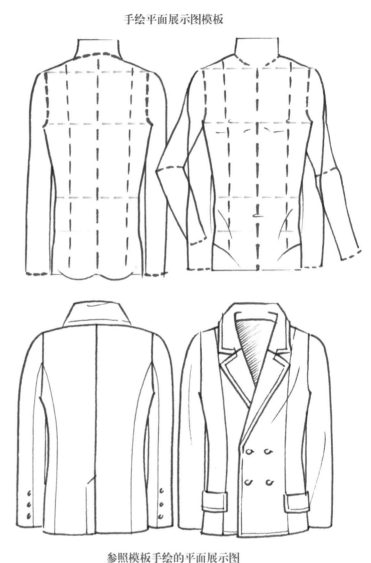

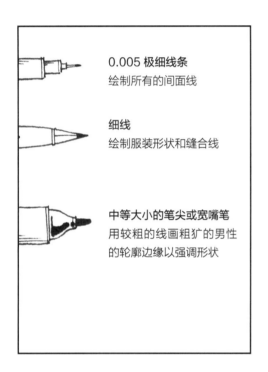

0.005 **极细线条**
绘制所有的间面线

细线
绘制服装形状和缝合线

中等大小的笔尖或宽嘴笔
用较粗的线画粗犷的男性的轮廓边缘以强调形状

参照模板手绘的平面展示图

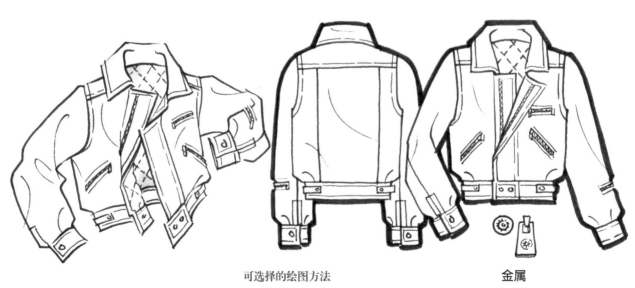

可选择的绘图方法　　　　　　　　　　金属

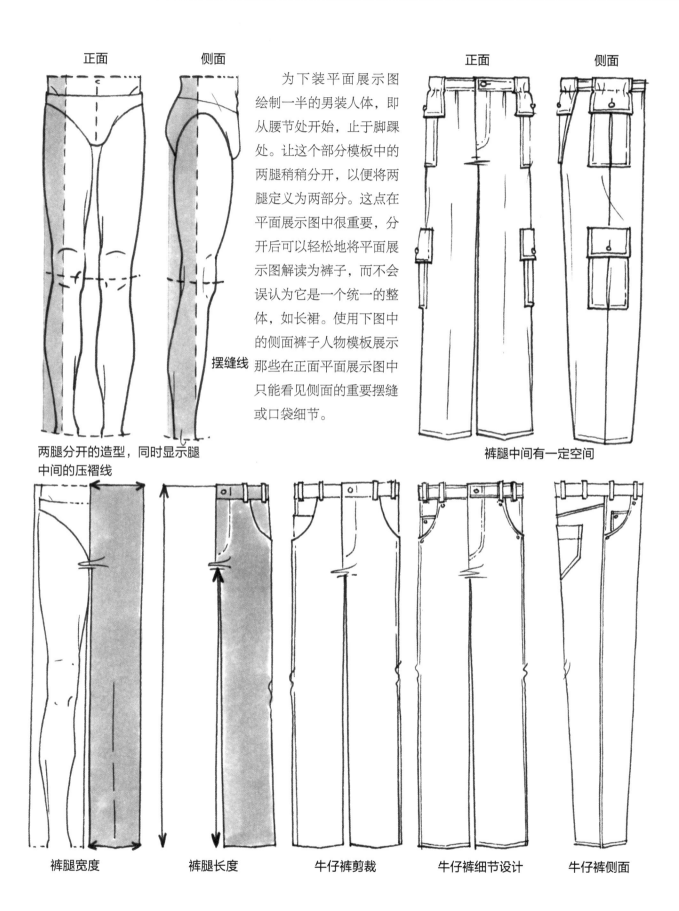

正面　　　　　　侧面

摆缝线

两腿分开的造型，同时显示腿
中间的压褶线

为下装平面展示图绘制一半的男装人体，即从腰节处开始，止于脚踝处。让这个部分模板中的两腿稍稍分开，以便将两腿定义为两部分。这点在平面展示图中很重要，分开后可以轻松地将平面展示图解读为裤子，而不会误认为它是一个统一的整体，如长裙。使用下图中的侧面裤子人物模板展示那些在正面平面展示图中只能看见侧面的重要摆缝或口袋细节。

正面　　　　　　侧面

裤腿中间有一定空间

裤腿宽度　　　　裤腿长度　　　　牛仔裤剪裁　　　　牛仔裤细节设计　　　　牛仔裤侧面

设计历程的粗略图

下面是如何让您的草图更适合您的示例。如果您觉得在特定的高度或比例绘图有困难，并且需要其他不同大小的绘图——大一些或小一些——这里展示的就是一种简单的解决方法。用您觉得最舒服的比例绘图。当草图完成的时候，缩小或扩大那页的复印纸，然后用新的大小描出您的绘图，就是这么简单。如果您的原图对于普通的复印机来说太大了，那么找到一份可以复印大一点儿的或者复印建筑图纸的复印店。这是有效节省时间的技巧。如果您有模特绘画课程，您可以在课堂中绘制模特的草图，然后将他们缩小到拇指指甲或者素描本尺寸，然后将他们用于插图课。

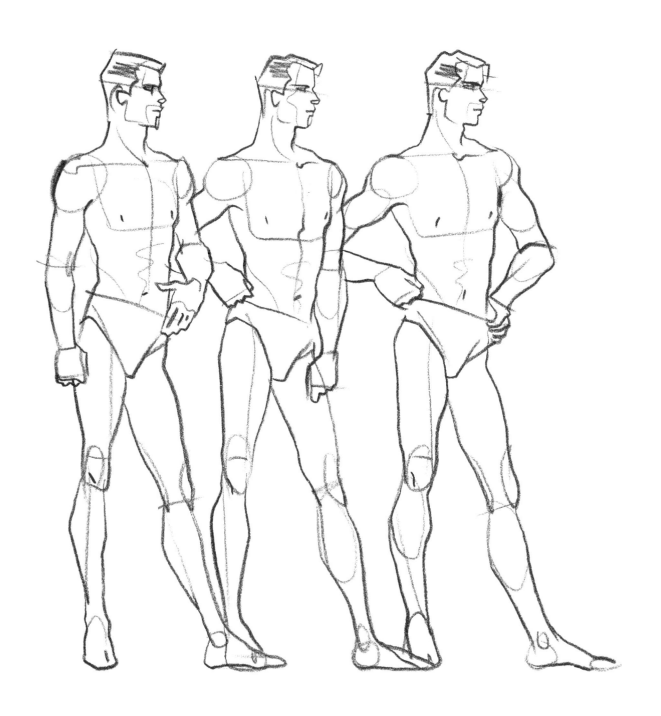

第11章 | 绘制男性 **373**

用马克笔渲染男装

在下图中，虽然已经使用了大量高亮色调（与阴影相对）渲染人物造型，但也增加了图样的立体感。这营造出一种沐浴在阳光下的肤色，并突出身体的自然轮廓。高亮显示不同于松散渲染，因为它需要提前计划，而且它花的时间也比在素描人体上用平涂马克笔随意画几笔要长。

对于下图中的衣服，通过最简单的形式介绍了面料的颜色渲染：单色和印花。图中还添加了阴影来进一步逼真展示整个草图的风格。这种方式用于根据所摆的造型展示衣服穿在身上的样子。同样，阴影也是一个可选项，您可以练习在使用阴影或不使用阴影的情况下如何渲染。

条纹织物，没有任何阴影

条纹织物，带阴影

印花

单色

在印花背景上应用30%的冷灰色

泡泡纱织物

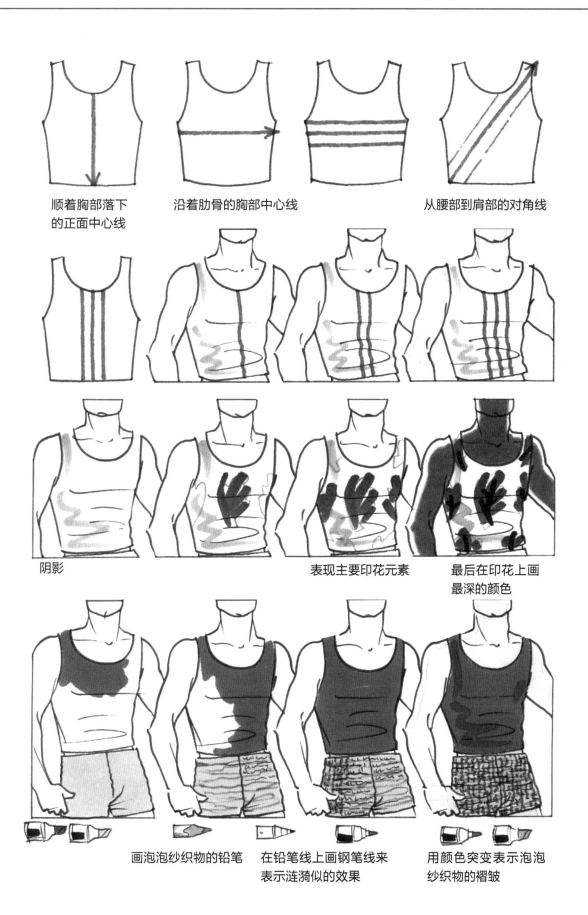

顺着胸部落下
的正面中心线

沿着肋骨的胸部中心线

从腰部到肩部的对角线

阴影

表现主要印花元素

最后在印花上画
最深的颜色

画泡泡纱织物的铅笔

在铅笔线上画钢笔线来
表示涟漪似的效果

用颜色突变表示泡泡
纱织物的褶皱

时装T台和陈列间造型

　　这两张展示图提供一个机会绘制男人们同样的走姿、T台或陈列间的造型，像是在第3章模特绘图部分展示过的女性造型。与您一直在本章中学习的内容一样，使用同样的人像分析可以帮助您了解且支撑您的绘图技巧。

Dolce & Gabbana

Dolce &
Gabbana

Ralph Lauren
Purple Label

Ralph Lauren
Purple Label

Ralph
Lauren RLX

Dolce & Gabbana

Ralph Lauren
Purple Label

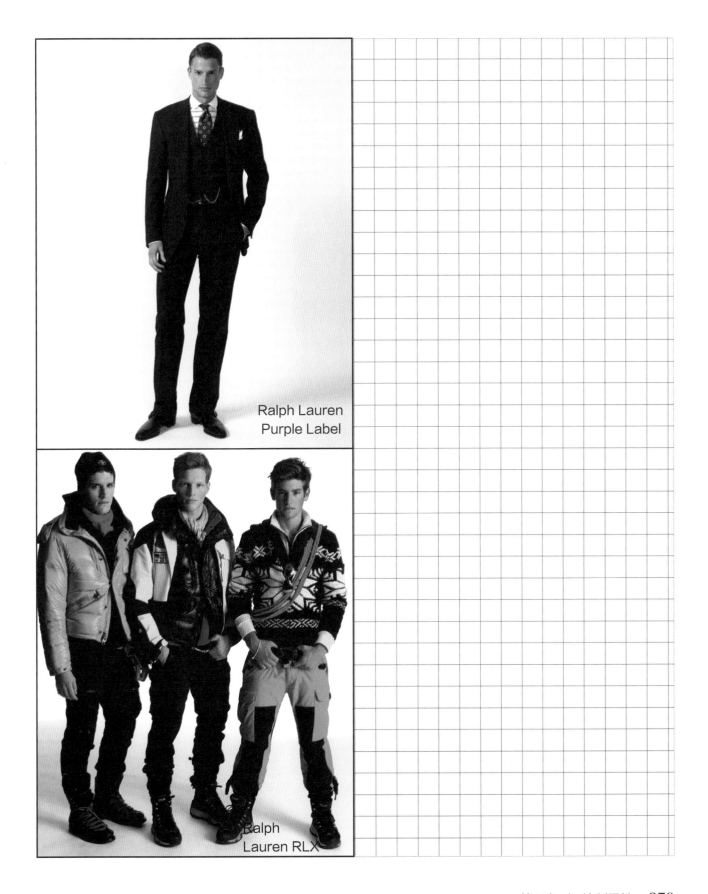

Ralph Lauren
Purple Label

Ralph
Lauren RLX

这组男性人物造型通过微妙的姿势和时装化的表情或强悍的外表的结合建立了视觉
兴趣点。看第一眼的时候，您会注意到这些平面展示图画得是如此的精美。它们
精确且饱含信息量，同时还很漂亮。它们的视觉吸引力并不输设计细节。首先，这位设计师
足够认真地对待线条的粗细及艺术性以确保整组作品集一致，每件作品都一样好。她保持了
绘画技巧的平衡，整页都使用同样的水粉颜料，而不是不断变换风格。其次，她保持作品形
式的一致，都是从正面视图到背面视图的平面展示布局，像镜面图形或重复形式等都最大化
使用了页面。

Foil w/ Embroidery

Rivets

Foil / Screen Printed Tee

- Optional to roll up or keep down.
Closure kept inside Pant.

Foil Printed Tee

Foil Printed Sweater

Designed Buckle and Belt.

　　这个设计展示的是数字操控布料渲染的手绘人像。这是一个年轻的、新鲜的、当代人穿着的休闲男装作品集。她的人像绘图将焦点放在轮廓、颜色和布料上。她高度表现的平面展示图也用数字加强，将细节的精准度提高到新的水平。

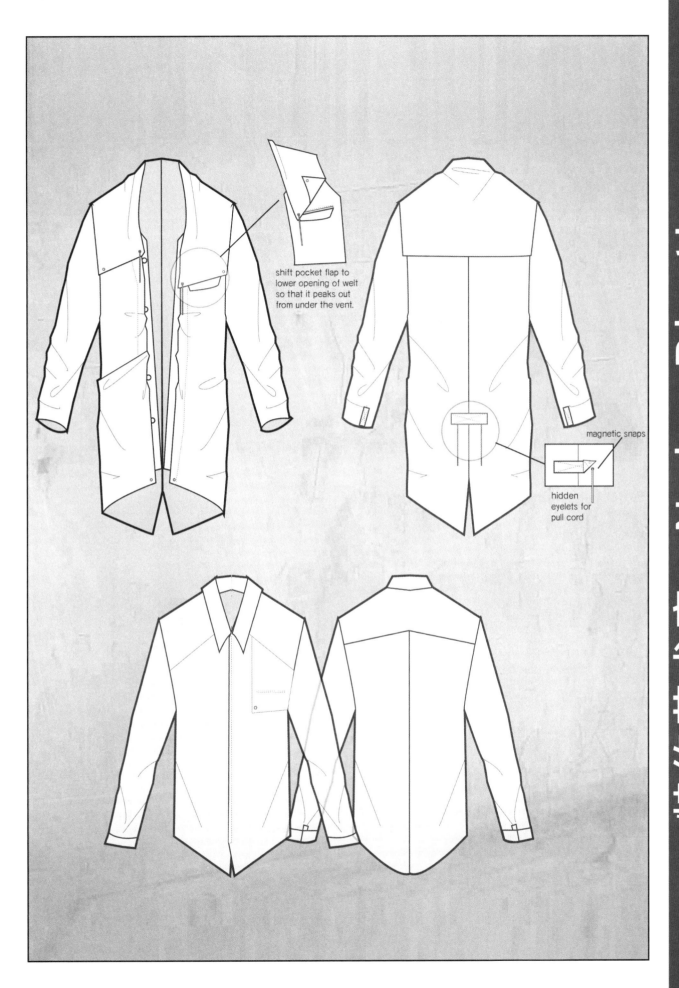

shift pocket flap to
lower opening of welt
so that it peaks out
from under the vent.

magnetic snaps

hidden
eyelets for
pull cord

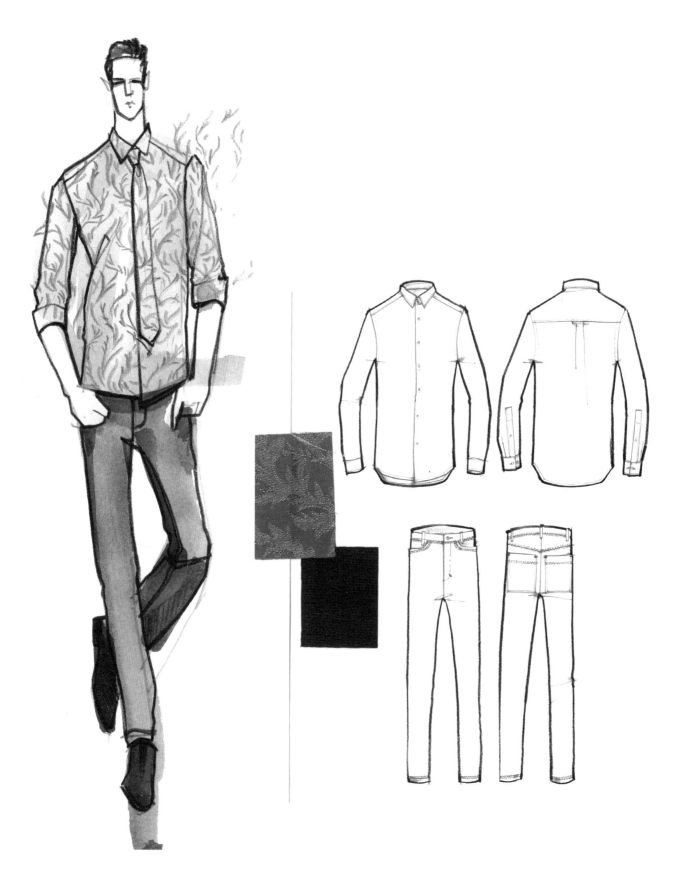

这幅设计运用的绘图工具是水彩颜料、彩色铅笔及铅笔轮廓的混合。他展示的男装是年轻的、整洁的并且具有非常现代的轮廓。他放松的简易姿势（不复杂的）有着更自然的造型。他艺术的微妙处理为作品展示添加了真实性和权威性。

　　这件作品所用的绘图工具是水粉颜料和铅笔的混合。设计师运用设计历程模板绘图。他在深度研究基础上，参考自己的剪裁和垂褶建造男装作品集。他的绘图重点在于结构和合身度。他将自己的图案选择与平面展示草图结合使用，探索设计灵感的潜力。

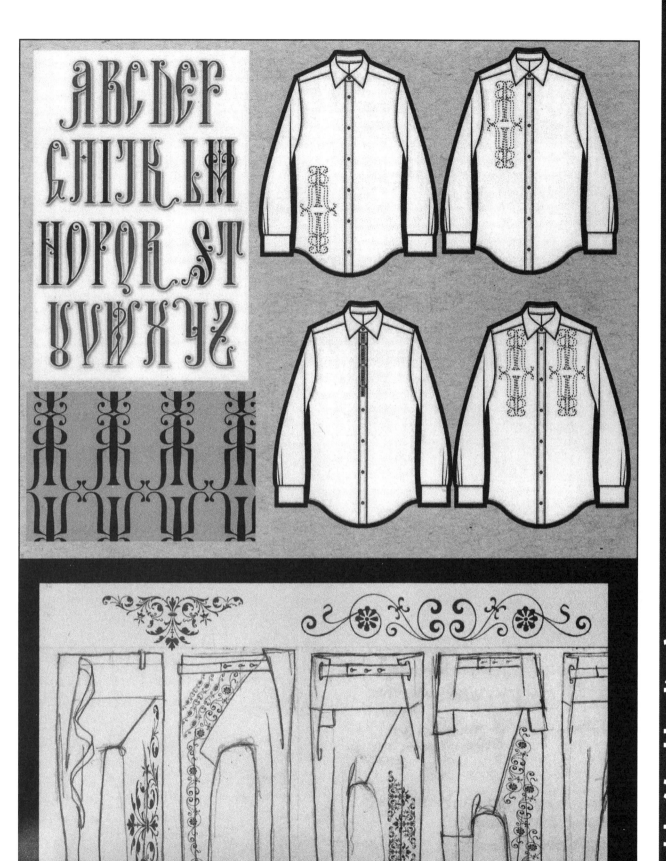

Farquhar

    对于男装而言，一直都很重视细节绘制。绘制细节代表着对质量、价值和标签（也就是为衣服打广告的商标或商店）的关注。在经典的男装图样广告策略中，衣服的剪裁要优先于样式。如果说女人的衣服基于设计风格，那么男装则是基于清晰的设计事实。在20世纪20年代，男装图样曾变得非常风格化，但后来又重新回到了突出现实上。这种现实性就要求定义精确的结构和表现出舒适性，男装行业公认这些原则才是男装图样所要表达的重点。

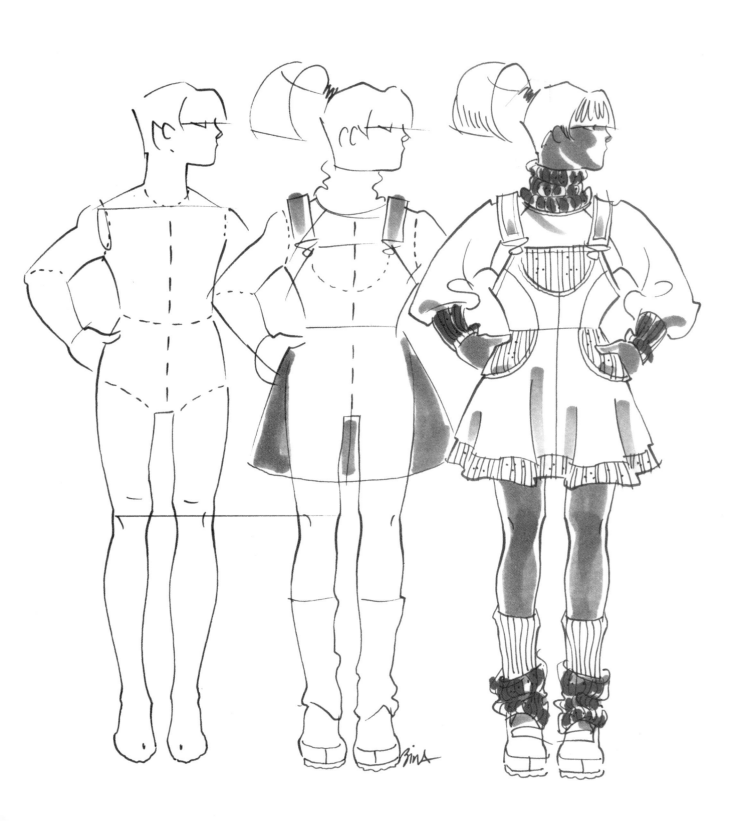

第12章

绘制儿童时装

Drawing Children

绘制儿童时装是捕捉他们天性的艺术。设计师必须熟练绘制儿童特定的年龄段，为经销商展示正确的尺寸范围。

在本章中，为了节省时间和空间，像手臂、腿、手和脚这样的部位将只画一个年龄段的。利用这些区域的基本绘制步骤或规则就能绘制出任何年龄段的儿童。问题只是如何把年龄更大的儿童画得比年龄更小的儿童大一些。您将学习到如何在儿童的正面、转动45度角和侧面造型中添加更多的运动、顽皮而又憨态可掬的细节。与成年人不同，儿童几乎没有脖子，他们有胖乎乎的、可爱的手臂和腿，以及鼓起的圆圆的肚子，这不会有什么时尚感，但在儿童服装画中除外。绘制儿童时，可以随意融入有趣和惊喜的元素。除了深入的绘画技巧外，本章还将展示有关儿童服装图样和设计的特约艺术家作品以及历史参考图片。这将带领您探究绘制儿童时装的各种风格。

儿童的年龄段

下面将使用儿童服装的基本时装营销属于定义不同的年龄段。不过这里的"婴儿"、"幼儿"、"儿童"和"青少年"（也称为"13岁以下的儿童"）术语不是真的指高度。例如，一个13岁的儿童可以与一个5岁的儿童一样高。但这些术语标识了一个年龄段与另一个年龄段的尺寸差别。

注意：

至于头部的尺寸，夸张是关键。在儿童时装的草图中，头部尺寸将关系到您的绘图风格。孩子的头部通常画得比身体的尺寸大一些。大的头部是使童装变得有趣的一部分，并且可以为您的绘图添加更多乐趣。

- 这组孩子的混合展示了童装尺寸的范围。
- 孩子们的头部可以依比例画得比身体大一些，像动漫中的绘图那样。

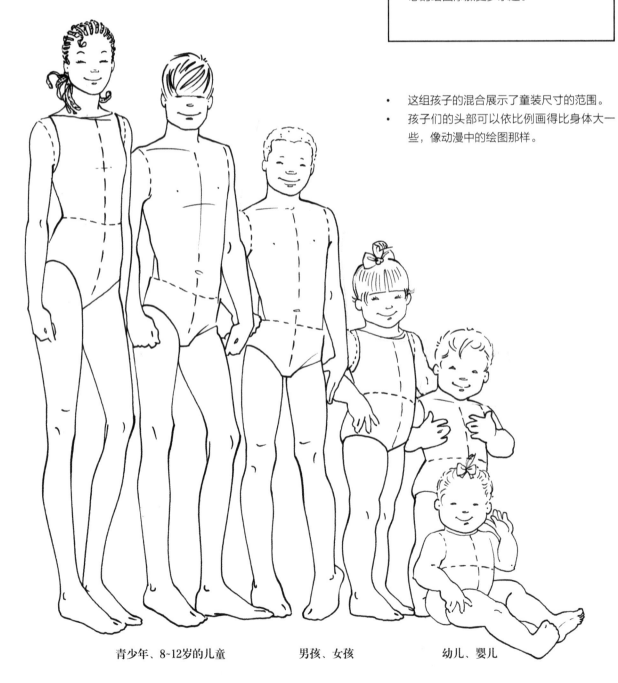

青少年、8-12岁的儿童　　　　男孩、女孩　　　　幼儿、婴儿

下面的图A、图B和图C通过定义比例夸大了尺寸和高度方面的差异。这3个人的肩膀互相对齐。您可以看到，除了肩膀对齐以外，他们的头、手臂和腿长各不相同，腰围线和躯干末端也不同。

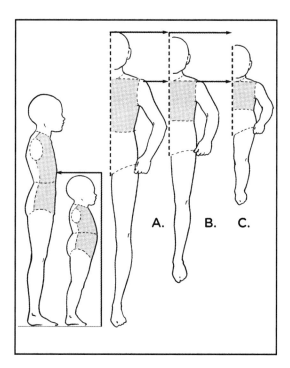

在绘制各年龄段的儿童并评估他们的高度时，一种不太夸张的方法是让他们侧面站在地上整齐地排好。参照这种尺寸画儿童会更容易。

这同样还可以帮助记住童装的尺寸。

婴儿：3~26个月

幼儿：1T~4T

青少年：2~6个单位

女孩：6X

13岁以下的儿童：7~14个单位大小

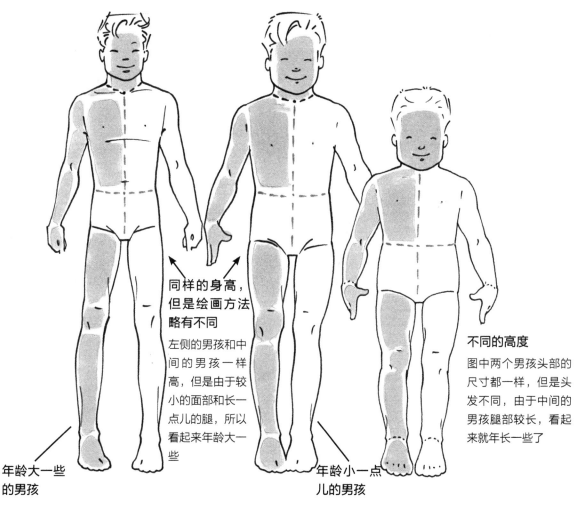

同样的身高，但是绘画方法略有不同

左侧的男孩和中间的男孩一样高，但是由于较小的面部和长一点儿的腿，所以看起来年龄大一些

不同的高度

图中两个男孩头部的尺寸都一样，但是头发不同，由于中间的男孩腿部较长，看起来就年长一些了

年龄大一些的男孩

年龄小一点儿的男孩

童装的比例

绘制婴儿最简单的比例是使用头宽和头高测量躯干部分。婴儿的躯干是两头长。童装的比例看起来非常小，几乎是超小的。尽管人像可以被画得长一些且宽一些以展示所有的服装细节，但是通常在这个重要空间中还是有很多需要绘制的。绘制儿童服装的平面展示图更是一种挑战。童装的上衣重点看颈部和肩膀线，这样比较容易绘出开口。注意袖孔到边缝线的长度可以根据年龄段而改变。边缝线、内缝线的长度对下装来说是至关重要的。

袖孔到底边的长度通常是相等的

$\frac{1}{2}$

膝盖

胯部到膝盖的位置看上去短一些

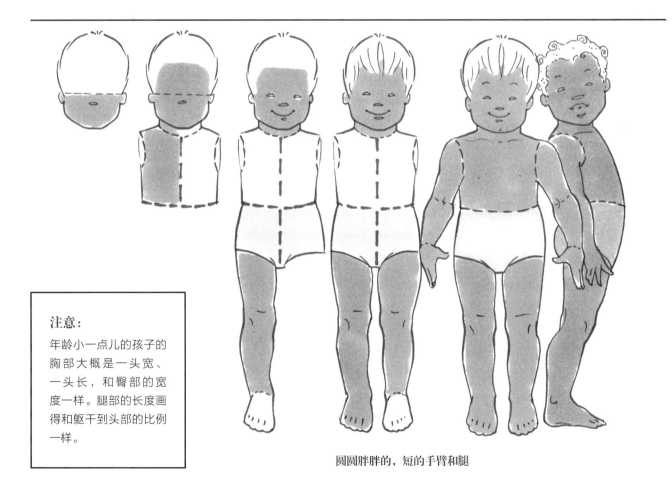

注意：
年龄小一点儿的孩子的胸部大概是一头宽、一头长，和臀部的宽度一样。腿部的长度画得和躯干到头部的比例一样。

圆圆胖胖的，短的手臂和腿

婴儿

在时装界中，婴儿和幼儿的区别在于，幼儿能站起来，但婴儿却不能。对于婴儿服装方面的关注一般集中于两腿之间和衣服的裆缝处。因此，婴儿造型都是坐着的。坐着的造型是一种便于表现出特定的服装细节的时装造型。

年龄：新生儿~2岁
按月定义婴儿的尺寸：3~6个月，6~9个月，9~12个月，12~18个月，18~24个月。

婴儿：两头高、一头宽

注意：
记得婴儿不可以站立。

穿着尿布的坐姿服装上所使用的处理方法。

幼儿

　　幼儿是指2～4岁的可以站起来的儿童。在素描中，这将他们与只能坐着的婴儿区分开。幼儿与婴儿一样有着胖乎乎的大头、几乎看不见的脖子、圆滚滚的肚子，以及胖乎乎的躯干，非常可爱。在绘制站着的或行走的幼儿草图时，还要保持他们的身高足够矮壮，显示出他们再也不是婴儿了，但还没有长成青少年。这些比例变化是一个难点，但实践起来也是很有趣的。

年龄：2～4岁
幼儿尺寸：2T～4T

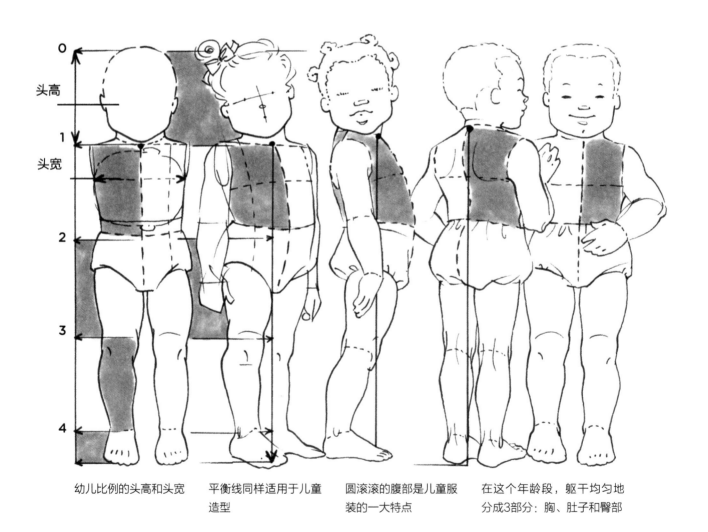

幼儿比例的头高和头宽　　平衡线同样适用于儿童造型　　圆滚滚的腹部是儿童服装的一大特点　　在这个年龄段，躯干均匀地分成3部分：胸、肚子和臀部

低龄儿童

　　低龄儿童是指4～6岁的儿童，绘制时应注意他们不那么稚嫩了（不需要使用尿布了），但是充满孩子气。在草图中，通过顽皮淘气的外表来表现出他们的"孩子气"。低龄儿童的头比幼儿的要长，而且他们的手臂和腿更长一些，同时仍然有儿童特有的圆滚滚的小肚子。选择顽皮的、有趣的但是有点傻乎乎的而且有点失衡的造型，以便让年龄区别可以跃然纸上。

年龄：4～6岁
尺寸：4X～6X

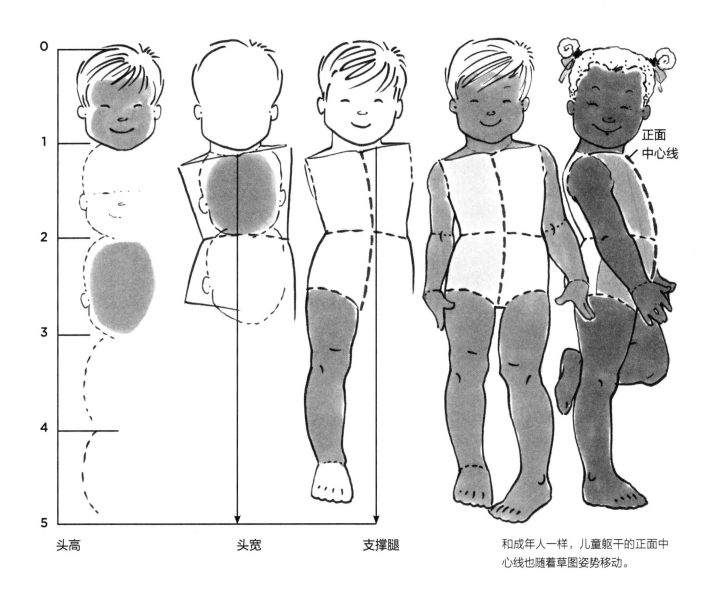

头高　　　　　　　头宽　　　　支撑腿

和成年人一样，儿童躯干的正面中心线也随着草图姿势移动。

正面
中心线

儿童

　　7～9岁的男孩或女孩要画得比低龄儿童高一些。绘制时，头部与身体其余部分的比例要适当，要画出一些颈部。造型时要注意这个年龄段的儿童没那么稚气，比较活泼好动，然后据此确定您的时装简图和绘制风格。

年龄：7～9岁
尺寸：7~14

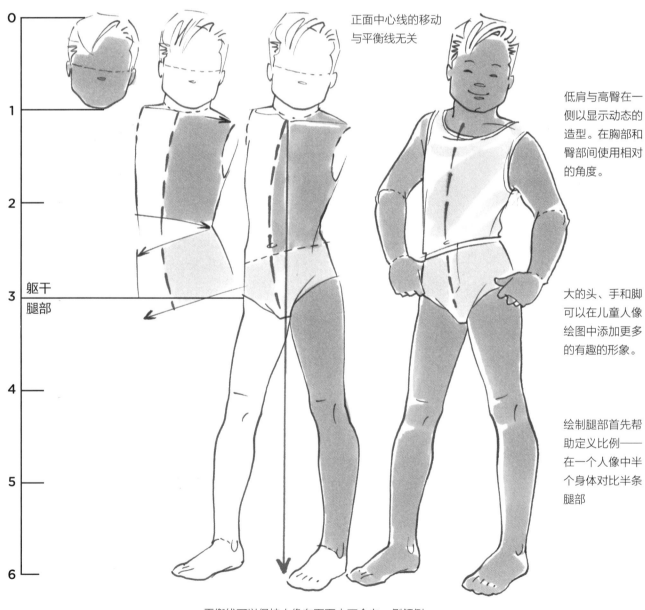

正面中心线的移动
与平衡线无关

低肩与高臀在一
侧以显示动态的
造型。在胸部和
臀部间使用相对
的角度。

大的头、手和脚
可以在儿童人像
绘图中添加更多
的有趣的形象。

绘制腿部首先帮
助定义比例——
在一个人像中半
个身体对比半条
腿部

躯干
腿部

平衡线可以保持人像在页面中不会向一侧倾倒。

10～12岁的男孩

在草图中，10~12岁的男孩或女孩无疑要比儿童看起来更成熟，但仍没有青少年那么大。在现实生活中，10~12岁的儿童高度各不相同，但为了区分年龄段，将他们画得比青少年矮一点，在草图中为表现年龄多样性留下余地。

年龄：10~12岁

头高

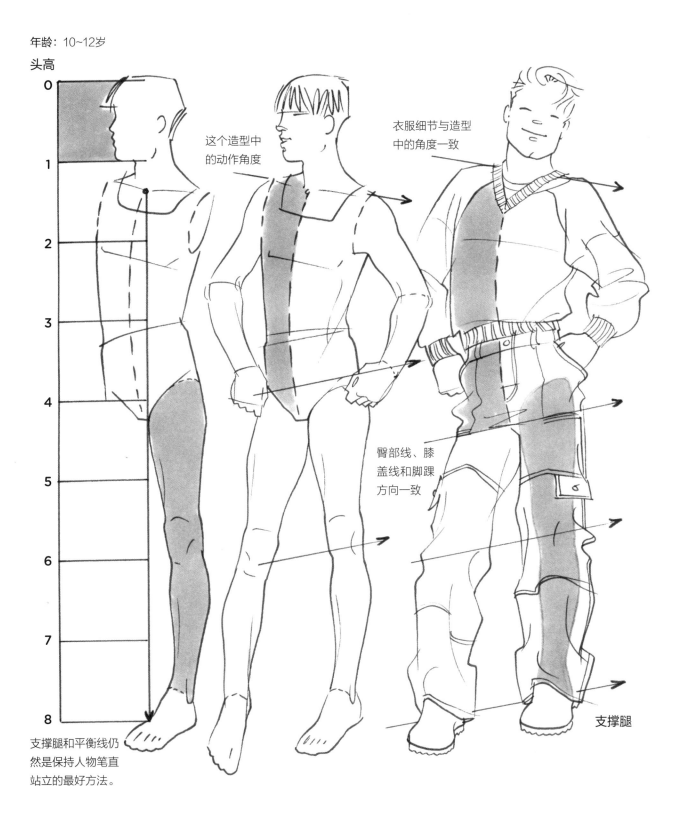

这个造型中的动作角度

衣服细节与造型中的角度一致

臀部线、膝盖线和脚踝方向一致

支撑腿

支撑腿和平衡线仍然是保持人物笔直站立的最好方法。

10~19岁的女孩

在绘制草图时，除了高度以外，还有一些微妙的变化能将10~12岁的儿童与13~19岁的少年区分开来。这些变化大部分都反映在躯干上。绘制13~19岁的女孩时要显示出躯干的发育曲线，绘制13~19岁的男孩时则要注意拓宽肩部。在时装绘图中，所有13~19岁的少年都会有拉长的颈部，但他们的身材仍然很矮小，因此看上去年龄不会很大，不过会比10~12岁这一年龄段的孩子成熟。

年龄：10~12岁

10~12岁的女孩

年龄：13岁以上

13~19岁的女孩

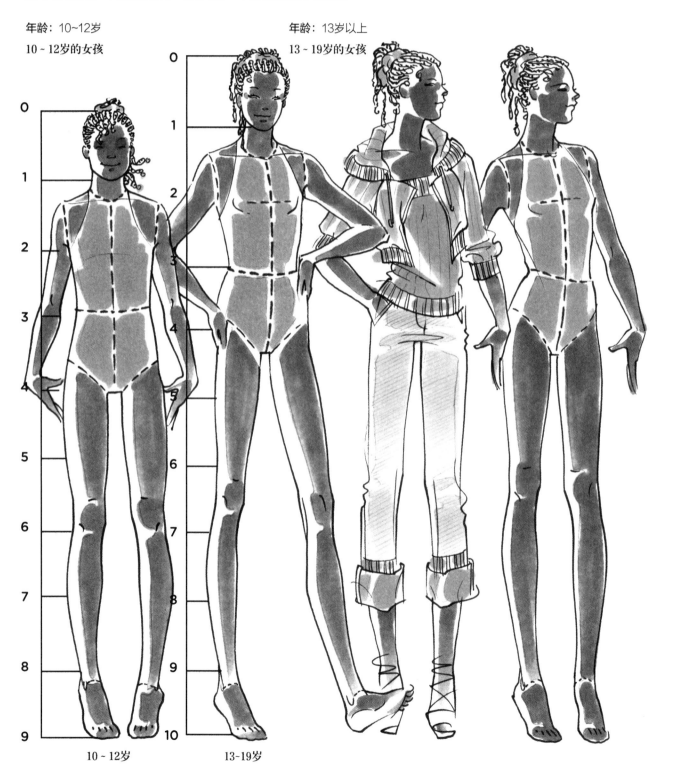

10~12岁   13-19岁

13~19岁的男孩

　　在时装图样中，13~16岁的少男少女仍然不会画得像成人那样。这个年龄段的孩子有他们自己独特的时装品味和风格。即使现实生活中，13~19岁的少年也可以穿成人尺码的衣服，但时装界仍然将他们作为一个单独的商业群体对待。要保持少年朝气蓬勃的面貌，仍要画出圆圆的脸蛋、粗短的手和大大的脚。不要过分强调少年的躯干曲线或宽阔的肩膀，造型要设计得稚气而活泼。

年龄：13岁以上

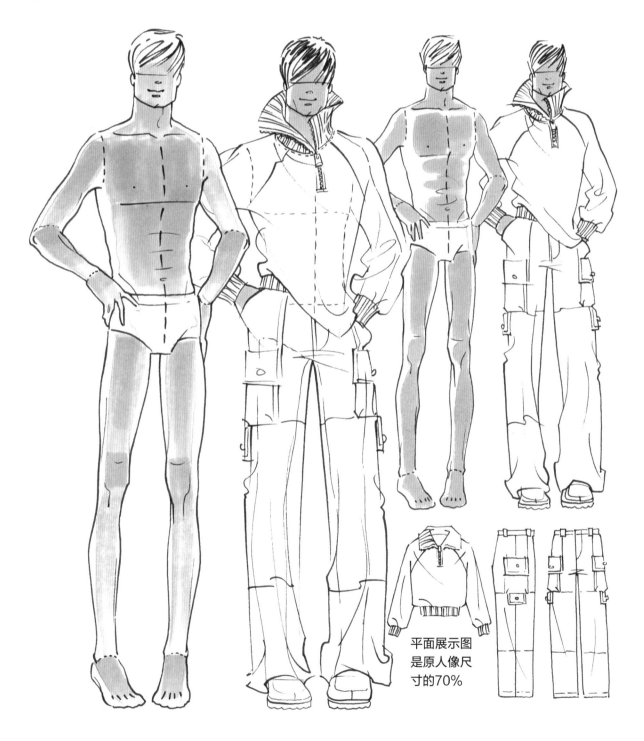

平面展示图是原人像尺寸的70%

绘制儿童的头部

正面造型　　　　　　转动45度角的　　　　　侧面造型
　　　　　　　　　　　造型

看不见后脑勺

正面头部　　　　　正面聚焦面部特征　　　下颌轮廓触到颈部

能看见一些
后脑勺

转动45度角的头部　　偏离中心的面部特征　　下颌轮廓与耳朵相连

能看见更多
后脑勺

侧面头部　　　　　部分面部特征转出视　　下颌轮廓与耳朵和颈
　　　　　　　　　线之外　　　　　　　　部相连

虽然所有有关绘制头部的基本原则都在讲述女性和男性头部的章节里介绍过了，但儿童头部有一些独特之处。除了性别、可爱和风格表达，儿童的脸似乎有更宽的前额和更紧凑的五官。这两方面的因素加上儿童稚嫩的感觉以及没有完全长开的眼睛、鼻子和嘴巴，使得绘制儿童的脸庞更有乐趣。绘制下列三种风格的儿童脸部。

圆形

方形

心形

绘制儿童的手臂

在时装草图绘制中，儿童手臂的画法遵循绘制成人手臂的绘制规则：上臂和下臂一样长。肘部仍位于中间。成人手臂与儿童手臂的主要区别在于，儿童的手臂不会画得那么夸张。

简单的绘图规则：

1. 上臂与下臂的长度相等。
2. 肘部画在手臂的中间。
3. 手臂的宽度正好与半个手部的宽度相等。
4. 手臂的长度可以是四个手长。

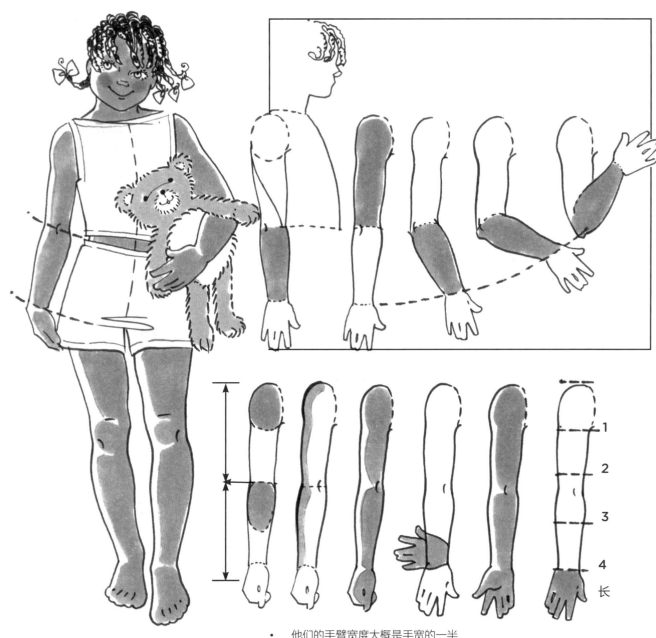

- 他们的手臂宽度大概是手宽的一半
- 孩子们的手臂长度大概是4个"手部"的长度。

以缩小的尺寸绘制时，手看上去就像是卡通漫画中一样。粗短的小手指变得非常圆。这与锥形的女性时装风格拉长的手不一样，与宽大的、具有夸张指关节的男性时装风格手也不一样。在草图中，儿童手部的所有细节都因为手小的特点而消失了。在画任何年龄段的儿童的手时，都要练习绘制顽皮的手部姿势。将注意力集中在手指、掌心或手背上。

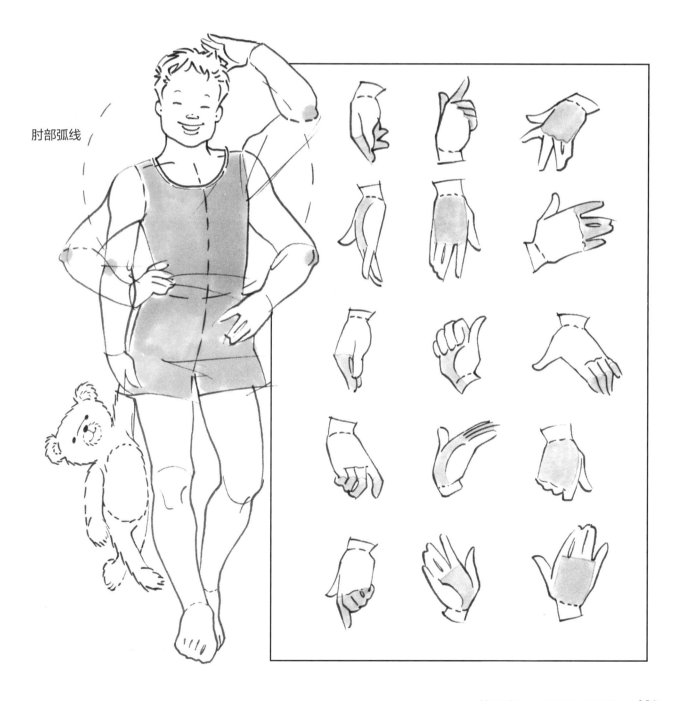

肘部弧线

绘制儿童的腿和脚

　　成人时装风格的腿部绘制规则要求大腿小腿一样长。这一规则同样适用于儿童。区别在于儿童的腿是又粗又壮的，而成人的腿则一般是被拉长了。将这一规则运用到儿童的腿部绘制中，并将注意力集中在腿部运动时膝盖和脚踝的变化，要同时练习右腿和左腿的绘制。

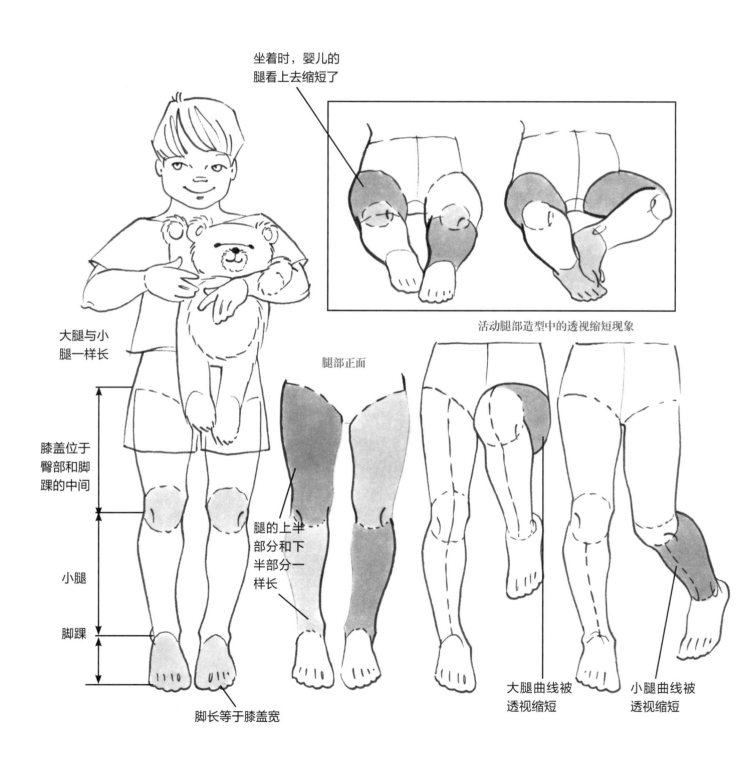

坐着时，婴儿的腿看上去缩短了

活动腿部造型中的透视缩短现象

大腿与小腿一样长

膝盖位于臀部和脚踝的中间

小腿

脚踝

脚长等于膝盖宽

腿部正面

腿的上半部分和下半部分一样长

大腿曲线被透视缩短

小腿曲线被透视缩短

了解儿童腿部的绘制规则后，就可以用能反映您所描绘的儿童年龄段来设计腿部造型。虽然下面是儿童和婴儿的示例图，但是您应该选择需要描绘的年龄段。重点是要把握好顽皮和天真的度，最好地反映出需要描绘的年龄段的儿童特点。记住，对于婴儿的腿来说，要画他坐着的样子，因为绝大多数婴儿还不能自己站起来。

婴儿的腿

强调门襟缝线

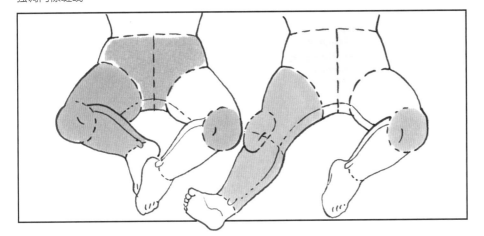

婴儿的腿

还有，还要强调胯部以及内缝的部分，那里是尿布的（缝合）处理方法。

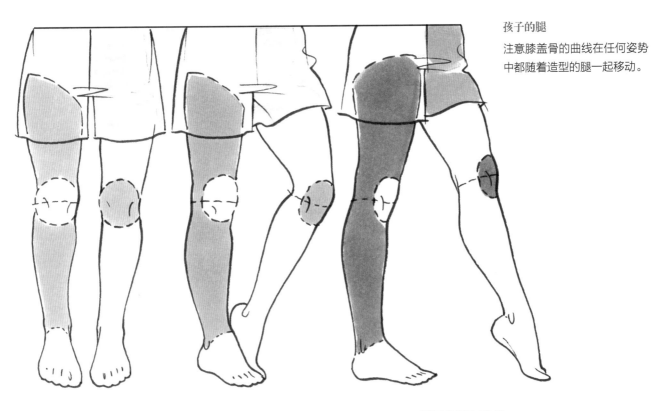

孩子的腿

注意膝盖骨的曲线在任何姿势中都随着造型的腿一起移动。

正面的腿和膝盖　　　　　转动45度角的腿和膝盖　　　　　侧面的腿和膝盖

童装的粗略设计

　　随意和漫不经心的风格很适合儿童时装画，因为这能表现出儿童的好动性。下面这组动画很适合用作儿童服装素描的人物造型。时装图样或设计素描常常将重点放在衣服上，也就是形状、颜色和层次成群地聚在一起。童装图样可以根据腰围线轻松组织儿童的服装素描图。将这组人物造型排成一排，让他们处于相同的顶点和地面高度。按照相同的体形来画他们一般比较快捷，体型代表了一个年龄段的衣服尺寸。如果一张素描中同时出现了较高的儿童和较矮的儿童，那么它就代表两种不同的衣服尺寸和两个年龄段。

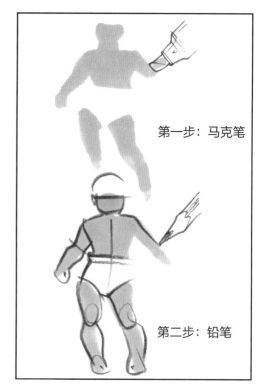

第一步：马克笔

第二步：铅笔

姿势素描

姿势素描对比粗糙的素描姿势

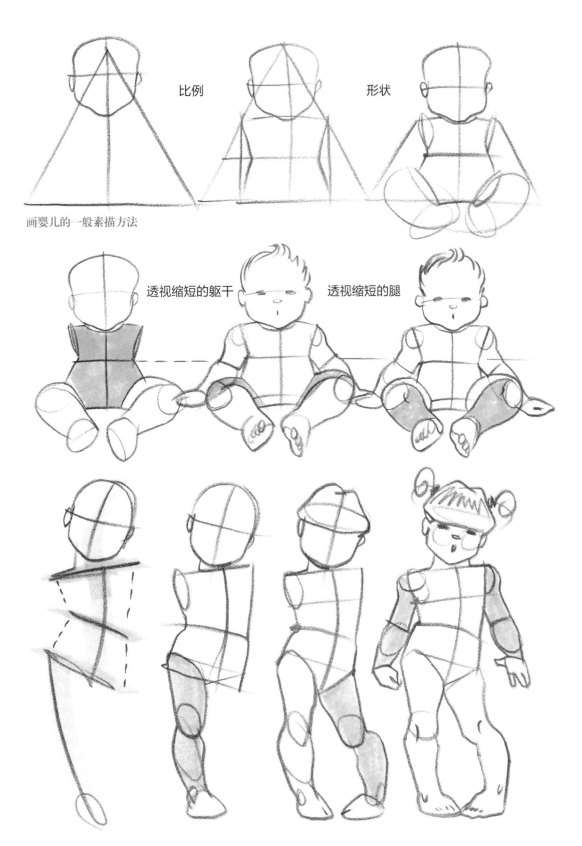

比例　　　形状

画婴儿的一般素描方法

透视缩短的躯干　　　透视缩短的腿

绘制幼儿的方法步骤

渲染童装

用颜色渲染成人和儿童时装人物模型的面部和头发也被分为松散风格和密集风格。松散的风格最适合画素描，而密集的风格则最能体现完成后的作品。

您可以任意组合各种技巧来表达风格信息。例如，红发女孩的头发是用自由形式的风格渲染的，而黑发则是以更严谨、更详细的方式渲染的。相反，男孩的头发（中间的那个）没有应用任何马克笔颜色。棕色的铅笔阴影对头发进行了着色。

注意，对于小孩而言，男孩女孩的面部形状可以画成一样。在时装图样中，通常通过发型来区分小孩的性别。不过对成人可不能这么做。

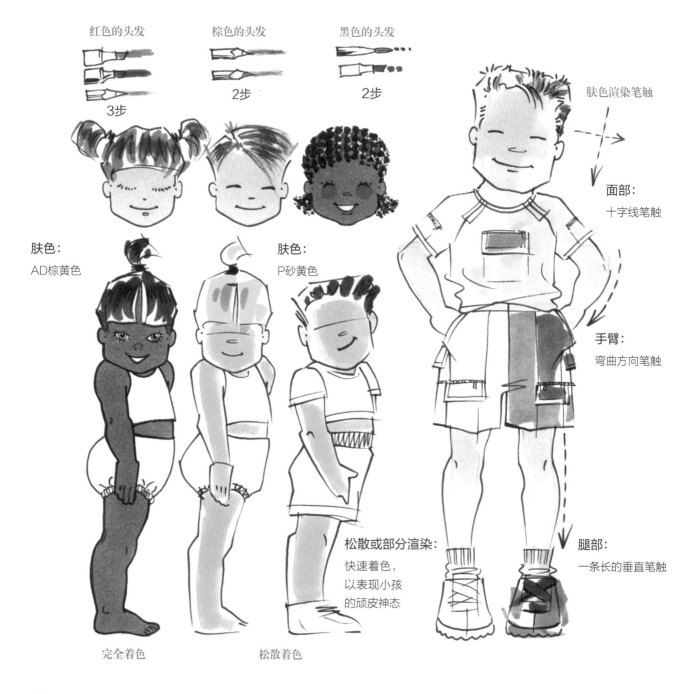

红色的头发

棕色的头发

黑色的头发

3步

2步

2步

肤色渲染笔触

面部：
十字线笔触

手臂：
弯曲方向笔触

肤色：
AD棕黄色

肤色：
P砂黄色

松散或部分渲染：
快速着色，
以表现小孩
的顽皮神态

腿部：
一条长的垂直笔触

完全着色

松散着色

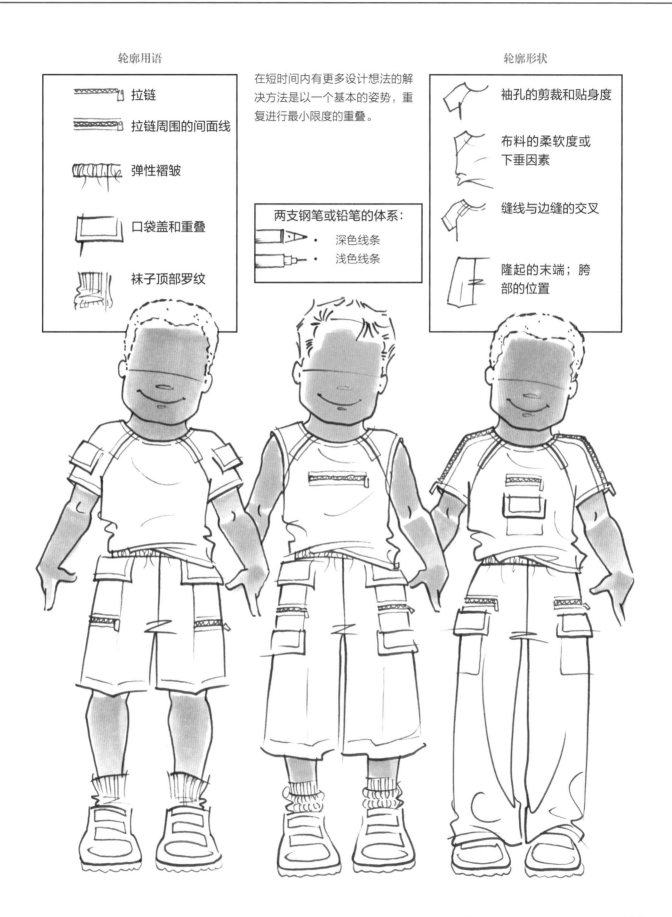

轮廓用语

拉链

拉链周围的间面线

弹性褶皱

口袋盖和重叠

袜子顶部罗纹

在短时间内有更多设计想法的解决方法是以一个基本的姿势，重复进行最小限度的重叠。

两支钢笔或铅笔的体系：

· 深色线条

· 浅色线条

轮廓形状

袖孔的剪裁和贴身度

布料的柔软度或下垂因素

缝线与边缝的交叉

隆起的末端；胯部的位置

儿童服装的平面展示图

　　儿童服装无非就是上装和下装、混搭服装，或者上下连体服，如连衣裙、工装裤或背带裤（如对开页所示）。将儿童人物模型分为两部分能更方便地画出这些儿童服装平面展示图。在绘制儿童服装平面展示图时，需要集中体现服装正面和背面的差异细节。"衣服后面内里"和"衣服前面内里"是平面展示图素描词汇中的术语。

背面和正面的细节

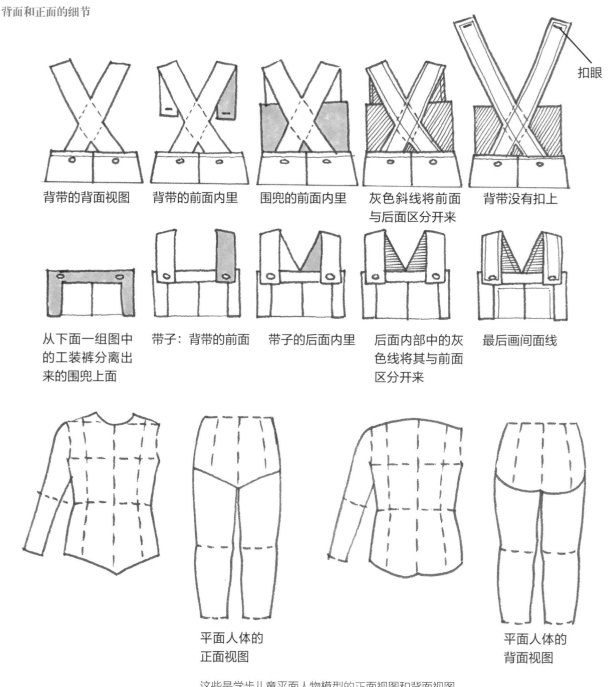

扣眼

背带的背面视图　　背带的前面内里　　围兜的前面内里　　灰色斜线将前面　　背带没有扣上
　　　　　　　　　　　　　　　　　　　　　　　　　与后面区分开来

从下面一组图中　　带子：背带的前面　　带子的后面内里　　后面内部中的灰　　最后画间面线
的工装裤分离出　　　　　　　　　　　　　　　　　　　色线将其与前面
来的围兜上面　　　　　　　　　　　　　　　　　　　区分开来

平面人体的
正面视图

平面人体的
背面视图

这些是学步儿童平面人物模型的正面视图和背面视图

小孩的服装常常比其他服装更精致，具有更精美的门襟，这样可以快速地画出小孩着装图。在平面展示图中，展示一小部分就会有大量的细节。要力争使平面展示图中的信息准确无误和清晰明了。下面这些示例展示了如何绘制相互关联的正面视图和背面视图。

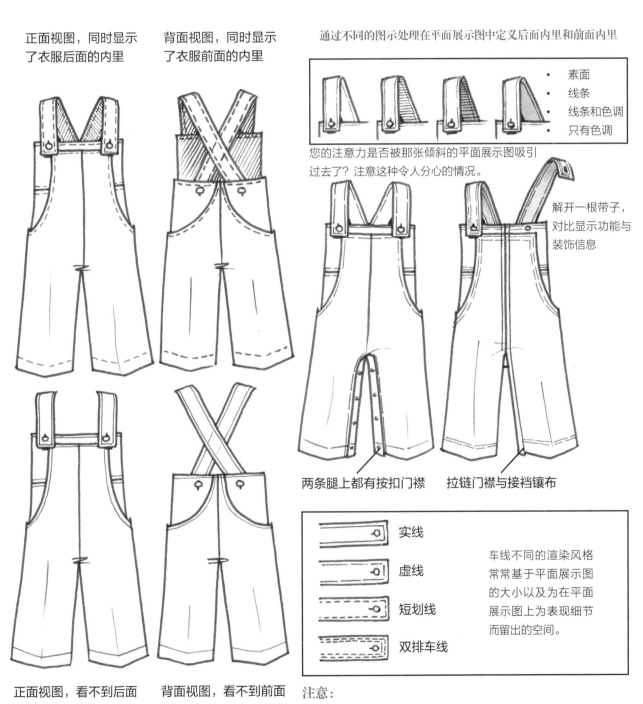

正面视图，同时显示了衣服后面的内里

背面视图，同时显示了衣服前面的内里

通过不同的图示处理在平面展示图中定义后面内里和前面内里

· 素面
· 线条
· 线条和色调
· 只有色调

您的注意力是否被那张倾斜的平面展示图吸引过去了？注意这种令人分心的情况。

解开一根带子，对比显示功能与装饰信息

两条腿上都有按扣门襟

拉链门襟与接裆镶布

实线

虚线

短划线

双排车线

车线不同的渲染风格常常基于平面展示图的大小以及为在平面展示图上为表现细节而留出的空间。

正面视图，看不到后面

背面视图，看不到前面

注意：
在整个专题展示图中，车缝线的风格通常要保持一致。

这位艺术家围绕着20世纪60年代英国流行偶像的经典元素来设计作品，并将它们与20世纪20年代的报童风格细节结合起来。除了这两方面的影响，她在服装中巧妙地将过去和现在的元素结合起来，从而使她的绘画风格完全是现代的。她在抛光的牛皮水彩纸上作画。一般使用H铅笔、Prismacolor铅笔、4号紫貂毛笔和树胶水彩。

这组画像运用了树胶水彩、马克笔、钢笔和铅笔。设计师用绘图及渲染技巧强调她在童装中的范围，也就是着重于作品集中时装观念间的差别，渗透在她绘图中的幽默感，并在时装轮廓中添加了年轻且有朝气的态度。

设计师使用了树胶水彩和铅笔的结合。她秋季作品集的可爱元素是运用了具有创意的波点装饰，提高了人像及时装轮廓的艺术趣味。在她艺术作品页面的边界完成了她作品的装饰，并且创造一个具有自己色彩故事的"边框"。

Callista Wolff

　　这张绘图使用了树胶水彩、钢笔和铅笔的结合。参考一本儿童书中的人物作为设计灵感，设计者结合深色和阴郁的色调，也就是加入了有自己故事的个性人像作为设计灵感。男孩的休闲运动装通过路边宣传（通过汽车后视镜看到的）和古典音乐宣传间聪明的文字游戏而受到启发。

For the readers of
CLOTHES who
have asked for

A
MAIL ORDER
PAGE

NOTE: SIZES ON ALL THESE DRESSES ARE CUT FULL. SIZE 2 WILL FIT BETTY EVEN THOUGH SHE "IS LARGE FOR HER AGE"

HOW TO ORDER

Order by number. Mail to Filene's, in care of the Mail Service Department. Be sure to note the size you wish, and the color, and mention your second choice of color if you have one. A charge account is of great convenience in ordering by mail. If you do not charge, send check or money order

1   2   3

The CHILDREN'S SHOP

1

Bloomer dresses, $2. Pink, blue and green checked gingham. Ruffled collar and cuffs are white. "Kindergarten" pocket has appliqued leaves. 2, 4 and 6 years

2

Poplin rompers, $2. Pink, blue and white poplin of a fine grade. White or self collars and cuffs. Colored embroidery and smocking. 1, 2, 3 and 4 years

3

Poplin trouser suits, $3. Frilled white poplin blouses on to which button colored poplin trousers (pink, blue and white). Buttons all around. 2, 4 and 6 years

The WOMEN'S SHOP

4

Women's linen dresses, $7.50. These dresses are from the shop where we have sold a thousand dresses by telephone-order in one day. An overhead style, with adjustable tie-belt. Blue, orchid, green, gray, brown, rose, and white Irish linen, hand drawn and machine hemstitched. Venetian pattern lace medallions, as durable as linen. Sizes 36, 38, 40, 42, 44 and 46

4   7

5   6

The GIRLS' SHOP

5

Girls' pongee dresses, $4. All silk, natural color. Blouse buttons a few inches in back. The skirts have pleats at the sides, and long tie-belts. Necktie is two-tone ribbon. Hand embroidery in brown silk on tie-slot, collar and cuffs. 8, 10, 12 and 14 years

6

Juniors' two-piece Balbriggan jersey dresses, $15. The most fashionable dress in the world at the moment. Skirt is on an elastic band. Note the kick pleat in front. French blue, jade green, rose, tan and cinnamon. The huge tie is printed silk in a variety of designs. 13, 15 and 17 years

The MISSES' SHOP

7

Misses' flannel dresses, $15. One of those tremendously simple dresses that button down the front. It has THE RIGHT COLLAR. Poudre blue, green, rust and tan flannel, with contrasting bands of natural color kashmir. 14, 16, 18 and 20 years

从一开始，儿童服装图样在时装界就被分为两种不同的展示风格：写实和风格化。写实艺术家形成了内在的，在图样中处理阴影和塑造形状的风格。风格化艺术家则形成了外在的，单纯处理图样中轮廓边缘形状的风格。从本页的这些图中可以看出，这两种风格在时装界中都获得了成功。

THE SPRINGTIME FAMILY SEWING

The Little Boy and the Little Girl

In Their Best Clothes and Their Playtime Clothes

SUITABLE to wear in the hot summer days, the attractive suit below could be made without the long, full sleeves. The arrangement of the stripes is effective in the panel.

Patterns (No. 6737) come in three sizes: 4, 6 and 8 years. Size 6 years requires four yards of 27-inch material.

THE suit below, although made on plain boyish lines, is equally adaptable for a girl. The one-piece sleeves are set in at the armholes and gathered into band cuffs.

Patterns (No. 6739) for this suit come in three sizes: 4, 6 and 8 years. Size 6 years requires four yards of 30-inch material.

FOR morning wear the peasant dress below would be serviceable if made of small-checked gingham, striped percale or plain-color chambray.

Patterns (No. 6709) come in five sizes: 4 to 12 years. Size 8 years requires four yards and three-quarters of 30-inch material.

WHEN mother has time for dainty handwork she may make a dress like the one below, for which a suitable material would be sheer batiste, longcloth or fine linen.

The box-plaits and yoke band are embroidered with dots, which would be pretty in light blue. No patterns can be supplied.

6737
14406

6739

6709

PICTURED above is a little tunic dress with the skirt attached to an underbody gathered at the neck. It may have either full-length or shorter sleeves.

Patterns (No. 6721) come in five sizes: 4 to 12 years. Size 8 years requires two yards and three-quarters of 30-inch material.

6721
14055

BRAIDING in simple border designs is always pleasing when used on dresses for the younger children, and a charming suggestion of well-executed work is shown above.

Patterns (No. 6717) come in five sizes: 4 to 12 years. Size 8 years requires three yards and three-quarters of 30-inch material.

6717-14125

ST below, the well-cut ,ailor suit furnishes a good example of a "first-trousers" suit for the boy who has outgrown his Russian blouse and knickerbockers.

Patterns (No. 6733) come in four sizes: 4, 6, 8 and 10 years. Size 8 years requires two yards and three-quarters of 36-inch material.

ANY little fellow who wants to dress like a true sailorman will be pleased with the suit below. This is made with full-length trousers, wide at the ends; and the blouse is a typical "middy."

Patterns (No. 6731) come in four sizes: 4, 6, 8 and 10 years. Size 8 years requires five yards of 27-inch material.

6735

6729

6731

6733

THIS manly little Russian suit is made with straight trousers, which many boys prefer to the full knickerbockers.

Patterns (No. 6735) come in four sizes: 2, 4, 6 and 8 years. Size 6 years requires three yards and a half of 27-inch material and five-eighths of a yard of 27-inch contrasting material.

A PRETTY variation in cut is shown in the above dress for a little girl. It is made with a panel front and separate side sections, with short sleevecaps in one piece.

Although no patterns can be supplied this dress could be cut over a one-piece peasant foundation by adding the separate panel to the front and back, buttoning in the back.

HERE is a real boy's suit made with a big sailor collar and worn with a silk tie and a patent-leather belt. Then there is a pocket to be crammed with all kinds of things.

Patterns (No. 6729) for this one-piece blouse suit come in three sizes: 4, 6 and 8 years. Size 6 years requires four yards and a quarter of 27-inch material.

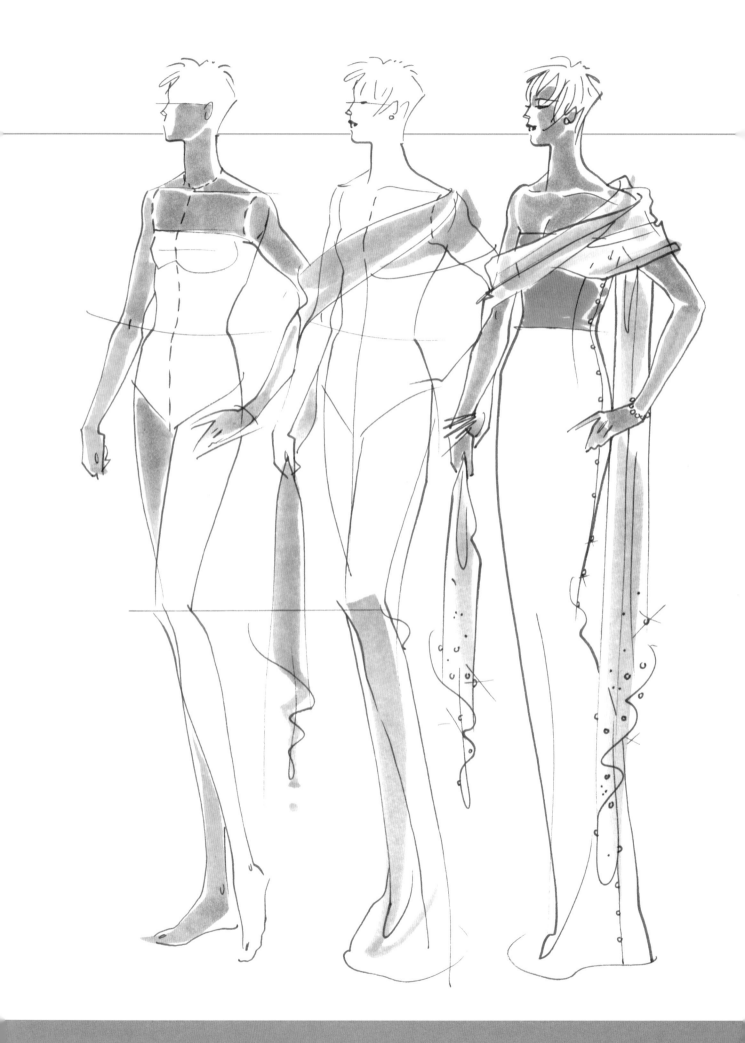

第 13 章

配饰

Accessories

配饰设计本身就可以是一个专门的研究领域,并且是时装不可分割的一部分。本章将帮助您学习配饰设计需要的一些初级绘图方法。配饰有自己的款式类别——经典的、前卫的和充满想象力的。本章将介绍几个类别——首饰、太阳镜、帽子、腰带、手提包和鞋子,提供一些绘制配饰的基础知识作为进一步拓展的基础。流行趋势总是在不同的类别和不同的季节间流转,但如果您能未雨绸缪,提前练习绘制所有流行内容,就会一直走在潮流的最前面。

在学习如何展示首饰的设计细节之前,必须先学习如何绘制首饰的基本形状。太阳镜将趣味性和功能性完美地融合在一起。腰带和帽子的款式无时无刻不在发生变化,包括腰带和帽子上的所有装饰物和配件。手提包占据着最受欢迎的配饰这一地位。鞋子是服装市场的推动力量,新的设计方法增加了其时尚价值。

配饰市场已经成熟。随着公众成为时尚消费者,对于设计许可以及品牌化的需求让几乎所有种类的配饰在业界的重要性都达到了一个新的高度。这些都不过是学习如何绘制配饰的另外一些原因。

首饰

这些配饰是用写意风格绘制的。为了控制尺寸和放置位置，珠宝设计草图可以画在方格纸上以展示更正式的风格，或者也可以画在一个人形轮廓上，以展示搭配和比例。下面是绘制首饰的一些基本指导原则：

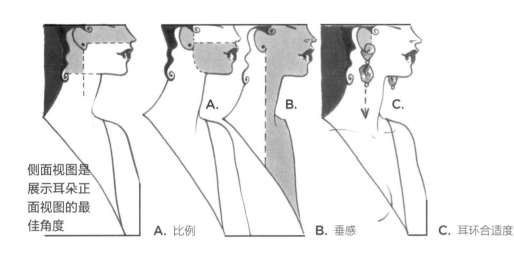

侧面视图是展示耳朵正面视图的最佳角度

A. 比例　　B. 垂感　　C. 耳环合适度

绘制耳环

- 一些耳环钉在耳垂上与嘴巴处于同一水平线上的地方。一些耳环会吊在下颌轮廓下方。

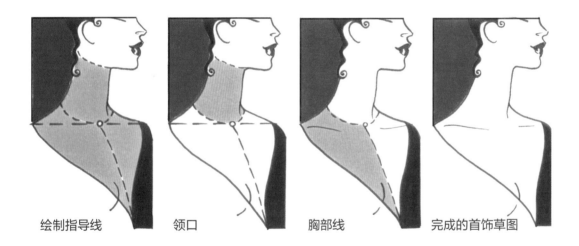

绘制指导线　　领口　　胸部线　　完成的首饰草图

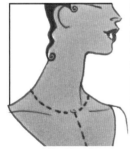  

拉长式样的项链　　颈部上首饰设计　　胸部上的首饰设计

绘制项链

- 短项链、垂饰和项链都是从颈根开始的。它们可以适合在颈部的高处、搭在颈部下面、在肩膀的倾斜处，或者沿着正面中心线向下垂到胸部中间。

可以按照配饰的实际大小绘制在人形轮廓上，以显示它的搭配方式和作用。佩戴配饰的身体部位的轮廓可以进行风格化处理，或者画得更简单一些。轻轻勾勒出身体形状，重点描绘配饰。

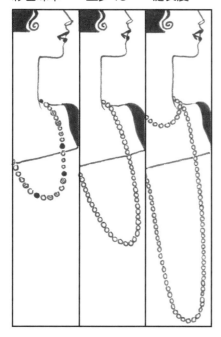

嬉皮风格或彩色珠串　　晚间用项链长度：至少48"　　结绳状项链长度

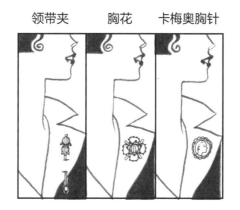

领带夹　　胸花　　卡梅奥胸针

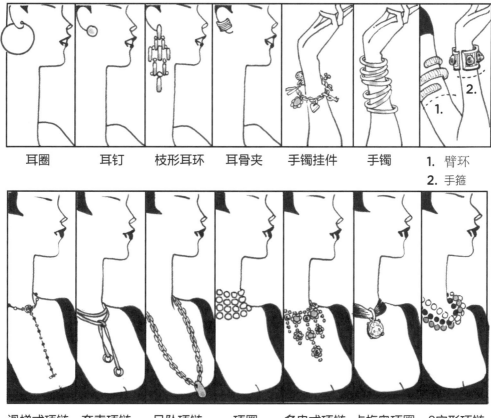

耳圈　　耳钉　　枝形耳环　　耳骨夹　　手镯挂件　　手镯　　1. 臂环　　2. 手箍

滑梯式项链　　套索项链　　吊坠项链　　项圈　　多串式项链　　卡梅奥项圈　　8字形项链

珠宝模板

　　简约的时装画头部、手臂、手腕到手部或者脚踝到脚部都可以作为首饰设计草图的展示。展示或陈列一件首饰表现的是它的尺寸、搭配和功能。俯视图中以固定的格式简单地画出身体形状，布置在一个平面上，或单独画出一个姿势，就可以调整这些首饰的位置，适应自己的设计过程。

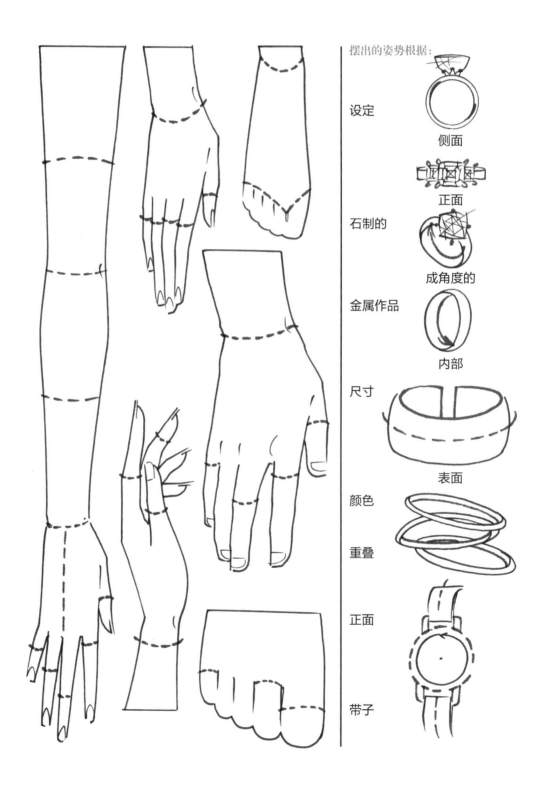

摆出的姿势根据：

设定　　　侧面

石制的　　正面

　　　　　成角度的

金属作品　内部

尺寸　　　表面

颜色

重叠

正面

带子

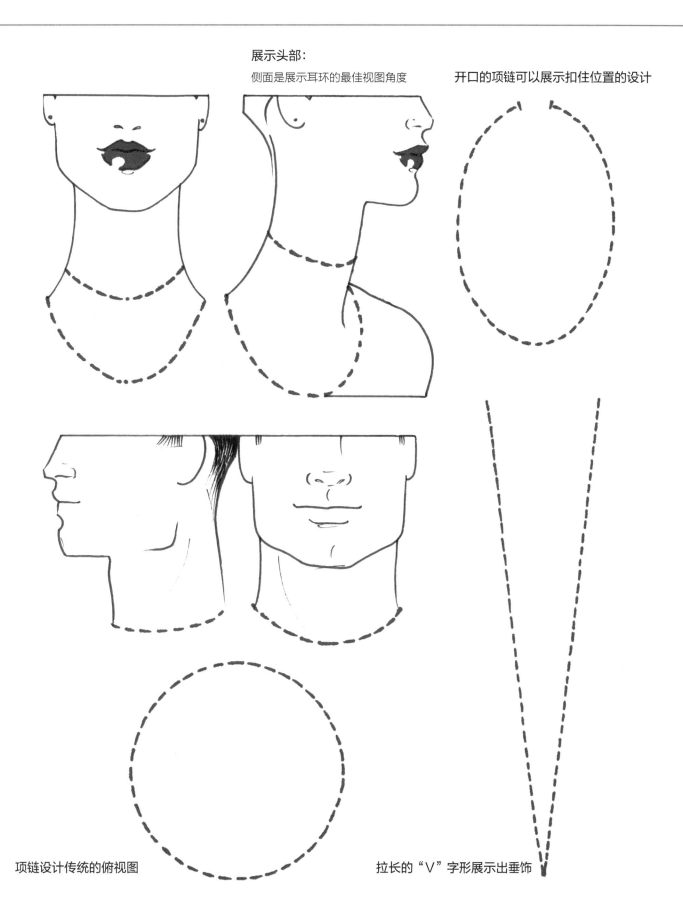

展示头部：

侧面是展示耳环的最佳视图角度

开口的项链可以展示扣住位置的设计

项链设计传统的俯视图

拉长的"V"字形展示出垂饰

太阳镜

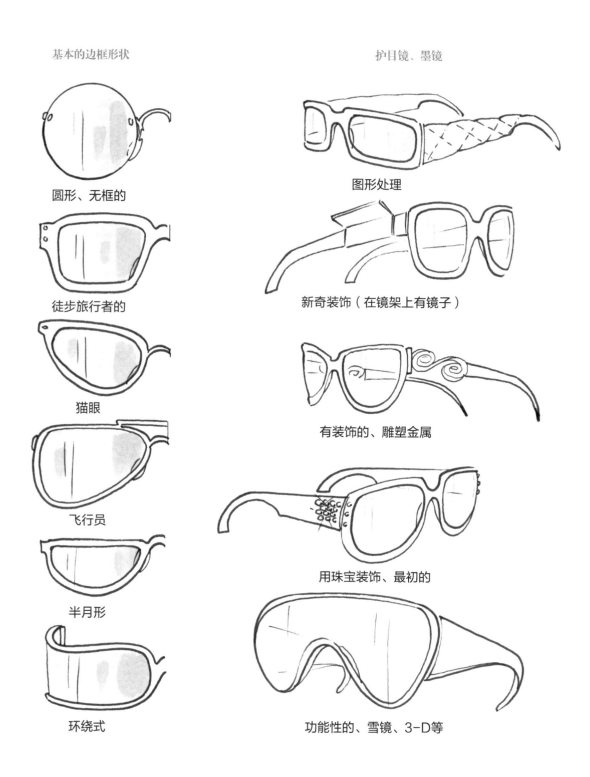

基本的边框形状

圆形、无框的

徒步旅行者的

猫眼

飞行员

半月形

环绕式

护目镜、墨镜

图形处理

新奇装饰（在镜架上有镜子）

有装饰的、雕塑金属

用珠宝装饰、最初的

功能性的、雪镜、3-D等

太阳镜可以有自己独特的形状、功能和名称，在任何季节都可以出现。此外，它们的材料、宽窄塑形，以及鼻梁、鼻托和镜腿都跟流行趋势有关。任何类型的眼镜边框，不管是不是戴在脸上，都像首饰一样，可以被摆在任何将设计特点最大化的角度上。

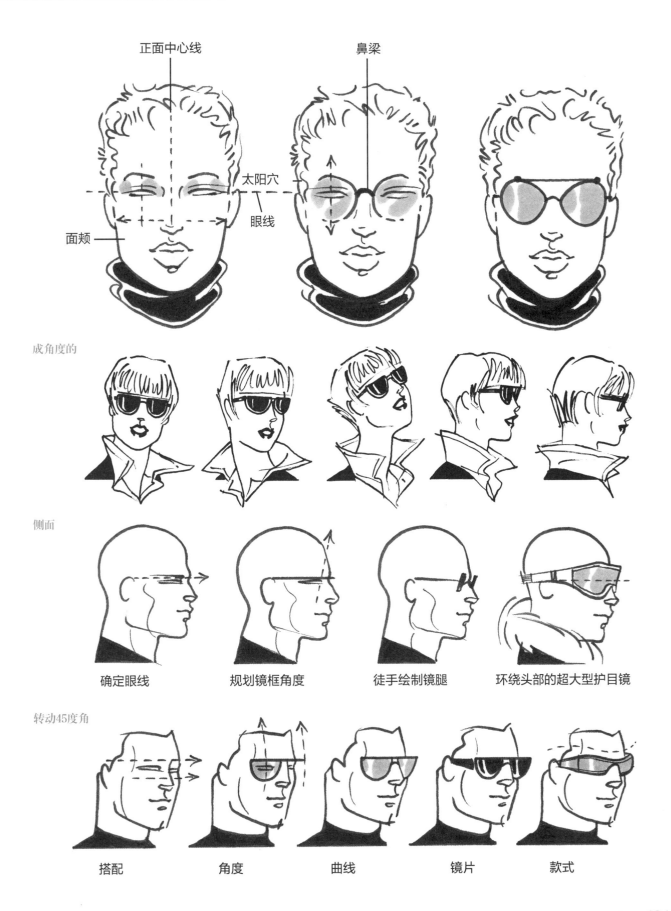

正面中心线　　　鼻梁

太阳穴

眼线

面颊

成角度的

侧面

确定眼线　　　规划镜框角度　　　徒手绘制镜腿　　　环绕头部的超大型护目镜

转动45度角

搭配　　　角度　　　曲线　　　镜片　　　款式

帽子和手套

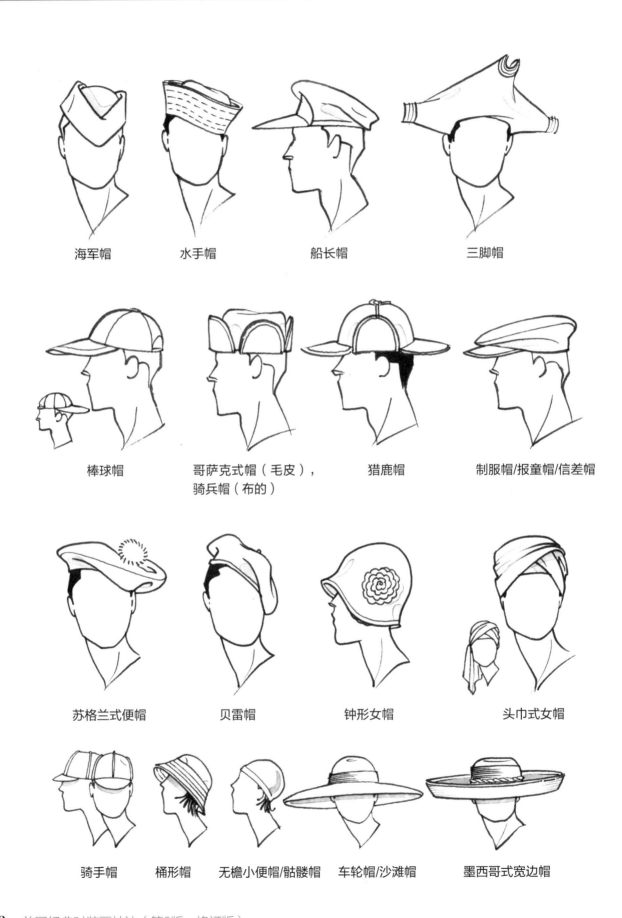

海军帽　　　　水手帽　　　　船长帽　　　　三脚帽

棒球帽　　　哥萨克式帽（毛皮），　　猎鹿帽　　　制服帽/报童帽/信差帽
　　　　　　骑兵帽（布的）

苏格兰式便帽　　　贝雷帽　　　　钟形女帽　　　　头巾式女帽

骑手帽　　桶形帽　　无檐小便帽/骷髅帽　车轮帽/沙滩帽　墨西哥式宽边帽

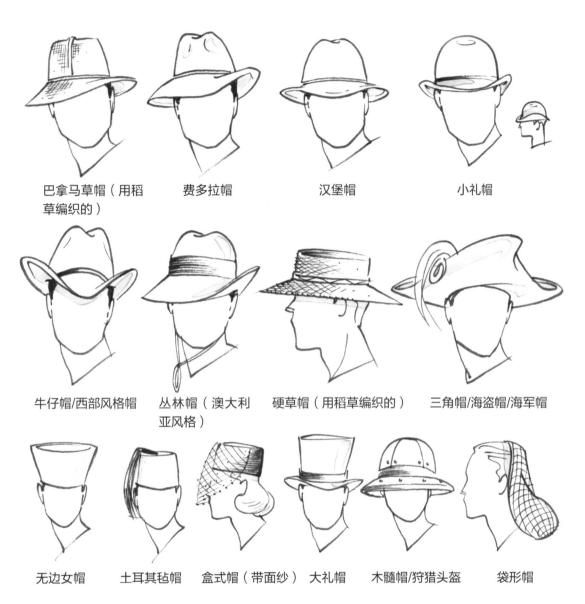

巴拿马草帽（用稻草编织的）　　费多拉帽　　汉堡帽　　小礼帽

牛仔帽/西部风格帽　　丛林帽（澳大利亚风格）　　硬草帽（用稻草编织的）　　三角帽/海盗帽/海军帽

无边女帽　　土耳其毡帽　　盒式帽（带面纱）　　大礼帽　　木髓帽/狩猎头盔　　袋形帽

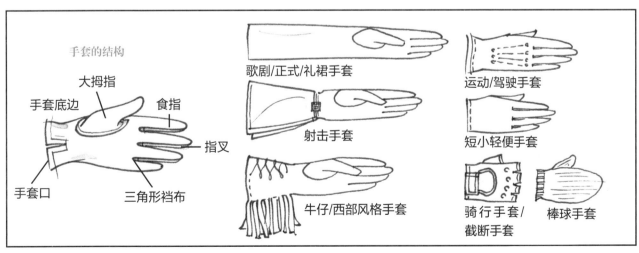

手套的结构

大拇指

手套底边　　食指

　　　　　　指叉

手套口　　三角形裆布

歌剧/正式/礼裙手套

射击手套

牛仔/西部风格手套

运动/驾驶手套

短小轻便手套

骑行手套/截断手套　　棒球手套

绘制男帽

绘制帽子需要在搭配、帽子的类型和佩戴风格（在头上摆出的造型）间实现平衡。帽身应该贴合头部的上半部分。帽檐应该在眼线处，根据流行趋势下弯或上翘。

牛仔帽/西部风格帽

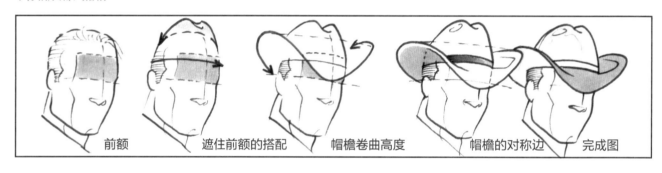

前额　　　遮住前额的搭配　　　帽檐卷曲高度　　　帽檐的对称边　　完成图

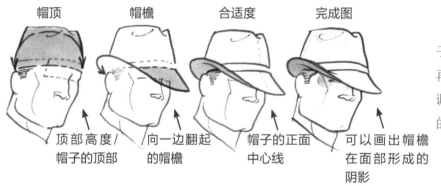

帽顶　　　帽檐　　　合适度　　　完成图

顶部高度/
帽子的顶部

向一边翻起
的帽檐

帽子的正面
中心线

可以画出帽檐
在面部形成的
阴影

在两个位置绘制一顶帽子的帽檐——向上翻起然后再向下——可以提供一个强调合适度、剪裁和不同料子的机会。

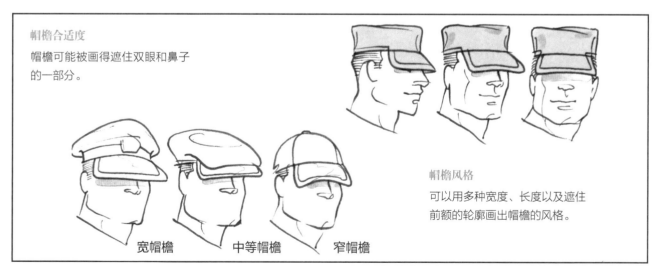

帽檐合适度

帽檐可能被画得遮住双眼和鼻子的一部分。

宽帽檐　　　中等帽檐　　　窄帽檐

帽檐风格

可以用多种宽度、长度以及遮住前额的轮廓画出帽檐的风格。

绘制女帽

草图选项：摆一顶帽子

戴着或者摆一顶帽子

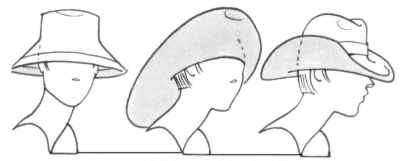

将一顶帽子合适地戴在头上要重点注意尺寸、形状和帽檐。

练习将一顶柔软的帽子在眼睛上方翻起来。

贝雷帽可以在任何您选择的风格中自然下垂。

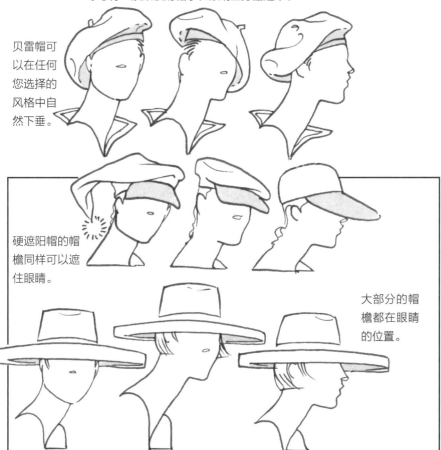

硬遮阳帽的帽檐同样可以遮住眼睛。

大部分的帽檐都在眼睛的位置。

腰带

腰带

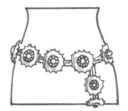

高卓人风情（皮革奖章，配以金属或硬币心）

美国印第安人风情（金属、石头或珠饰）

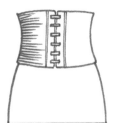

宽束腰带

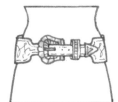

牛仔/西部风情（带有金属带扣/环/头的皮革制品）

腰带搭在臀部/低腰带

编织腰带（织网腰带，金属扣带，根据军用腰带改编）

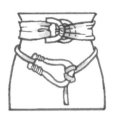

上面：D形栓扣，下面：马蹄形扣带

束腰（就像宽束腰带那样，不过有带子系着）

宽腰带（受亚洲文化影响改编而成）

布腰带（可以系在背后，也可以不系在背后）

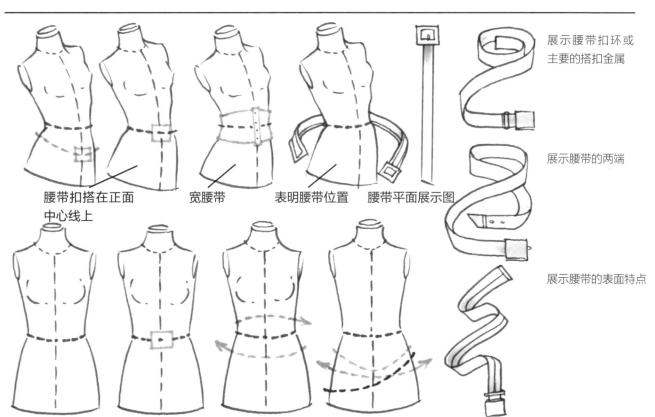

腰带扣搭在正面中心线上

宽腰带

表明腰带位置

腰带平面展示图

展示腰带扣环或主要的搭扣金属

展示腰带的两端

展示腰带的表面特点

画腰带用的腰围线

在正面中心线上的搭扣

腰带环绕在实际腰部的上面和下面

低腰腰带

用垂下来的腰带展示设计特点

腰带和包上的金属部分

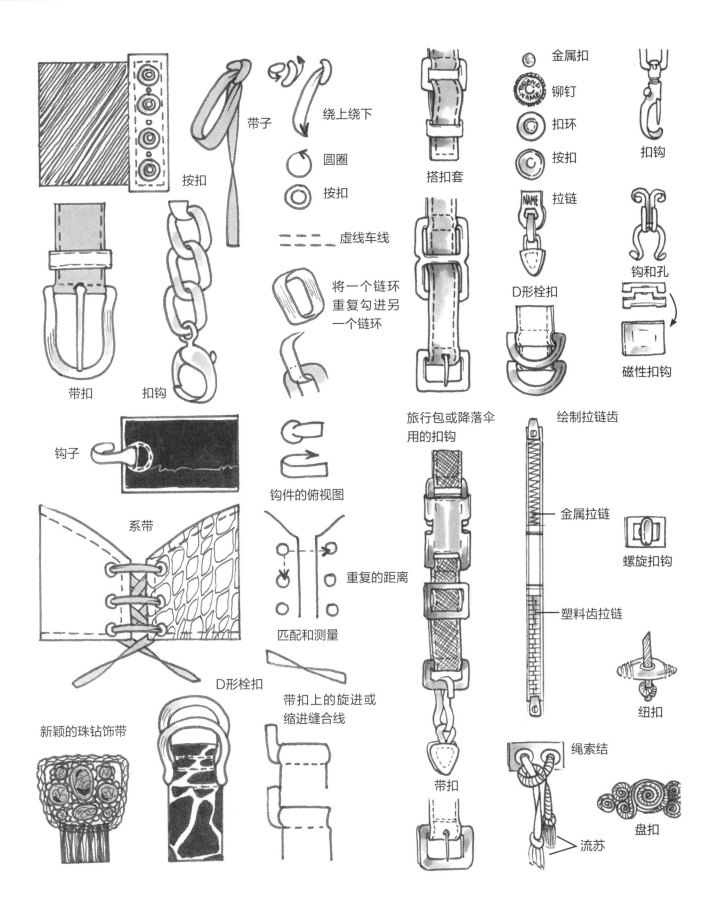

按扣

带子

绕上绕下

圆圈

按扣

虚线车线

将一个链环重复勾进另一个链环

搭扣套

金属扣

铆钉

扣环

按扣

扣钩

拉链

D形栓扣

钩和孔

磁性扣钩

带扣

扣钩

钩子

钩件的俯视图

重复的距离

匹配和测量

系带

D形栓扣

带扣上的旋进或缩进缝合线

新颖的珠钻饰带

旅行包或降落伞用的扣钩

带扣

绘制拉链齿

金属拉链

塑料齿拉链

螺旋扣钩

纽扣

绳索结

流苏

盘扣

手提包和钱包

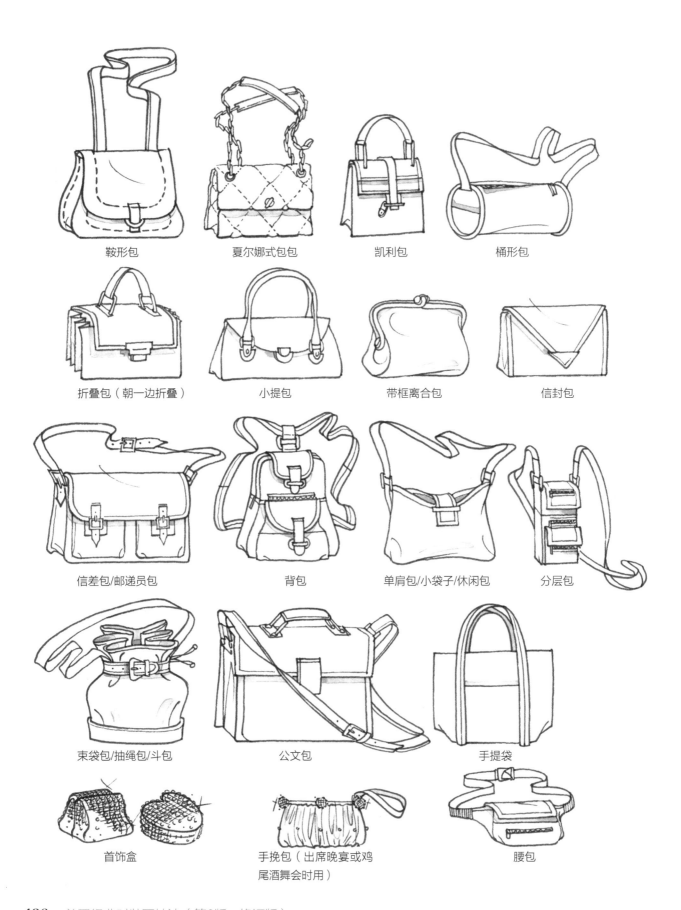

鞍形包

夏尔娜式包包

凯利包

桶形包

折叠包（朝一边折叠）

小提包

带框离合包

信封包

信差包/邮递员包

背包

单肩包/小袋子/休闲包

分层包

束袋包/抽绳包/斗包

公文包

手提袋

首饰盒

手挽包（出席晚宴或鸡
尾酒舞会时用）

腰包

鞋子

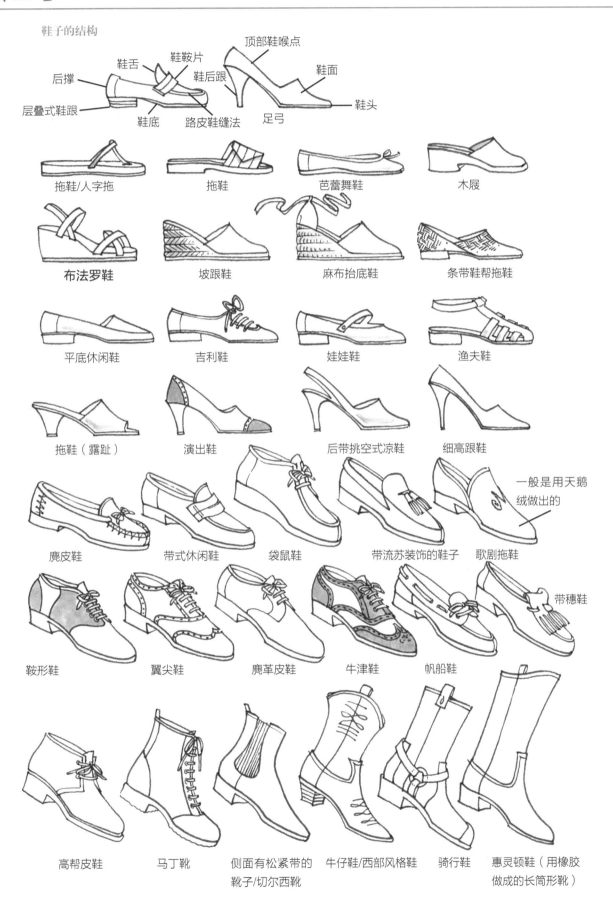

鞋子的结构

后撑　鞋舌　鞋鞍片　鞋后跟　顶部鞋喉点　鞋面

层叠式鞋跟　鞋底　路皮鞋缝法　足弓　鞋头

拖鞋/人字拖　　拖鞋　　芭蕾舞鞋　　木屐

布法罗鞋　　坡跟鞋　　麻布抬底鞋　　条带鞋帮拖鞋

平底休闲鞋　　吉利鞋　　娃娃鞋　　渔夫鞋

拖鞋（露趾）　　演出鞋　　后带挑空式凉鞋　　细高跟鞋　　一般是用天鹅绒做出的

麂皮鞋　　带式休闲鞋　　袋鼠鞋　　带流苏装饰的鞋子　　歌剧拖鞋

鞍形鞋　　翼尖鞋　　麂革皮鞋　　牛津鞋　　帆船鞋　　带穗鞋

高帮皮鞋　　马丁靴　　侧面有松紧带的靴子/切尔西靴　　牛仔鞋/西部风格鞋　　骑行鞋　　惠灵顿鞋（用橡胶做成的长筒形靴）

鞋类设计素描图

这些鞋子模板中的红色线定义了鞋子的形状或者鞋垫的放置，或者鞋底的外部边。

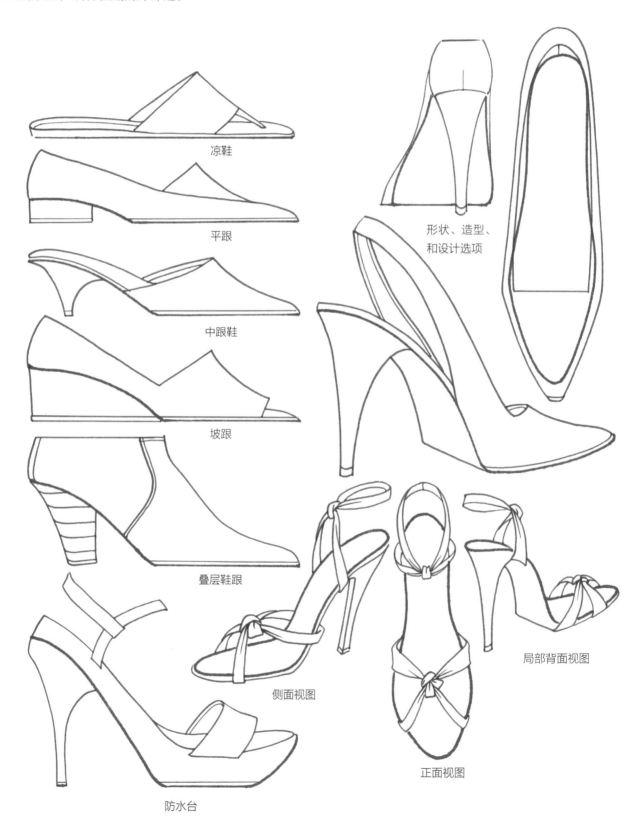

凉鞋

平跟

中跟鞋

坡跟

叠层鞋跟

防水台

形状、造型、和设计选项

侧面视图

正面视图

局部背面视图

　　下面的例子给出了5种经典的鞋后跟类型。每种鞋后跟都随时间在不断变化，包括高度、宽度和材质变化（从皮革到塑料），它们随着鞋子流行趋势的变化而变化。动感十足的运动鞋配有另一种鞋后跟，这些鞋子包括高尔夫鞋、滑雪鞋和溜冰鞋等。对于这类鞋子，鞋后跟和鞋底就是专门设计的了。最近，市面上刮起了保龄鞋风，公然挑战专门化，因此，您最好练习绘制所有感兴趣的鞋子。

在脚的正面视图中
看不到脚后跟

高跟

平跟

坡跟

防水台

中跟

运动鞋

运动鞋的设计理念每一季都在向新的方向发展，因此工作鞋、玩耍鞋、休闲鞋、正式鞋之间的界限越来越模糊。这种鞋子的设计将特性和功能因素与工艺和装饰融合在一起。此类融合创造了普通鞋子和运动鞋（如暴走鞋）之间的混合物，它们超越了高尔夫鞋、滑雪鞋和溜冰鞋之类的专业鞋子概念。下一季的流行热点将是什么？鞋底将成为设计焦点。鞋子的印花（鞋底）从授权图像和品牌签名到流行文化人物肖像。翻过来看一看，鞋子里面的鞋内底上印有只有穿鞋者才能看到的图像。这种风格通过颜色和印花诉说着一种私密性和个人品位。这意味着您需要了解如何从内向外、从上至下，以及从一边到另一边绘制鞋子。如果鞋子的趣味性很强，您无疑要在草图中将它们表现出来。

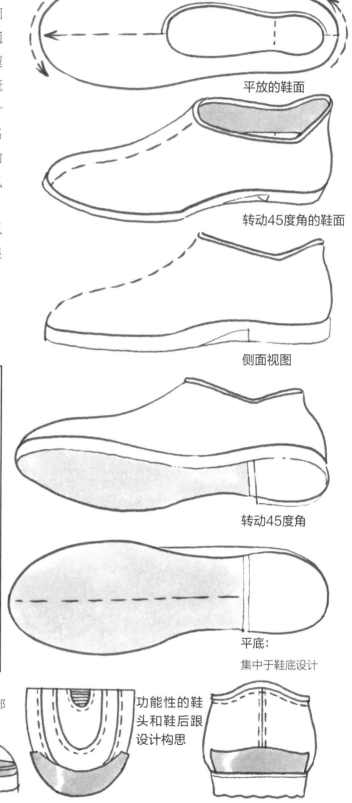

平放的鞋面

转动45度角的鞋面

侧面视图

转动45度角

平底：
集中于鞋底设计

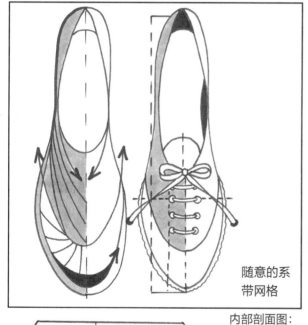

随意的系带网格

内部剖面图：
鞋子各层次内部

功能性的鞋头和鞋后跟设计构思

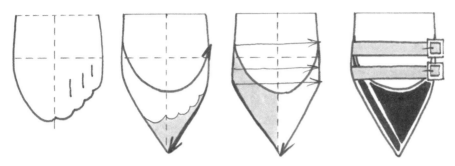

- 当设计鞋子的形状时，鞋头和鞋跟一样重要。
- 绘制风格化的鞋子与更真实的鞋子相比可以给设计、搭配和装饰添加更引人注目的效果。

运动休闲鞋通常需要基础网格来定位鞋带或饰带的细节以强调剪裁和类型上的细微差别。

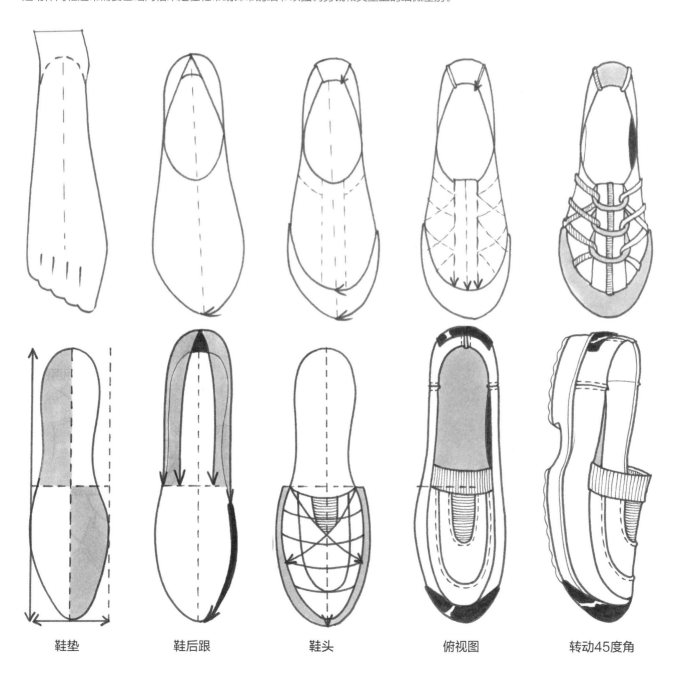

鞋垫   鞋后跟   鞋头   俯视图   转动45度角

much clutch

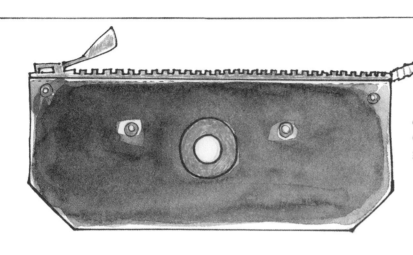

chocolate brown clutch
embellished with brass
grommets and hardware.

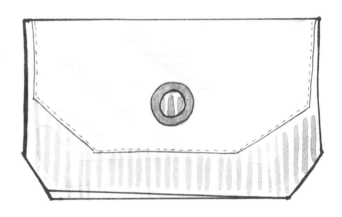

solid and striped canvas clutch
with hidden magnetic closures
and grommet detail.

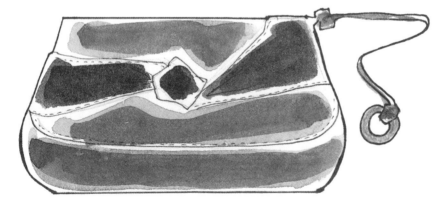

round shaped clutch with stitched
knotted detail on front flap.
knotted strap detail at corner.

作品添加渲染后看起来很清新和松散。这位设计师的作品充满轻松随意的气息。她的创作灵感来自于天色的黯淡，暗哑的颜色以及粗糙、褪色、颓废的皮革外观，她借此创作大大的手提包和时尚系带凉鞋。她一般使用8号尖头画笔、淡淡的树胶水彩、Sharpie马克笔、棕色的Prismacolor铅笔和尺子。

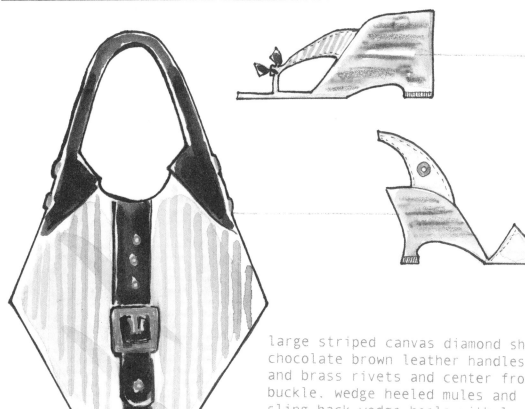

large striped canvas diamond shaped bag with
chocolate brown leather handles
and brass rivets and center front
buckle. wedge heeled mules and
sling back wedge heels with leather
details.

striped geometric canvas bag with
chocolate calf skin knotted leather
detail. slide on wedge with striped
canvas upper and knotted toe piece.

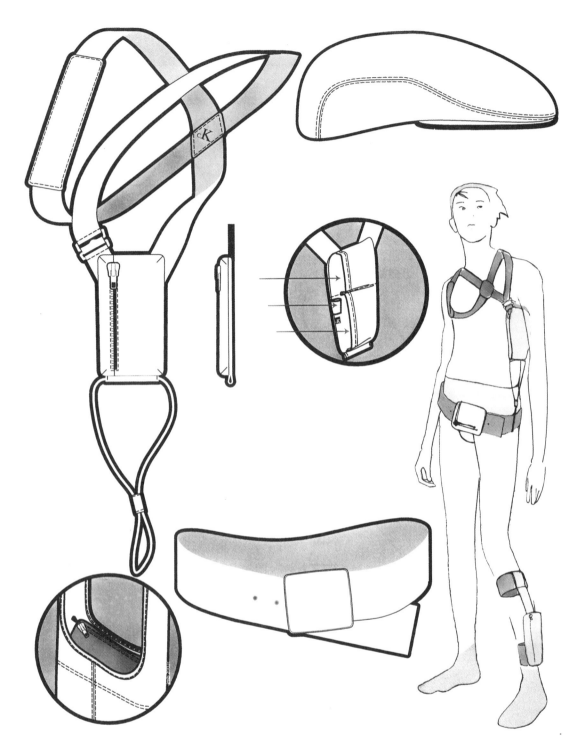

这些配饰使用CAD（计算机辅助设计）完成的，其中用到了栅格和矢量软件、铅笔、钢笔、纸和数字化硬件。是这位设计师对市面上流行单品的致敬，同时他也创作那些已失去的东西。

将构思勾画出来后，他便通过用墨水重新绘制草图，将其导入到一个栅格程序中。下面的图只是经过计算机处理后的部分图像。将图片数字化后，就需要清理它，然后将它作为一个路径导入矢量程序。在矢量程序中，图片被用做技术绘图的比例参考。创作完图片后，Jason便使用PMS打印出来匹配织物进行输出。

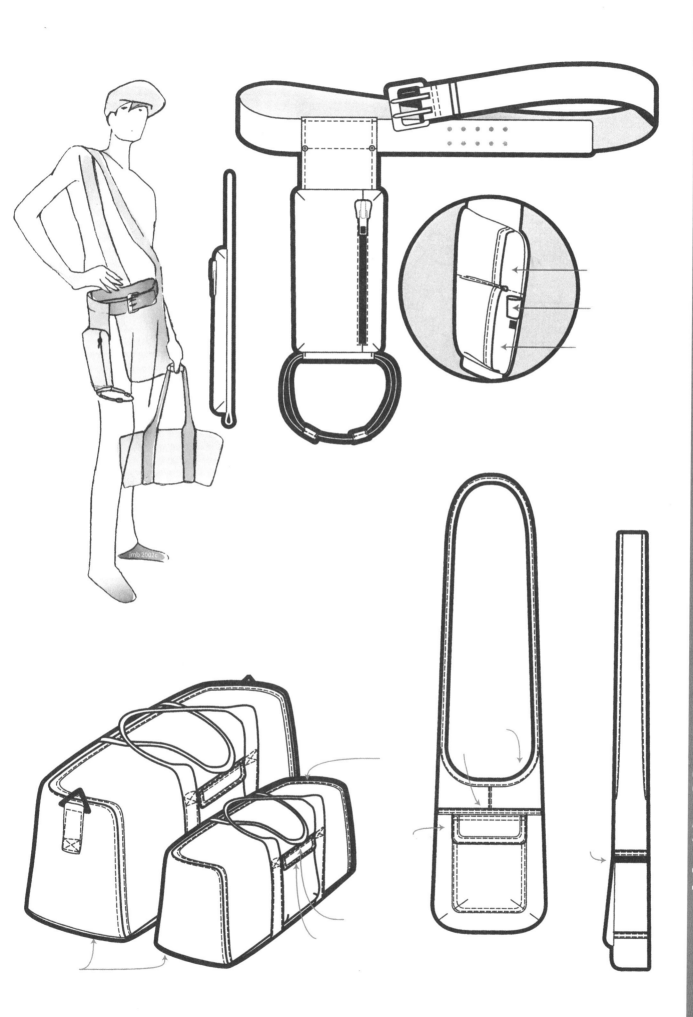

jmb 2002c

本页运用了创作历程版式中研究与资源结合的拼贴。这位设计师的灵感草图簿是他作品中才能和想象力的记事板，传达出他配饰设计的独特方法。这位设计师的作品非常有特点，而且他创作出来的作品可以填充市面上的空缺。

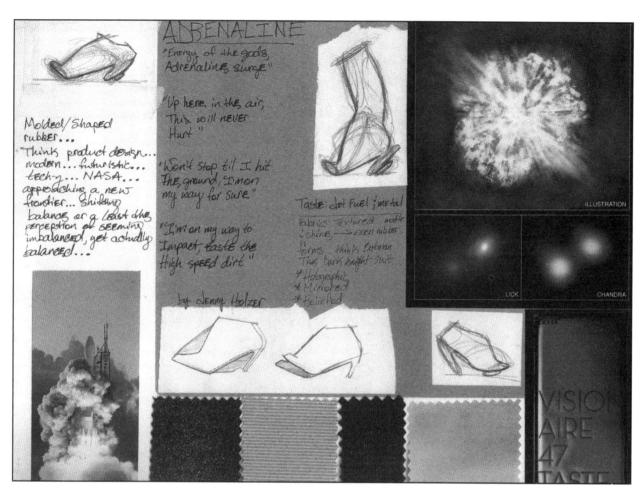

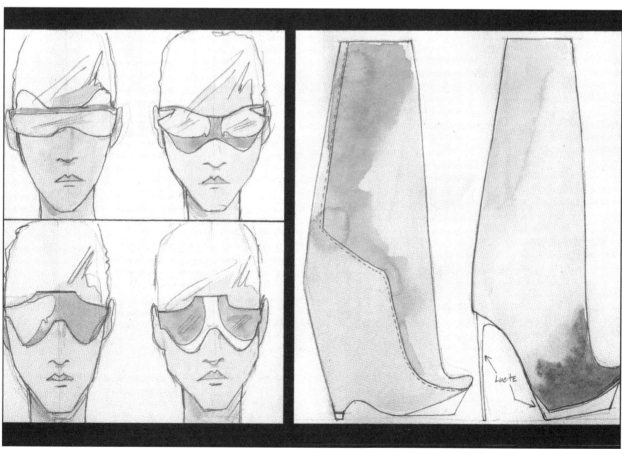

特约艺术家：Julian Guthrie

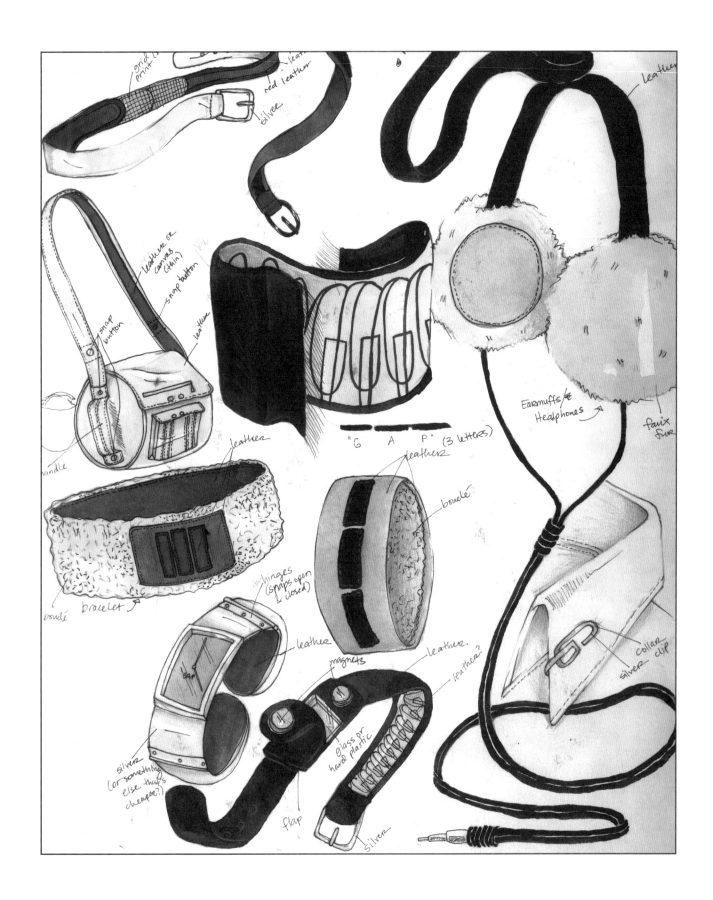

　　　　这幅作品运用了树胶水彩、马克钢笔及铅笔。这些配饰的粗略素描或草图是未被编辑过的设计灵感，是设计师当代男装作品集的一部分。男装人像绘图领先并影响着她配饰的设计灵感，像是消费者生活方式的自然延展。

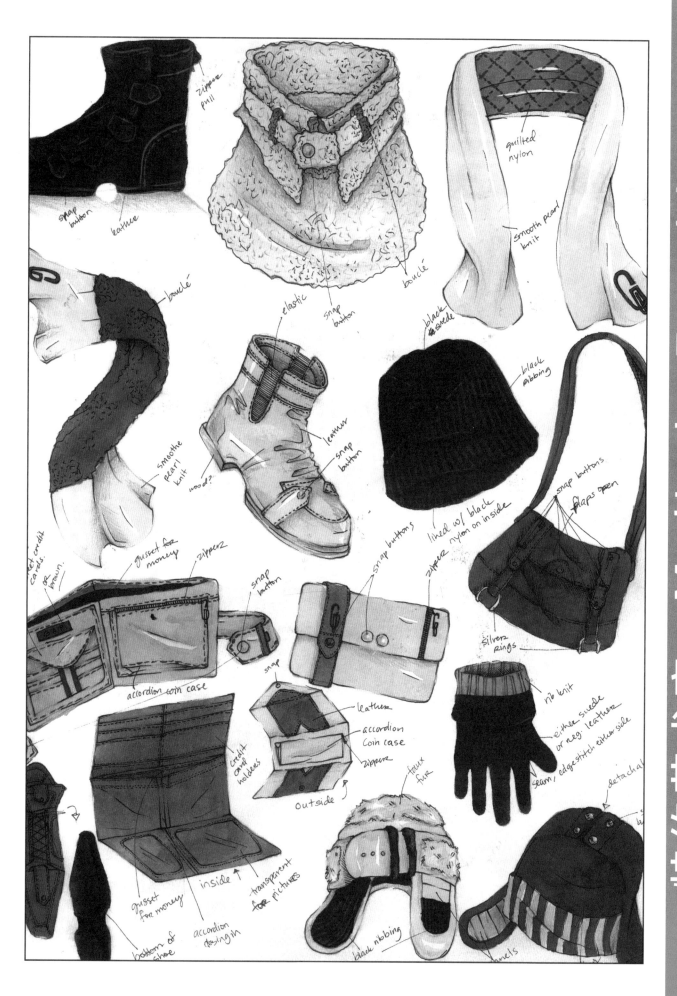

《女装日报》的照片参考

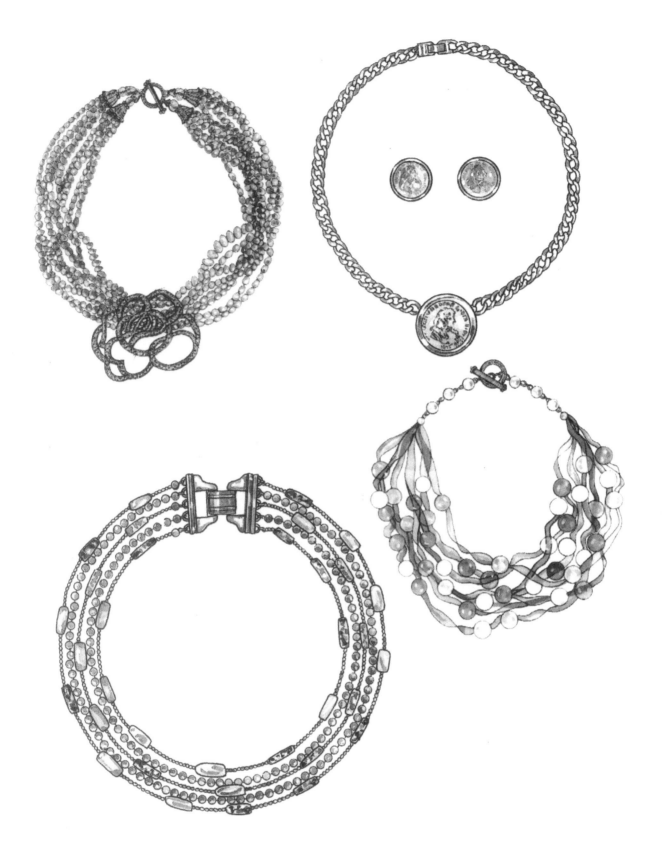

这幅作品用的是钢笔线条与烟灰墨水。这些项链的素描图是精美艺术与精准的绘图技巧的融合，主要是为了配饰目录而完成的。想象力和天赋让这些首饰素描看起来非常优雅。这些一样的素描图用完整的颜色绘制及渲染，以专业的设计质量标准完成绘图。

　　本页提供了在《女装日报》（业内刊物）中配饰的流行趋势及特点的历史。在运用有光泽的图像前，插图画家被雇来创造与最热门的新潮配饰相关的所有种类的绘图。布局包括消费者预测、业内评论和一些静态拍摄图像——今天市场广告的品牌形象的先驱。

Main Floor Accessories

Handmade Laces, White Embroidery In Fine Neckwear

Hand-embroidered organdie and hand-worked laces from France make extravagantly feminine collars and jabots at Boue Soeurs.

A wide Puritan collar of Cluny lace is featured in the lace group which include shapes for square and batteau necklines. Most collars lie loosely over organdie undercollar cut wider than the lace.

White cotton organdie embroidered in white fine floral designs make assorted collar styles. There are over-sized Peter Pan types and collars cut low and wide for deep necklines. A tiered silk organdie jabot with scattered-embroidery on each flounce has a narrow pointed collar.

Colors for silk and cotton organdie are blue, pink, and cocoa. Green and brown tones are reminiscent of popular colors of the 1930's.

Fall Through Holiday

A Little Touch of Fur

Early buyer response to fur-trimmed accessories gives impetus to new fur items, or new ways of applying the fur touch.

1. White velveteen Peter Pan collar is demurely accented with swirl or ermine, around pearl stud. Tucker collar by Fran and Lou. $15 dozen.

* * *

2. Natural mink cluster on red velveteen leaves centered with gold kid and pearl dots. From Natural Mink Flower Corp. $2.50

4. Little mink orchid and matching stud buttons to be worn on anything. Silver kid leaves and gray sparkle are added to flower. At Paris-Fleur Cie. Flower, $3.50 each, buttons $4.80 dozen.

* * *

5. Opulent fox collar and cuffs in newsy red on red cashmere, cherry tones. By Goodman Bros. and Stamler. $47.50 complete. Collar $16.50, cuffs $12.50 set.

* * *

6. Dramatic satin stole edged with dramatic fox black, on

rows of tawny colored stones. $26.50 each wholesale at Midtown Belts Co.

8. Strands of rhinestones give this white pony contour belt a new "hip" look. By Mickey Belts, Inc. $30 each.

9. Leopard belt fob on gold-plated clip fits any belt. From a group of fur novelties at Singer-Cohen, Inc. $1 retail.

时装附录

Fashion Archive

因为流行时尚迅速模糊了所有时装类别之间的界限，而且在不断改变着服装的名称，所以我们提供本"绘图词典"，旨在帮助您了解一些基本知识。由于布局的原因，许多相关设计细节都被放在了简单的服装轮廓中。有关设计形状、结构和细节的图像无穷无尽，因此为了节约时间和空间，本附录只研究基本款式，并使用已被人们广泛接受的名称来标识衣服的形状、结构和细节。每节会展示一个设计类别或者一组核心的相关设计细节。对于类别，最常用的练习手法是将各个内容想象成这个类别特有的，因此它们的名称与其他类别中（衣服的）形状相同的内容名称是不同的。例如，上身的睡衣在内衣类别中被称为睡裙，而在运动服装类别中则被称为速干衬衫。

问题区域记叙了所有常见的绘制错误。对于刚起步的艺术家，它是您的好帮手，能帮助您了解对于绘图而言，什么该做以及什么不该做。这个附录的初衷是帮助您在进行时装绘图时，最大限度地减少可能出现的错误，确保绘图获得成功。

领口

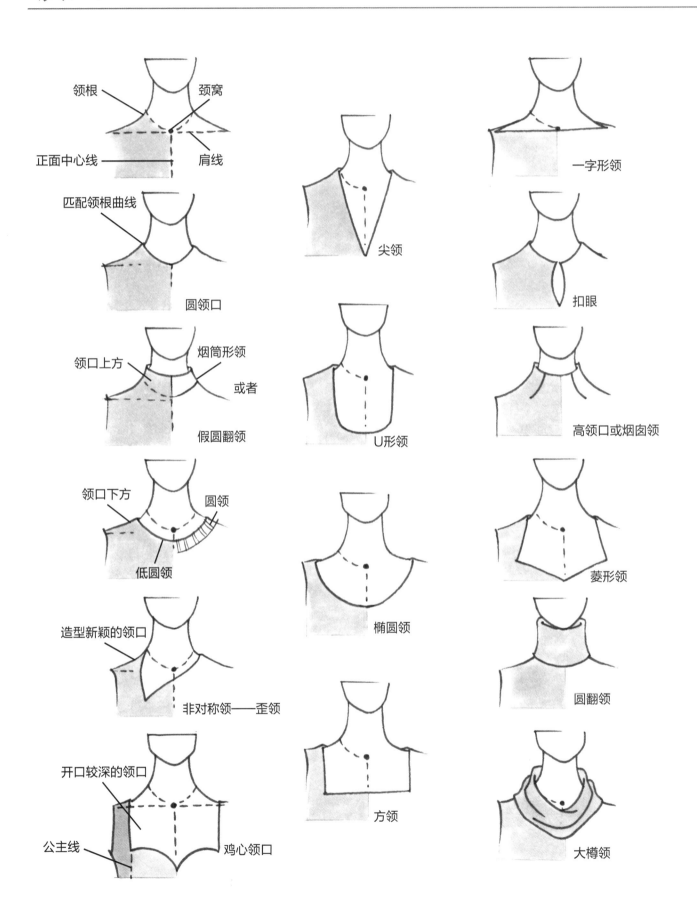

领根　颈窝
正面中心线　肩线

匹配领根曲线
圆领口

领口上方　烟筒形领
或者
假圆翻领

领口下方　圆领
低圆领

造型新颖的领口
非对称领——歪领

开口较深的领口
公主线　鸡心领口

尖领

U形领

椭圆领

方领

一字形领

扣眼

高领口或烟囱领

菱形领

圆翻领

大樽领

衣领

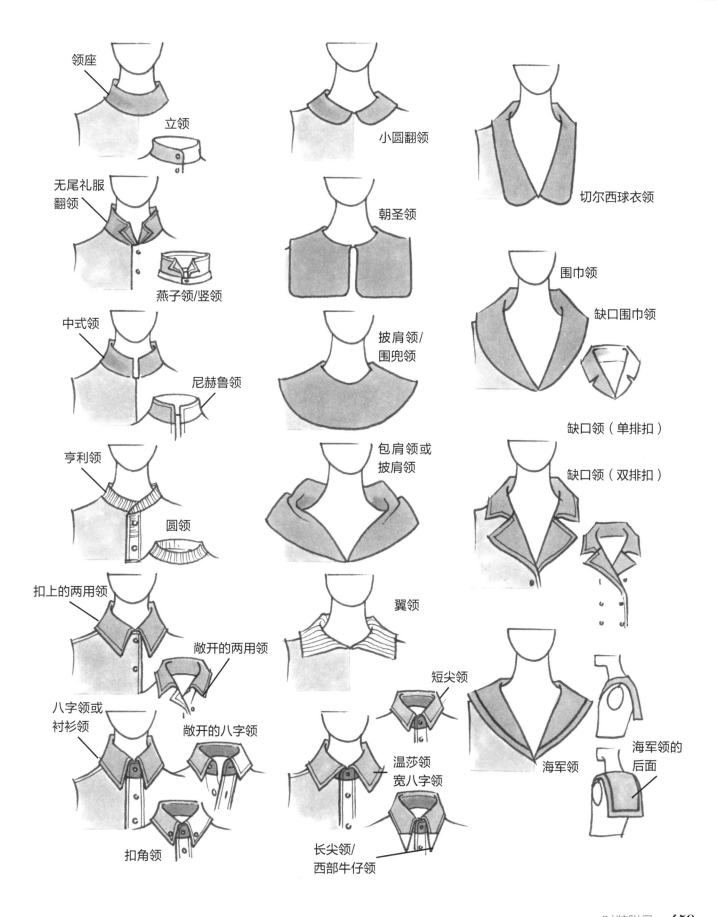

领座

立领

无尾礼服
翻领

燕子领/竖领

中式领

尼赫鲁领

亨利领

圆领

扣上的两用领

敞开的两用领

八字领或
衬衫领

敞开的八字领

扣角领

小圆翻领

朝圣领

披肩领/
围兜领

包肩领或
披肩领

翼领

短尖领

温莎领
宽八字领

长尖领/
西部牛仔领

切尔西球衣领

围巾领

缺口围巾领

缺口领（单排扣）

缺口领（双排扣）

海军领

海军领的
后面

衣领与翻领

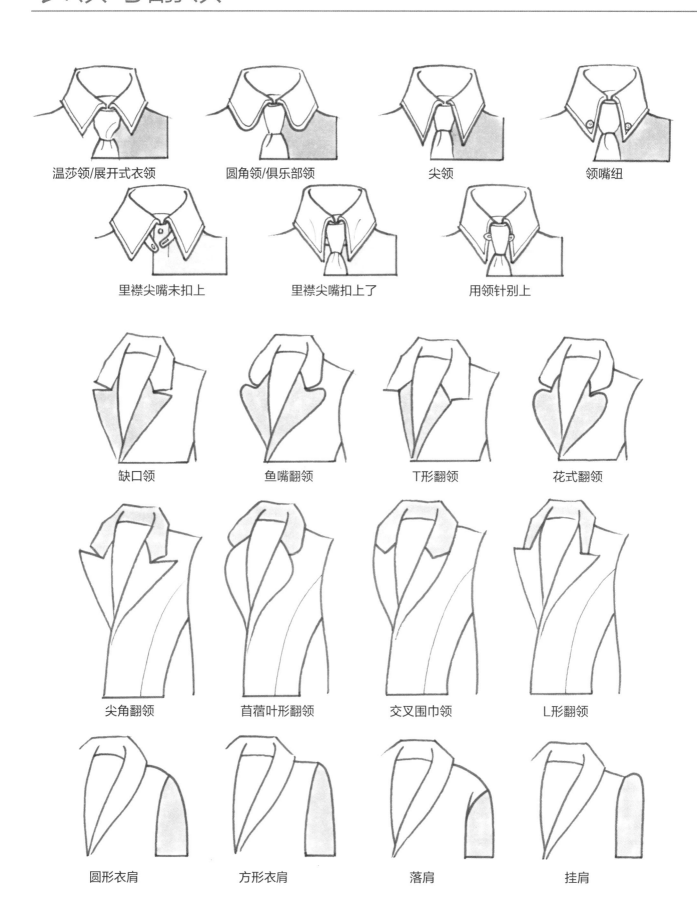

温莎领/展开式衣领

圆角领/俱乐部领

尖领

领嘴纽

里襟尖嘴未扣上

里襟尖嘴扣上了

用领针别上

缺口领

鱼嘴翻领

T形翻领

花式翻领

尖角翻领

苜蓿叶形翻领

交叉围巾领

L形翻领

圆形衣肩

方形衣肩

落肩

挂肩

袖口

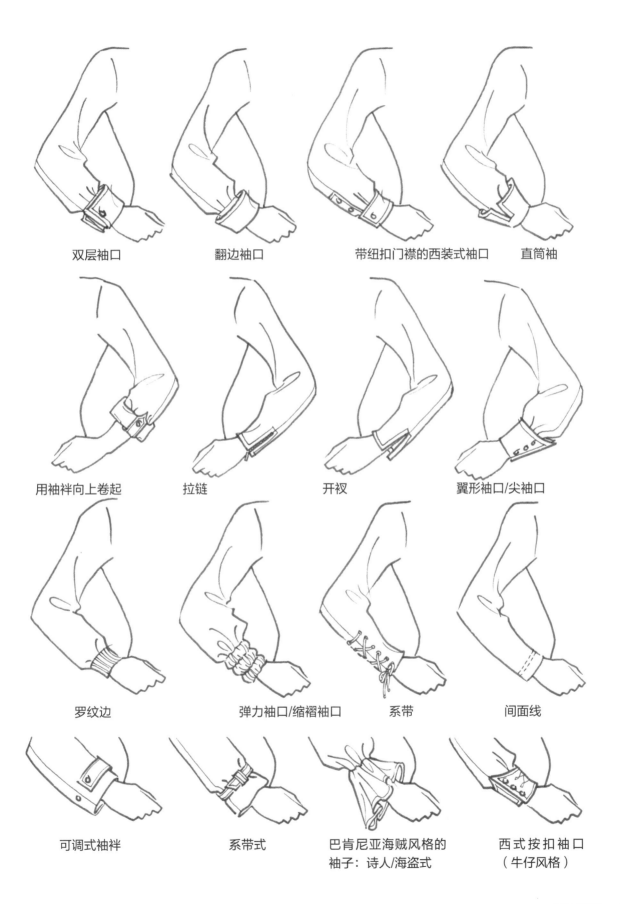

双层袖口

翻边袖口

带纽扣门襟的西装式袖口

直筒袖

用袖袢向上卷起

拉链

开衩

翼形袖口/尖袖口

罗纹边

弹力袖口/缩褶袖口

系带

间面线

可调式袖袢

系带式

巴肯尼亚海贼风格的
袖子：诗人/海盗式

西式按扣袖口
（牛仔风格）

袖孔处理

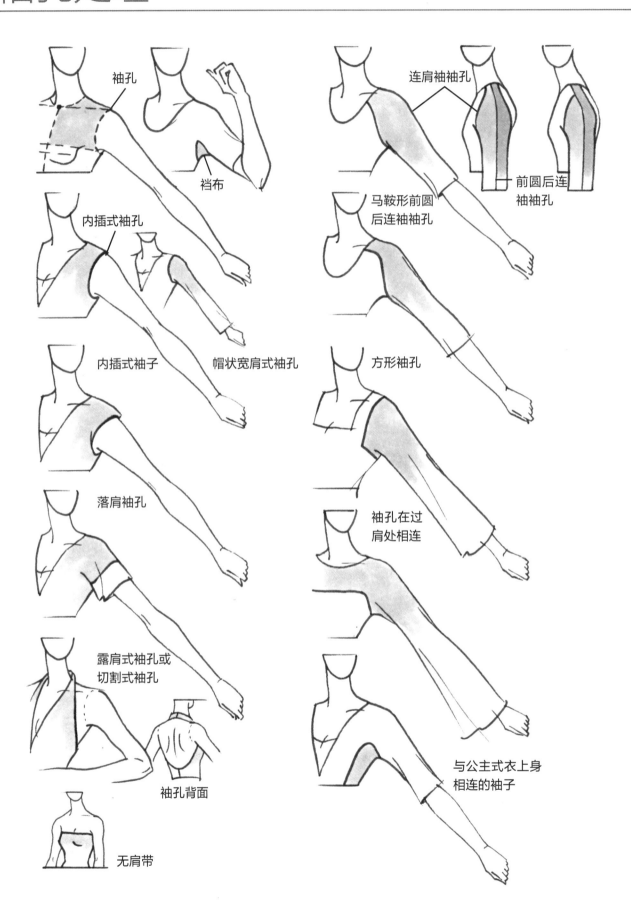

袖孔

挡布

内插式袖孔

内插式袖子

帽状宽肩式袖孔

落肩袖孔

露肩式袖孔或
切割式袖孔

袖孔背面

无肩带

连肩袖袖孔

前圆后连
袖袖孔

马鞍形前圆
后连袖袖孔

方形袖孔

袖孔在过
肩处相连

与公主式衣上身
相连的袖子

绘制缩褶和装饰线

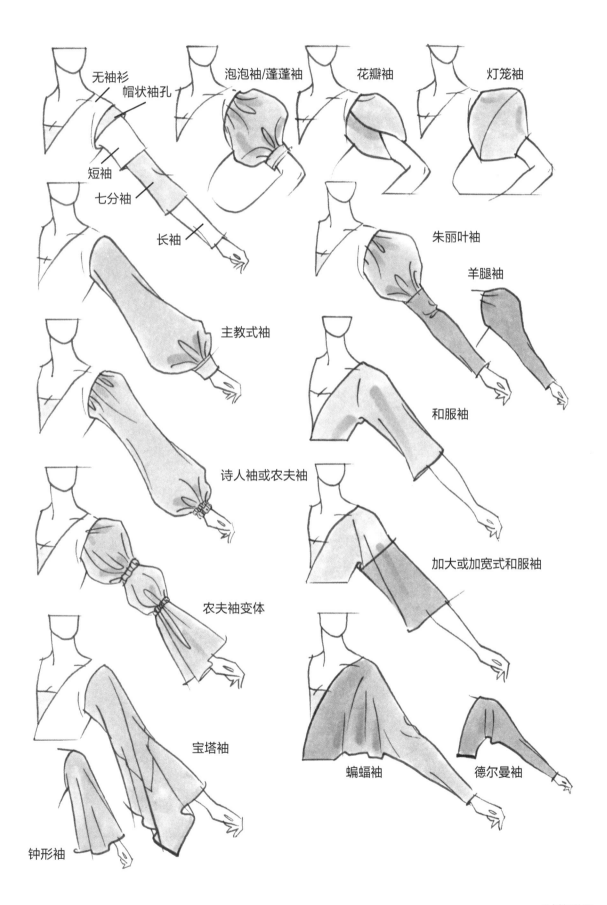

无袖衫
帽状袖孔
短袖
七分袖
长袖
泡泡袖/蓬蓬袖
花瓣袖
灯笼袖
朱丽叶袖
羊腿袖
主教式袖
和服袖
诗人袖或农夫袖
加大或加宽式和服袖
农夫袖变体
宝塔袖
蝙蝠袖
德尔曼袖
钟形袖

领口处理（蝴蝶结和领结）

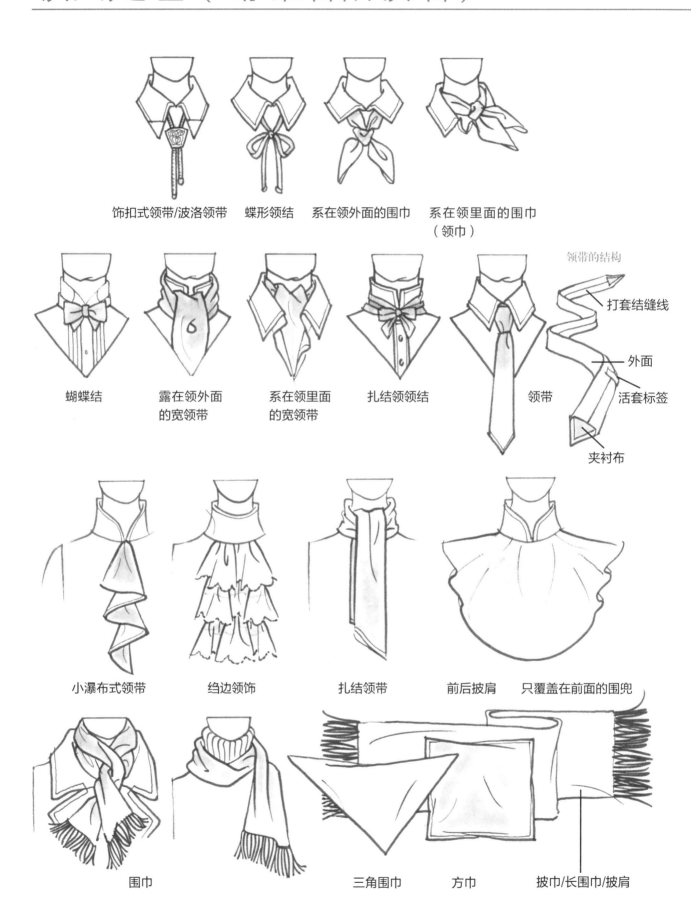

饰扣式领带/波洛领带　蝶形领结　系在领外面的围巾　系在领里面的围巾（领巾）

蝴蝶结　露在领外面的宽领带　系在领里面的宽领带　扎结领领结　领带

领带的结构

打套结缝线

外面

活套标签

夹衬布

小瀑布式领带　绉边领饰　扎结领带　前后披肩　只覆盖在前面的围兜

围巾　三角围巾　方巾　披巾/长围巾/披肩

底边处理

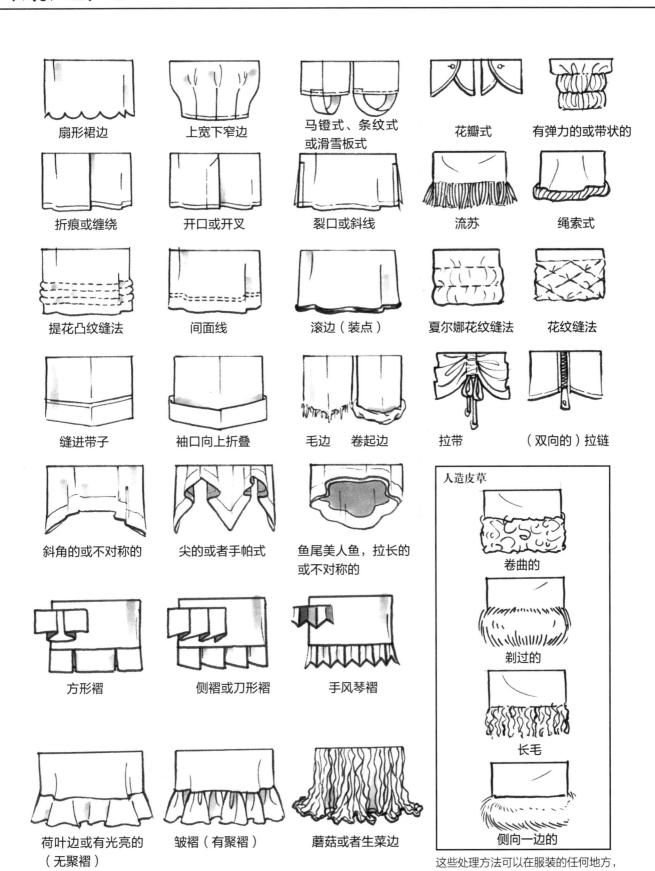

扇形裙边

上宽下窄边

马镫式、条纹式
或滑雪板式

花瓣式

有弹力的或带状的

折痕或缠绕

开口或开叉

裂口或斜线

流苏

绳索式

提花凸纹缝法

间面线

滚边（装点）

夏尔娜花纹缝法

花纹缝法

缝进带子

袖口向上折叠

毛边　卷起边

拉带

（双向的）拉链

斜角的或不对称的

尖的或者手帕式

鱼尾美人鱼，拉长的
或不对称的

人造皮草

卷曲的

剃过的

长毛

方形褶

侧褶或刀形褶

手风琴褶

荷叶边或有光亮的
（无聚褶）

皱褶（有聚褶）

蘑菇或者生菜边

侧向一边的

这些处理方法可以在服装的任何地方，
无论是上装还是下装。

上装及细节

抹胸

狭带式胸罩

紧身女胸衣

吊带背心

绕颈上衣

落肩上衣（短款）

马甲

西服背心（腰部更长）

马球衫（带状袖口）

条纹衫

宽松式速干衣/一个口袋

女士简约背心
（紧身针织上衣）

背心

T恤衫

亨利装
（属于冬天的内衣）

肩祥

里襟尖咀

纽扣门襟

滚眼

套索绳纽　纽扣

索结绳纽

纺锤形纽扣

纺锤形纽扣的耳仔　扣子

女式上衣与男士衬衫

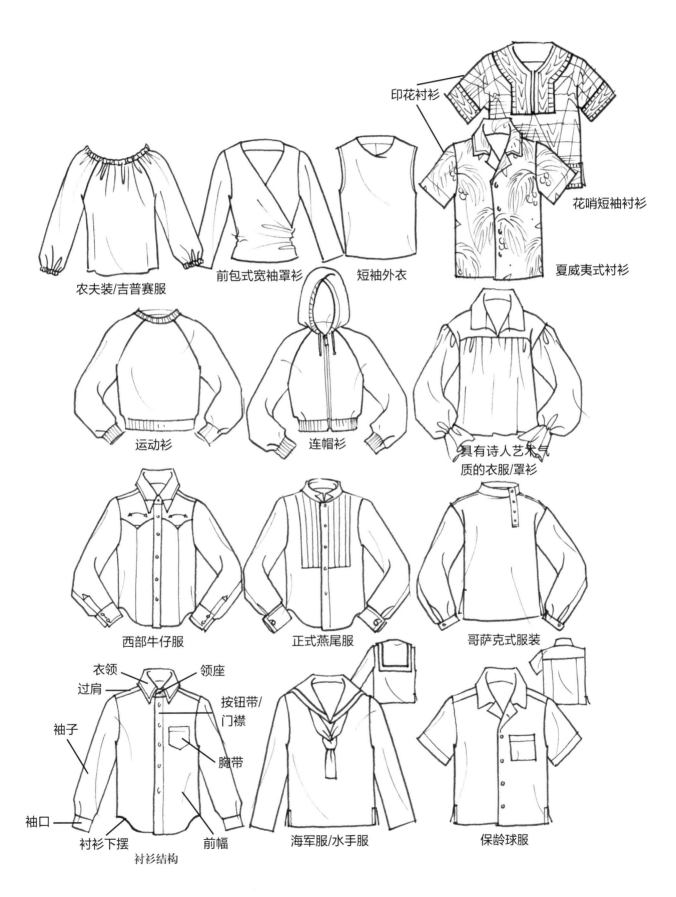

印花衬衫

花哨短袖衬衫

夏威夷式衬衫

农夫装/吉普赛服

前包式宽袖罩衫

短袖外衣

运动衫

连帽衫

具有诗人艺术气质的衣服/罩衫

西部牛仔服

正式燕尾服

哥萨克式服装

衣领

领座

过肩

按钮带/门襟

袖子

胸带

袖口

衬衫下摆

前幅

衬衫结构

海军服/水手服

保龄球服

睡衣和家居服

浴衣　　　　　睡裙　　　　晨袍套装　　　　长袖衣服

分开后的长衫

夏威夷印花女长装　　和服　　　　连衣裤　连体衫　　　晨衣　　　　睡衫

睡衣裤　　　　　　　　　　　　　　　　　　　　　　　　睡衣套装/短款

娃娃式套装

胸衣和内衣

连体紧身衣　　贴身连衣裤　　吊带背心　　紧身胸衣　　束腹紧身胸衣　　束腰衣　　袜带　　吊袜腰带

胸罩　　柔软的罩杯　　带胸垫，向上提升　　定型罩杯，有形状

狭带式胸罩　　无肩带胸罩　　衬裙　　半身衬裙　　衬裙

运动胸罩　　背心式胸衣　　全身衬裙

松身内裤　　平脚裤　　束腰裤　　束身衣

高腰三角裤　　三角裤　　低腰比基尼　　丁字裤　　娃娃裤

短裤及各类裤子

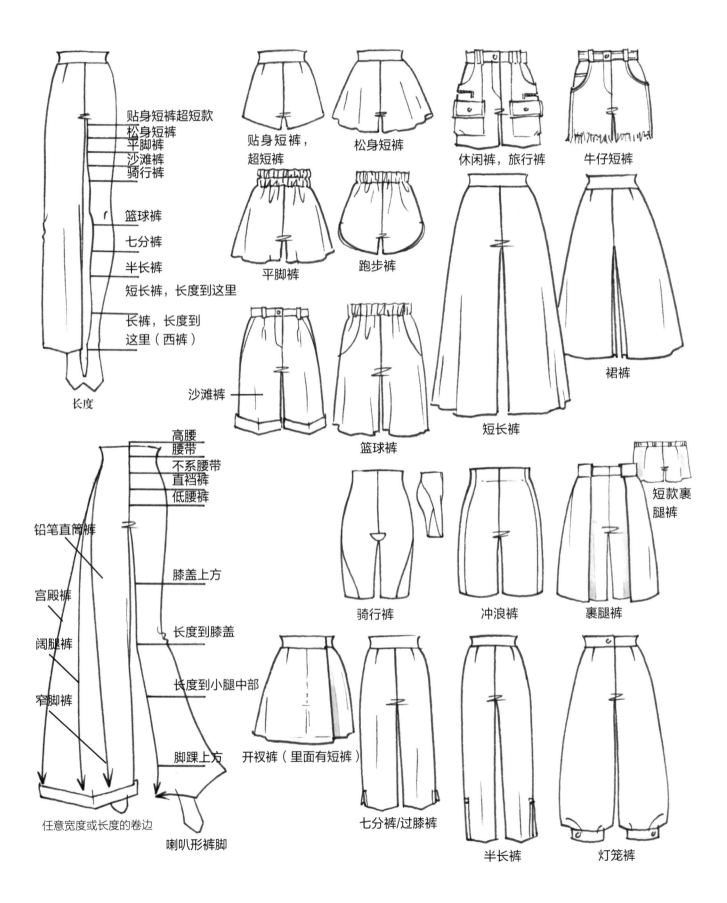

贴身短裤超短款
松身短裤
平脚裤
沙滩裤
骑行裤

篮球裤

七分裤

半长裤

短长裤，长度到这里

长裤，长度到
这里（西裤）

长度

贴身短裤，
超短裤

松身短裤

休闲裤，旅行裤

牛仔短裤

平脚裤

跑步裤

沙滩裤

篮球裤

裙裤

短长裤

高腰
腰带
不系腰带
直裆裤
低腰裤

铅笔直筒裤

宫殿裤

阔腿裤

窄脚裤

膝盖上方

长度到膝盖

长度到小腿中部

脚踝上方

任意宽度或长度的卷边

喇叭形裤脚

开衩裤（里面有短裤）

七分裤/过膝裤

骑行裤

冲浪裤

裹腿裤

短款裹
腿裤

半长裤

灯笼裤

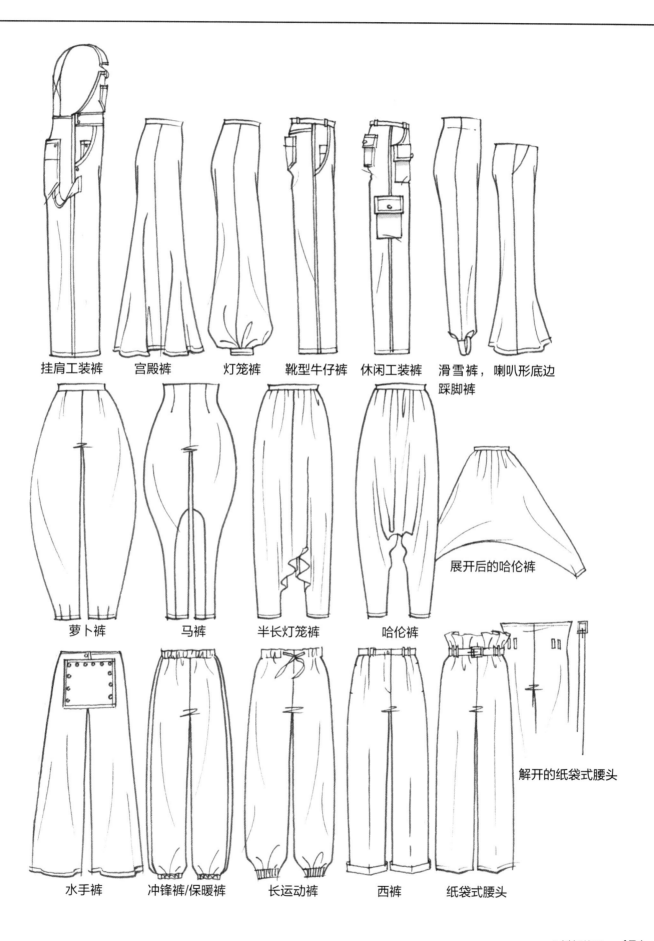

挂肩工装裤　　宫殿裤　　灯笼裤　　靴型牛仔裤　　休闲工装裤　　滑雪裤，喇叭形底边
踩脚裤

萝卜裤　　马裤　　半长灯笼裤　　哈伦裤　　展开后的哈伦裤

水手裤　　冲锋裤/保暖裤　　长运动裤　　西裤　　纸袋式腰头

解开的纸袋式腰头

腰节处细节

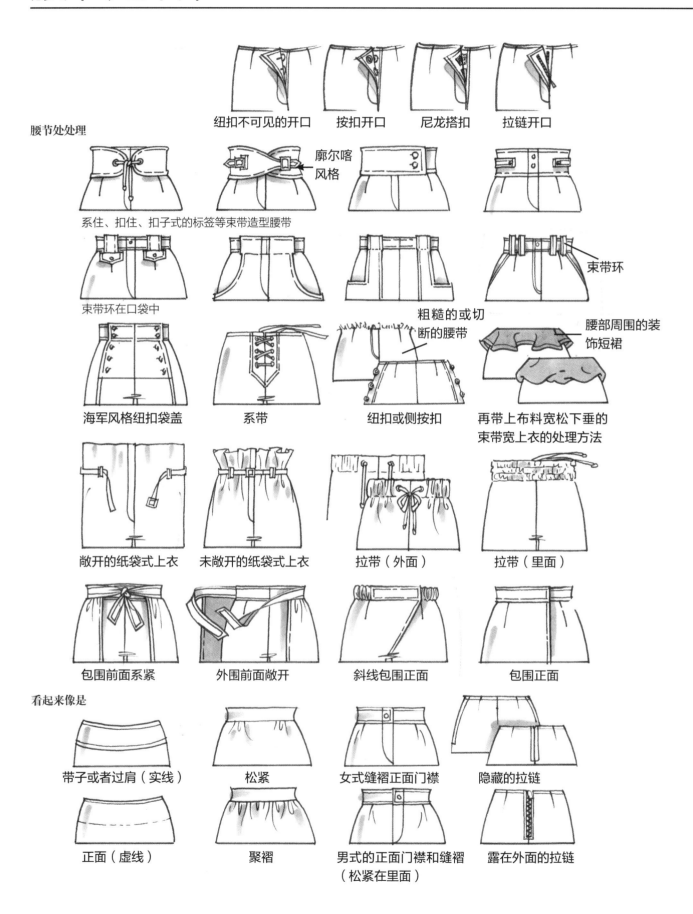

纽扣不可见的开口　按扣开口　尼龙搭扣　拉链开口

腰节处处理

廓尔喀风格

系住、扣住、扣子式的标签等束带造型腰带

束带环

束带环在口袋中

粗糙的或切断的腰带

腰部周围的装饰短裙

海军风格纽扣袋盖　系带　纽扣或侧按扣　再带上布料宽松下垂的束带宽上衣的处理方法

敞开的纸袋式上衣　未敞开的纸袋式上衣　拉带（外面）　拉带（里面）

包围前面系紧　外围前面敞开　斜线包围正面　包围正面

看起来像是

带子或者过肩（实线）　松紧　女式缝褶正面门襟　隐藏的拉链

正面（虚线）　聚褶　男式的正面门襟和缝褶（松紧在里面）　露在外面的拉链

口袋

服装中口袋的大小和放置同时基于布料和流行趋势。口袋的类型可以是有层次的或者结合多种变化。

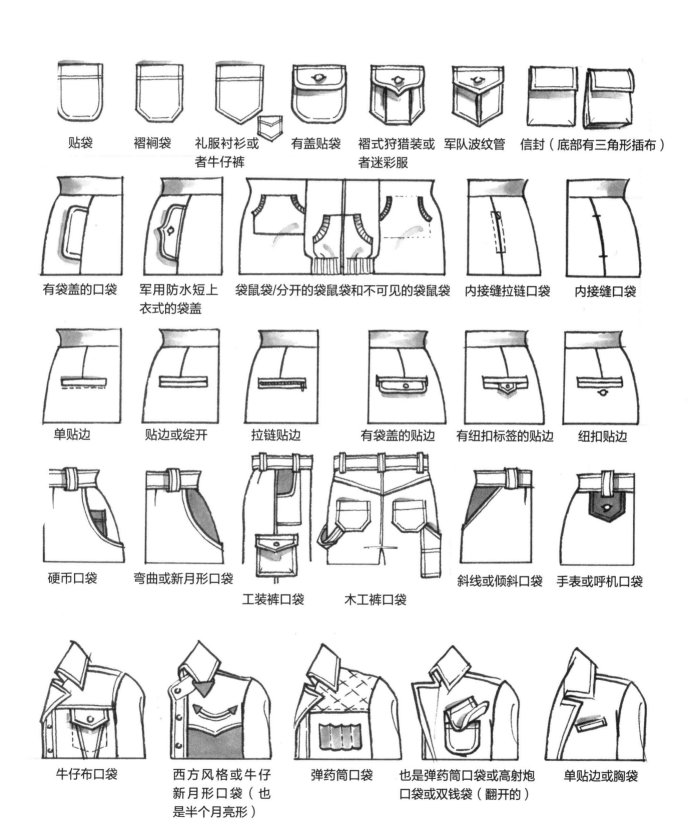

贴袋　　　褶裥袋　　　礼服衬衫或　　　有盖贴袋　　　褶式狩猎装或　　军队波纹管　　　信封（底部有三角形插布）
　　　　　　　　　　　者牛仔裤　　　　　　　　　者迷彩服

有袋盖的口袋　　军用防水短上　　　袋鼠袋/分开的袋鼠袋和不可见的袋鼠袋　　内接缝拉链口袋　　　内接缝口袋
　　　　　　　衣式的袋盖

单贴边　　　贴边或绽开　　　拉链贴边　　　有袋盖的贴边　　　有纽扣标签的贴边　　　纽扣贴边

硬币口袋　　弯曲或新月形口袋　　　　　　　　　　　　　　　　　　　斜线或倾斜口袋　　手表或呼机口袋
　　　　　　　　　　　　　　工装裤口袋　　　木工裤口袋

牛仔布口袋　　　西方风格或牛仔　　　弹药筒口袋　　　也是弹药筒口袋或高射炮　　单贴边或胸袋
　　　　　　新月形口袋（也　　　　　　　　　口袋或双钱袋（翻开的）
　　　　　　是半个月亮形）

裙子长度

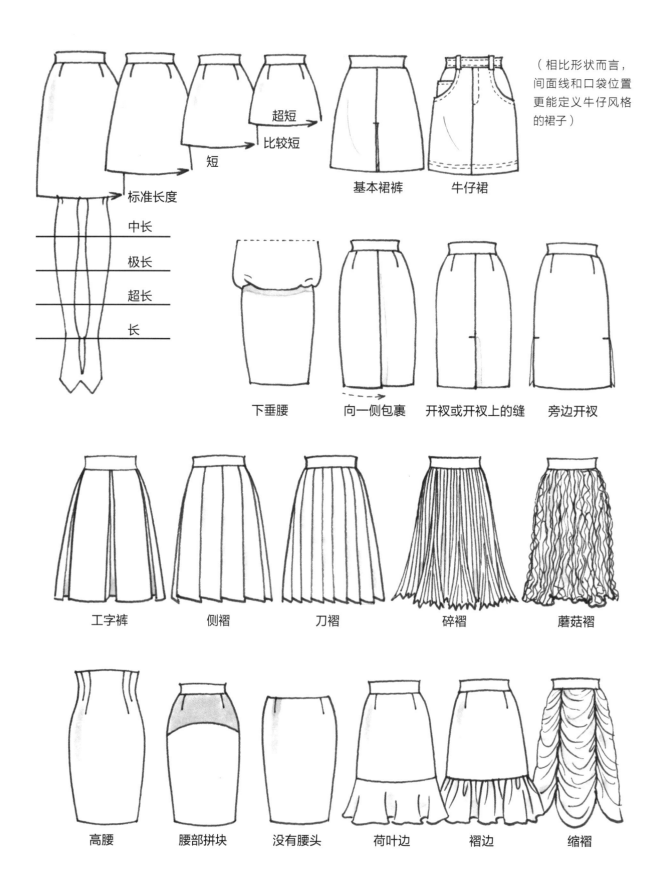

（相比形状而言，间面线和口袋位置更能定义牛仔风格的裙子）

标准长度
中长
极长
超长
长

超短
比较短
短

基本裙裤　　牛仔裙

下垂腰　　向一侧包裹　　开衩或开衩上的缝　　旁边开衩

工字裤　　侧褶　　刀褶　　碎褶　　蘑菇褶

高腰　　腰部拼块　　没有腰头　　荷叶边　　褶边　　缩褶

裙子

萝卜裙　　　紧身裙或直筒裙　　　A字裙　　　钟形裙　　　喇叭裙

喇叭裙/太阳裙　　　缩褶裙　　　草原裙　　　节裙　　　蛋糕裙

八幅裙

没有缝合线的
三角形布片

伞式裙　　　六幅裙　　　带缝合线的三角形布片　　　裹裙　　　褶裙

手帕裙　　　不对称的裙子——鱼尾　　　垂荡褶裙　　　布裙　　　沙滩巾/方巾（泳装
　　　　　边更长，即后面更长　　　　　　　　　　　　　　　　　的配件）

省道剪裁（衣大身）

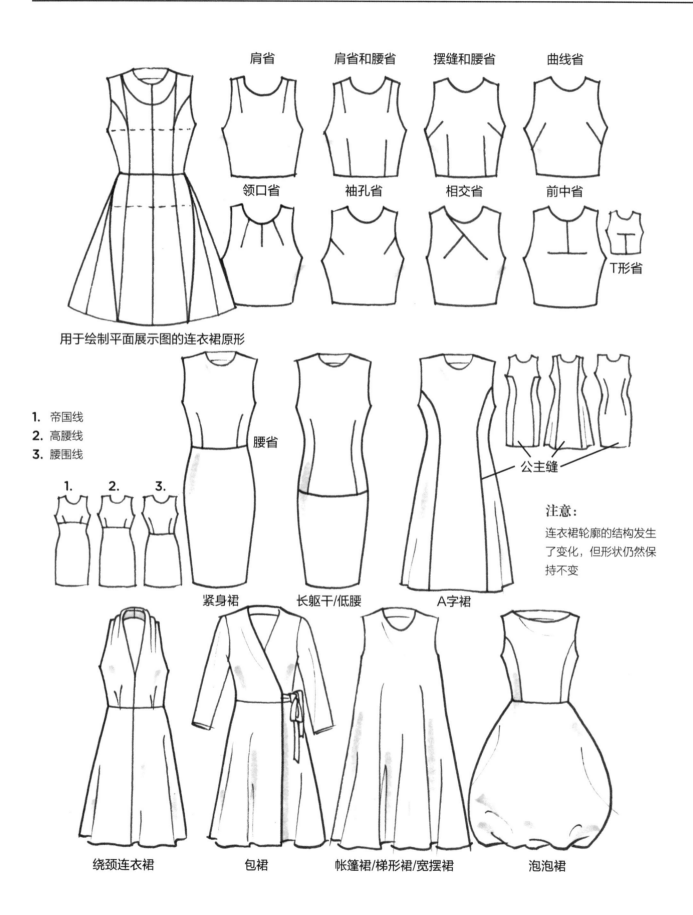

肩省　　肩省和腰省　　摆缝和腰省　　曲线省

领口省　　袖孔省　　相交省　　前中省

T形省

用于绘制平面展示图的连衣裙原形

1. 帝国线
2. 高腰线
3. 腰围线

1.　2.　3.

腰省

公主缝

注意：
连衣裙轮廓的结构发生了变化，但形状仍然保持不变

紧身裙　　长躯干/低腰　　A字裙

绕颈连衣裙　　包裙　　帐篷裙/梯形裙/宽摆裙　　泡泡裙

连衣裙

吊带裙，受到内衣风格的启发　太阳裙，通常没有袖子　围裙，真的或假两件套　露背式围裙

长大衣，一般用秋季服装面料做成　旗袍，受到亚洲文化影响　无袖宽松长裙　长袍，假两件套

帝国线，高胸围缝合线　衬衫式连衣裙，通常有腰带　套头收腰衫，通常是低腰式　背心裙一般穿在上衣或衬衫外面

背心裙，真的或假两件套

夹克衫和西装上衣

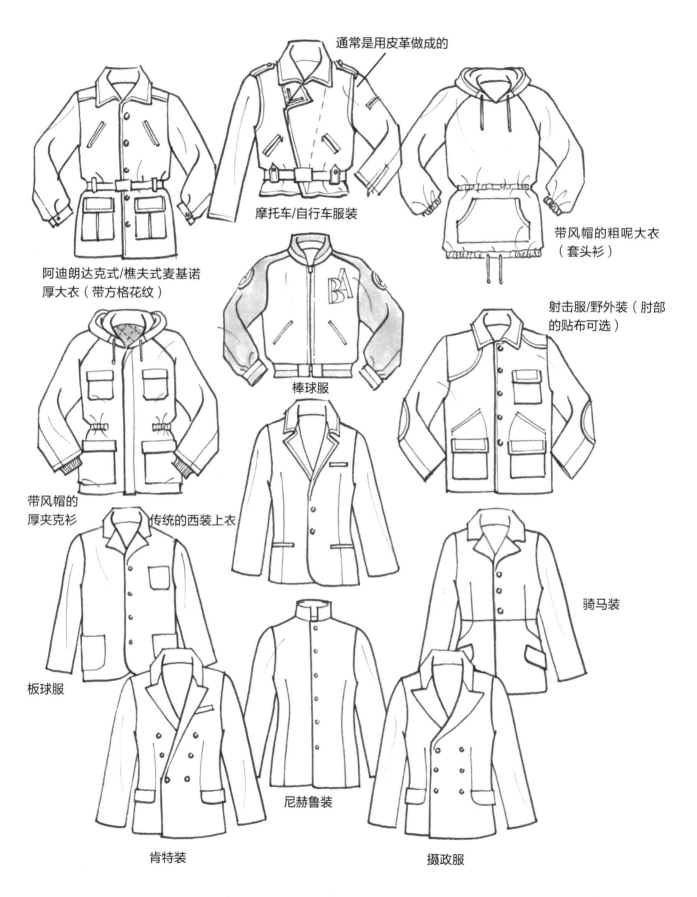

通常是用皮革做成的

摩托车/自行车服装

带风帽的粗呢大衣
（套头衫）

阿迪朗达克式/樵夫式麦基诺
厚大衣（带方格花纹）

射击服/野外装（肘部
的贴布可选）

棒球服

带风帽的
厚夹克衫

传统的西装上衣

骑马装

板球服

尼赫鲁装

肯特装

摄政服

夹克衫

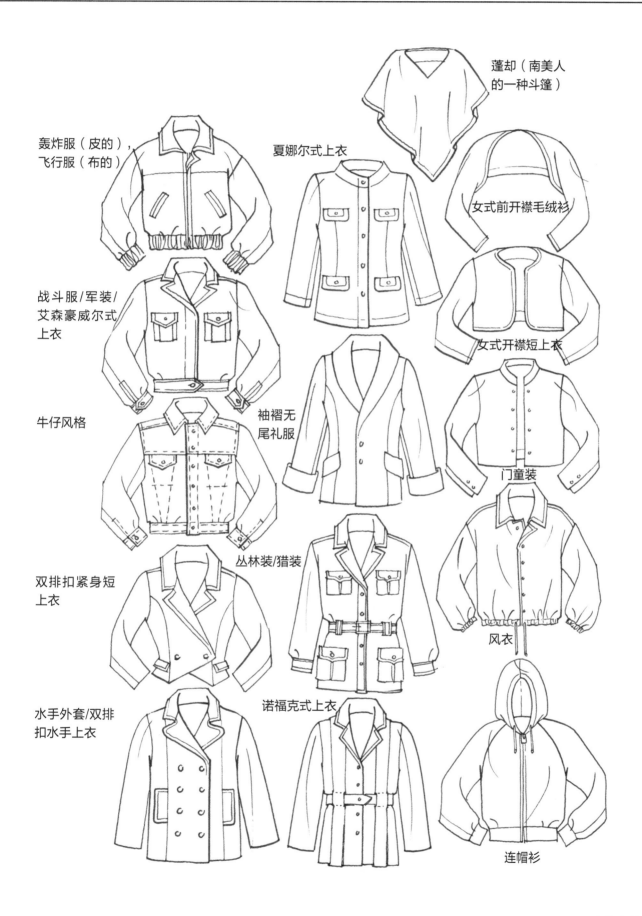

蓬却（南美人
的一种斗篷）

轰炸服（皮的），
飞行服（布的）

夏娜尔式上衣

女式前开襟毛绒衫

战斗服/军装/
艾森豪威尔式
上衣

女式开襟短上衣

牛仔风格

袖褶无
尾礼服

门童装

双排扣紧身短
上衣

丛林装/猎装

风衣

水手外套/双排
扣水手上衣

诺福克式上衣

连帽衫

大衣等外套

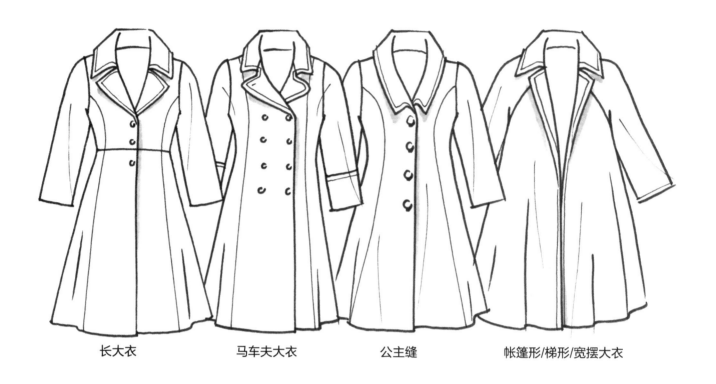

长大衣　　马车夫大衣　　公主缝　　帐篷形/梯形/宽摆大衣

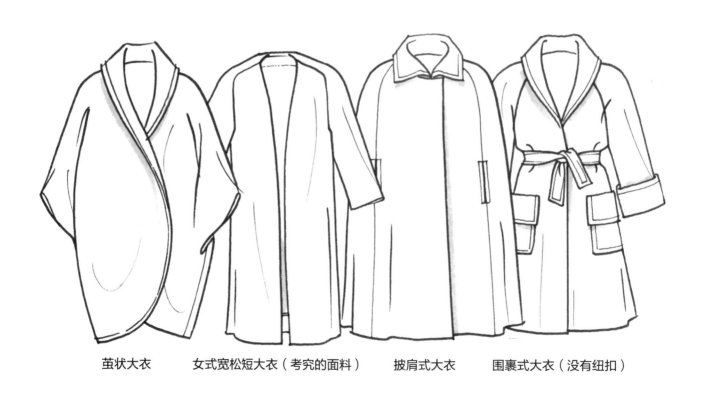

茧状大衣　　女式宽松短大衣（考究的面料）　　披肩式大衣　　围裹式大衣（没有纽扣）

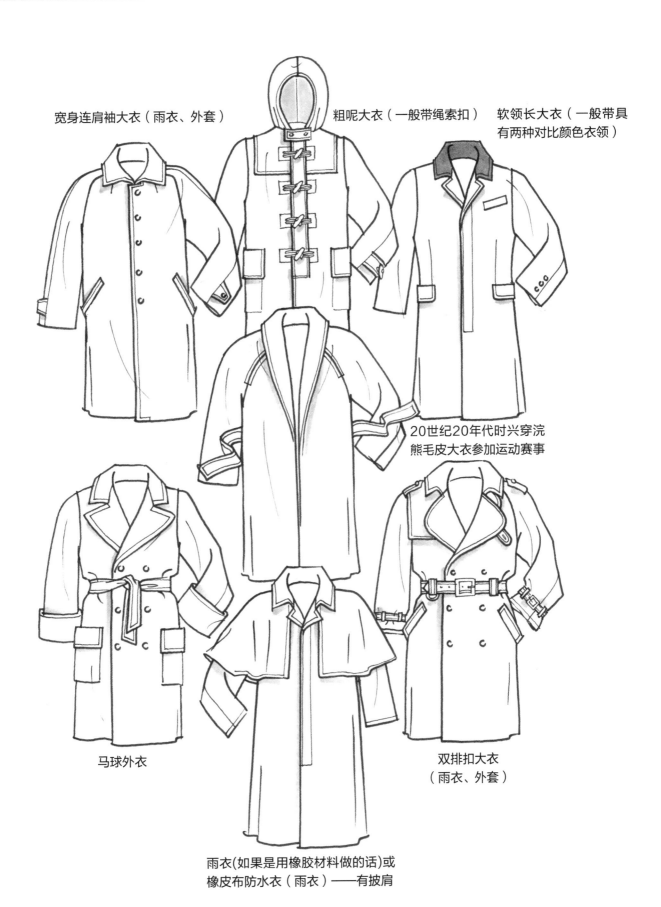

宽身连肩袖大衣（雨衣、外套）

粗呢大衣（一般带绳索扣）

软领长大衣（一般带具有两种对比颜色衣领）

20世纪20年代时兴穿浣熊毛皮大衣参加运动赛事

马球外衣

雨衣(如果是用橡胶材料做的话)或
橡皮布防水衣（雨衣）——有披肩

双排扣大衣
（雨衣、外套）

热点问题

肩膀宽度

肩膀的宽度应该等于或接近于人像颈部的两倍长。这个宽度一定要在人像合理展示服装细节的姿势中保持平衡。

颈部宽度和肩膀比

颈部可以画成管状，从下方画到下巴，在颈根处略成扇形，也就是在微妙的轮廓中的肩部倾斜处相遇的地方。

胸围线轮廓

胸部线轮廓通常是最小限度的，并且正好落在腋窝处，为了不要太挤而留出一些空间，在胸部的上方部位设计细节。

时装的手部

在设计师草图中的手部通常被画得非常精细，用最小化的姿势展示，避免妨碍其他的设计细节。

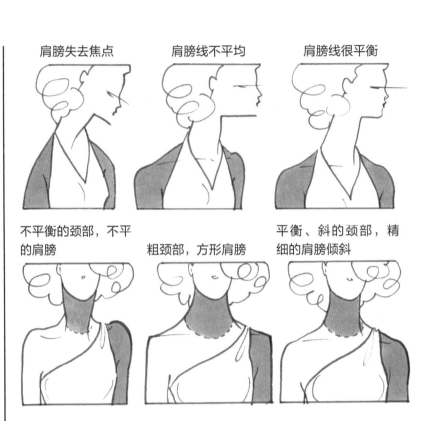

肩膀失去焦点　肩膀线不平均　肩膀线很平衡

不平衡的颈部，不平的肩膀　粗颈部，方形肩膀　平衡、斜的颈部，精细的肩膀倾斜

胸围线过于高出腋窝　尴尬的不平均的胸围线　胸围线自然的在腋窝正下方

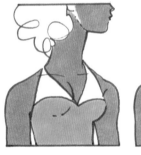

爪子般的手部　香蕉手　时装的手部

太尖　太圆，几乎露出了所有的手指　朴素简约的手部

肩膀倾斜

肩膀的倾斜对设计细节来说是至关重要的。搭配和形状应该平衡于颈部和肩膀倾斜的上方。

服装的肩部

肩膀上的设计细节看起来应该是平衡的。不平均的、不匹配的或者下垂的肩部可能使您的时装焦点转移。

上胸部

在颈部、肩部间，胸围线是上胸部的中间。这点可能是设计细节的至关点。

胸围线位置

自然的胸围线位置是在躯干的中间，肩膀线和腰围线间平衡的一半。

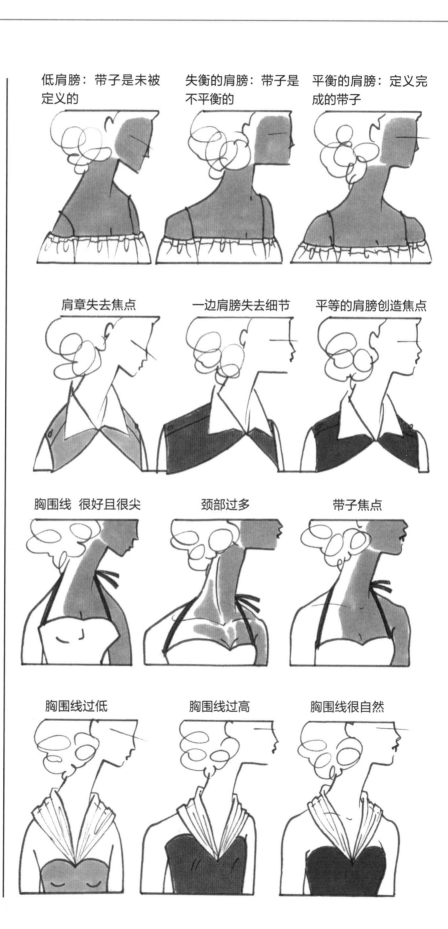

低肩膀：带子是未被定义的　　失衡的肩膀：带子是不平衡的　　平衡的肩膀：定义完成的带子

肩章失去焦点　　一边肩膀失去细节　　平等的肩膀创造焦点

胸围线 很好且很尖　　颈部过多　　带子焦点

胸围线过低　　胸围线过高　　胸围线很自然

热点问题（继续）

袖孔

袖孔有平行的曲线会看起来更自然。反映正面中心线曲线的线条出现在大部分的姿势中（除非袖孔剪裁特别的不匹配）。

腰围线

腰围线可以画成一条直线，但是画成一条曲线会看起来更自然。错误的曲线可能会让小的腹部看起来非常的松弛。

底边

底边环绕着人像。这个圆圈通常是一个椭圆。除非特定地设计成下垂的，保持底边精细，使轮廓弯曲。

光泽和折痕

这个下垂的类型创造了略微成锥形的轮廓。为了看起来自然些，这些倾斜的折痕在姿势中随意地下垂并且不贴合腿部。

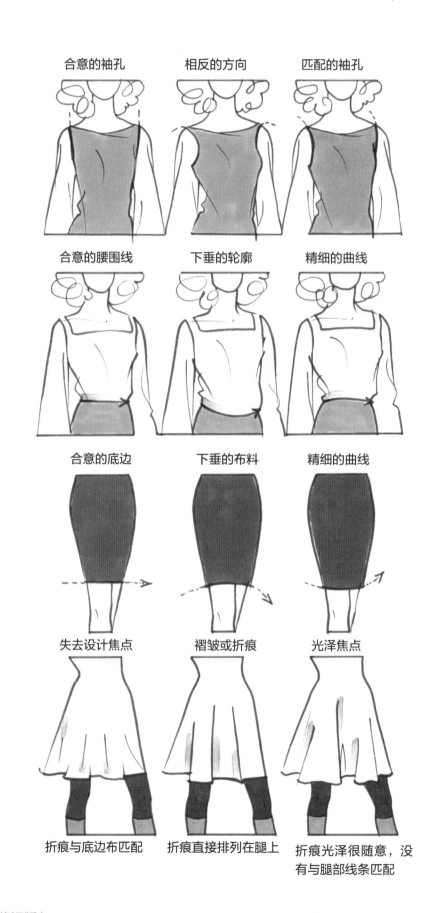

合意的袖孔　　相反的方向　　匹配的袖孔

合意的腰围线　　下垂的轮廓　　精细的曲线

合意的底边　　下垂的布料　　精细的曲线

失去设计焦点　　褶皱或折痕　　光泽焦点

折痕与底边布匹配　　折痕直接排列在腿上　　折痕光泽很随意，没有与腿部线条匹配

衣领的处理

除非设计得不同，不然可以绘制对称的面积、形状和尖点的衣领里反映和匹配造型中肩膀线的角度。

腰带

塞进去或者"女式衬衫"布料落在人像的任何位置，根据布料的类型，在腰部的位置随意地画一些平缓的线条。

裤子的内接缝/胯部

在设计中，跨过胯部或者内接缝绘制紧密的"V"字形看起来会是不好的搭配。好的搭配是在胯部或内接缝上画一个宽松的像是"Z"字形的折线。

褶皱和底边

褶皱的位置通常需要非常精准的轮廓，这样的轮廓包括特定的重复和与之相协调的底边处理。

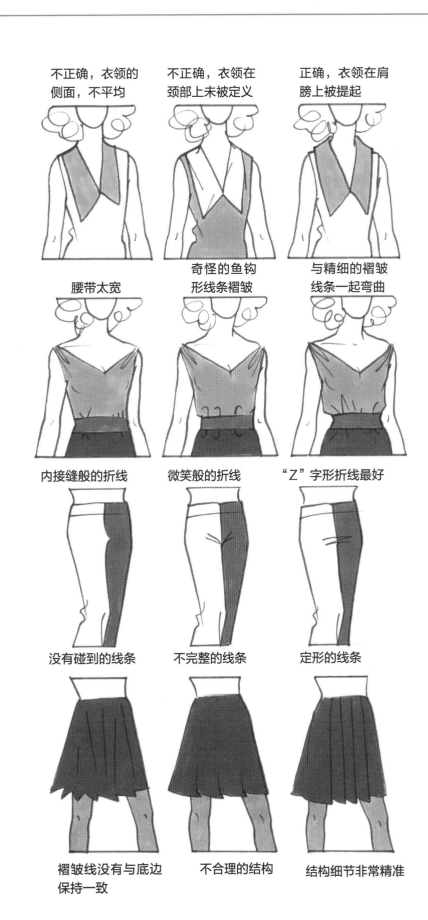

不正确，衣领的侧面，不平均

不正确，衣领在颈部上未被定义

正确，衣领在肩膀上被提起

腰带太宽

奇怪的鱼钩形线条褶皱

与精细的褶皱线条一起弯曲

内接缝般的折线

微笑般的折线

"Z"字形折线最好

没有碰到的线条

不完整的线条

定形的线条

褶皱线没有与底边保持一致

不合理的结构

结构细节非常精准

热点问题（继续）

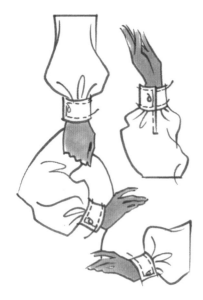

将手臂围起
如果袖边或袖口很合适，那么它就一定旋转围绕手臂或手腕，形成一个圆形的布料样子。

将腿部围起
底边通常围绕腿部或脚踝成一个圆形的样子。在绘制时，也常常是精致的圆形轮廓，这样可以让布料形式看起来不那么平坦或呆板。

正面/背面内接缝
与正面视图中的胯部或内缝的"Z"字形线条不同，背面视图的线条如果是合适的，将可以得到舒适的底部曲线。

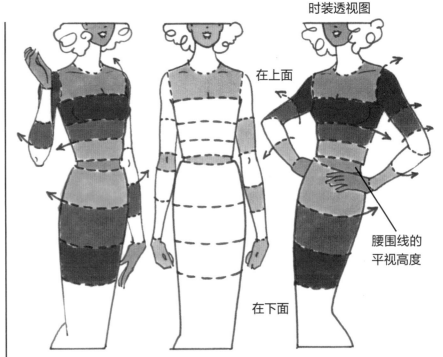

时装透视图

在上面

腰围线的平视高度

在下面

绘制环绕接缝和边缘的轮廓

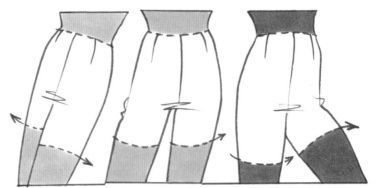

使用腿部曲线绘制底边和贴身度的轮廓

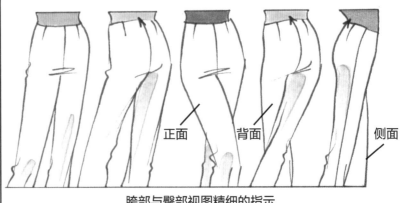

正面　　背面　　侧面

胯部与臀部视图精细的指示

铅笔或钢笔的细节

紧压的：过紧的线条
褶皱的：过多的线条
最佳的：精致的线条

袖子，肘部到手腕

紧压的

褶皱的

精致的折痕

弯曲的布料

腿上的布料（长裤、短裤等）会呈现一种不自然的平坦或呆板，除非根据身体的造型中的自然弯曲而绘制一些简单的折痕。

设计细节

A. 不要让绘图风格让步于设计信息。

B. 不要因为妥协于设计功能而过分夸大布料的折痕。

C. 平衡绘图风格与布料类型以强调设计细节。

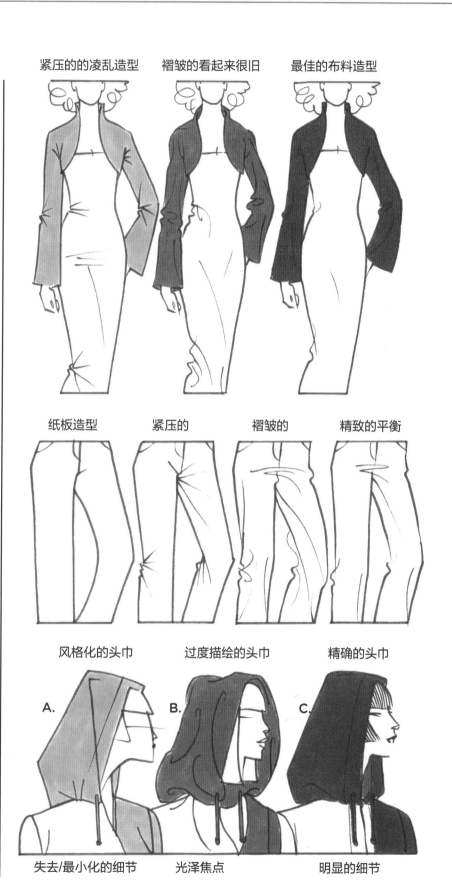

紧压的的凌乱造型　　褶皱的看起来很旧　　最佳的布料造型

纸板造型　　紧压的　　褶皱的　　精致的平衡

风格化的头巾　　过度描绘的头巾　　精确的头巾

A.　　B.　　C.

失去/最小化的细节　　光泽焦点　　明显的细节